大文字	小文字	読みかた	大文字	小文字	読みかた
Ρ	ρ ϱ	ロー Rho	Φ	ϕ φ	ファイ，フィー Phi
Σ	σ	シグマ Sigma	Χ	χ	カイ Chi
Τ	τ	タウ Tau	Ψ	ψ	プサイ，プシー Psi
Υ	υ	ウプシロン Upsilon	Ω	ω	オメガ Omega

ギリシャ文字については，

- 岩崎　務 著，『ギリシアの文字と言葉』，小峰書店（2004 年）
- 谷川 政美 著，『ギリシア文字の第一歩』，国際語学社（2001 年）
- 山中　元 著，『ギリシャ文字の第一歩』（新版），国際語学社（2004 年）
- 稲葉 茂勝 著，こどもくらぶ 編『世界のアルファベットとカリグラフィー』，彩流社（2015 年）

を参考にさせていただいた．興味のある読者は参照されたい．

なお，ギリシャ文字はひとつに定まった正しい書き順があるわけではない．
ここでは書きやすいと思われる筆順を一例として掲載した．
綺麗で読みやすいギリシャ文字が書けるよう意識してみよう．

Fundamental Mathematics

手を動かしてまなぶ

基礎数学

富川 祥宗 著

裳 華 房

Fundamental Mathematics through Writing

by

Yoshimune TOMIKAWA

SHOKABO

TOKYO

序文

昨今，データサイエンスが流行りで，その学習のための教科書や参考書が増えています．数学はあまり必要ないと思ってデータサイエンスに関係した学部に入学したものの，思っていた以上に高校までの数学の知識が必要になった大学生も多いのではないでしょうか．仕事などで必要に迫られてまなばなければならなくなった方もいるでしょう．データサイエンスでなくとも，SPI や公務員試験，資格試験などの勉強で数学が必要になる場合も多いです．

ところが，どの場合でも，とりあえず必要になる数学は**高校までにまなぶ数学（と少しの大学の数学）**で足りることがほとんどで，これがしっかりと身についていれば，あとは**応用力**という場合が多いです．例えば，多くの方が受験するであろう SPI や公務員試験では，集合や論理（ともに本書の第 1 章の内容），確率・統計（ともに本書の第 5 章の内容）などの理解が重要のようですが，数学の知識としては高校までの内容で十分で，あとは文章から読み取って適用させるといった応用させる力です．超難関といわれる公認会計士試験の選択科目にある統計学も，高校でまなぶ確率論や統計学の知識と応用力が十分にあれば，あとは少しの大学でまなぶ統計学の知識だけでさほど難しくはありません．

本書はそのような必要に迫られて数学をまなばなければならなくなった方を主な対象にしている，数学の基礎力を身につけるための教科書です．もちろん，高校数学の理解が不完全という大学生の自習用や，高校生の参考書としても，また，純粋に数学をまなび直そうと思っている方でも使っていただけます．さらに，「手を動かしてまなぶ」シリーズを読む際に必要な数学の，基礎となる話題を扱っているため，**シリーズを読むための入門書**としても使えます．

ですが，紙面の関係で高校数学のすべては扱っていません．また，わかりやすい説明を心がけていますが，簡単な説明をしているわけではありません．公式の丸暗記のような，その場しのぎのための知識ではなく，次のためのステップアップに数学を利用したい方のための教科書ですから，**ただ計算できるようになるだけでなく，その数学を理解できるように説明している**からです．ですから，しっかりとまなび直したいという方なら，最後にはきちんとした理解ができ，数学の土台ができていることでしょう．

本書では第1章で集合と論理に関することを扱います．数学の「考え方」のベースに関係した内容です．第2章では関数と方程式に関することを扱います．とくに三角比や三角関数は苦手とする方が多いと思いますので，丁寧に扱いました．三角関数は非常に重要ですので，苦手な方はしっかりと勉強して克服してください．第3章は微分と積分に関する章です．微分や積分では一体何をしているのかがわかるように説明しています．第4章ではベクトルと行列を扱っています．行列は大学で初めてまなぶ方もいるでしょう．独特な計算ルールがあるため，初めての方は注意してまなんでください．第5章で扱うのは確率と統計です．身近な話題を例として挙げるなどして説明しています．

他に「手を動かしてまなぶ」シリーズとして，次のような特徴をもっています．

- 読者自身で手を動かして解いてほしい問題や，読者が見落としそうな証明や計算が省略されているところに「✍」の記号を設けました．
- とくに本文に設けられた「✍」の記号について，その「行間埋め」の具体的なやり方を裳華房のウェブサイト

  https://www.shokabo.co.jp/author/1604/1604support.pdf

  に別冊で公開しました．
- ふり返りの記号として「⇨」を使い，すでに定義された概念などを復習できるようにしたり，証明を省略した定理などについて参考文献にあたれるようにしたりしました．例えば，[⇨［藤岡1］p.10] は「参考文献（本書342ページ）［藤岡1］の10ページを見よ」という意味です．また，各節末

に用意した問題が本文のどこの内容と対応しているかを示しました．

- 例題や節末問題について，くり返し解いて確認するためのチェックボックスを設けました．
- 省略されがちな式変形の理由づけを記号「☺」で示しました．
- 各節のはじめに「ポイント」を，各章の終わりに「まとめ」を設けました．抽象的な概念の理解を助けるための図も多数用意しました．
- 紙面の都合で割愛した話題を，付録として裳華房のウェブサイト

  https://www.shokabo.co.jp/author/1604/index.htm#supplement

  に別冊で公開しました．
- 節末問題を多く用意し，「確認問題」，「基本問題」，「チャレンジ問題」の3段階に分けました．また穴埋め問題も取り入れ，読者が手を動かしやすくなるようにしました．
- 巻末には節末問題の略解やヒントがありますが，丁寧で詳細な解答を裳華房のウェブサイト

  https://www.shokabo.co.jp/author/1604/1604answer.pdf

  から無料でダウンロードできるようにしました．自習学習に役立ててください．

最後になりましたが，本書執筆にあたり，関西大学の藤岡敦教授には丁寧に原稿を読んでいただき，適切なアドバイスをいただきました．東京電機大学の大西来実（くるみ）さん，江口未花（みか）さん，倉部彩生（あやお）さんには読者の立場から原稿の確認をしてもらいました．また，(株) 裳華房の久米太郎（たろう）氏には執筆の機会だけでなく，何度も励ましの言葉や，原稿に丁寧なコメントをいただくなど，終始お世話になりました．そして装丁家の真志田（ましだ）桐子氏には素敵なカバーデザインを作っていただきました．この場を借りて，感謝の言葉とともに御礼申し上げます．

2024年9月

富川　祥宗（よしむね）

目次

全体の地図

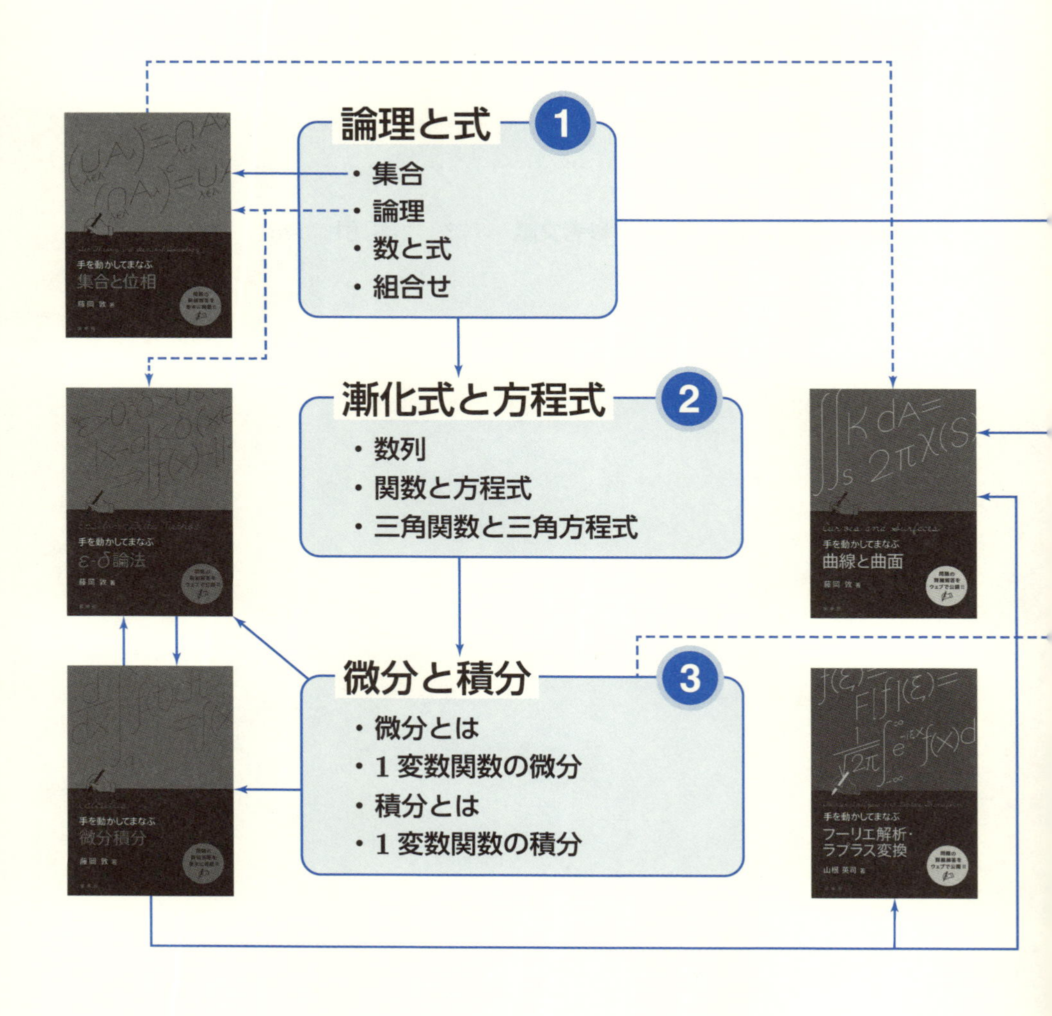

論理と式 1
・集合
・論理
・数と式
・組合せ
漸化式と方程式 2
・数列
・関数と方程式
・三角関数と三角方程式
微分と積分 3
・微分とは
・1 変数関数の微分
・積分とは
・1 変数関数の積分
手を動かしてまなぶ
集合と位相
手を動かしてまなぶ
ε-δ論法
手を動かしてまなぶ
微分積分
手を動かしてまなぶ
曲線と曲面
手を動かしてまなぶ
フーリエ解析・ラプラス変換

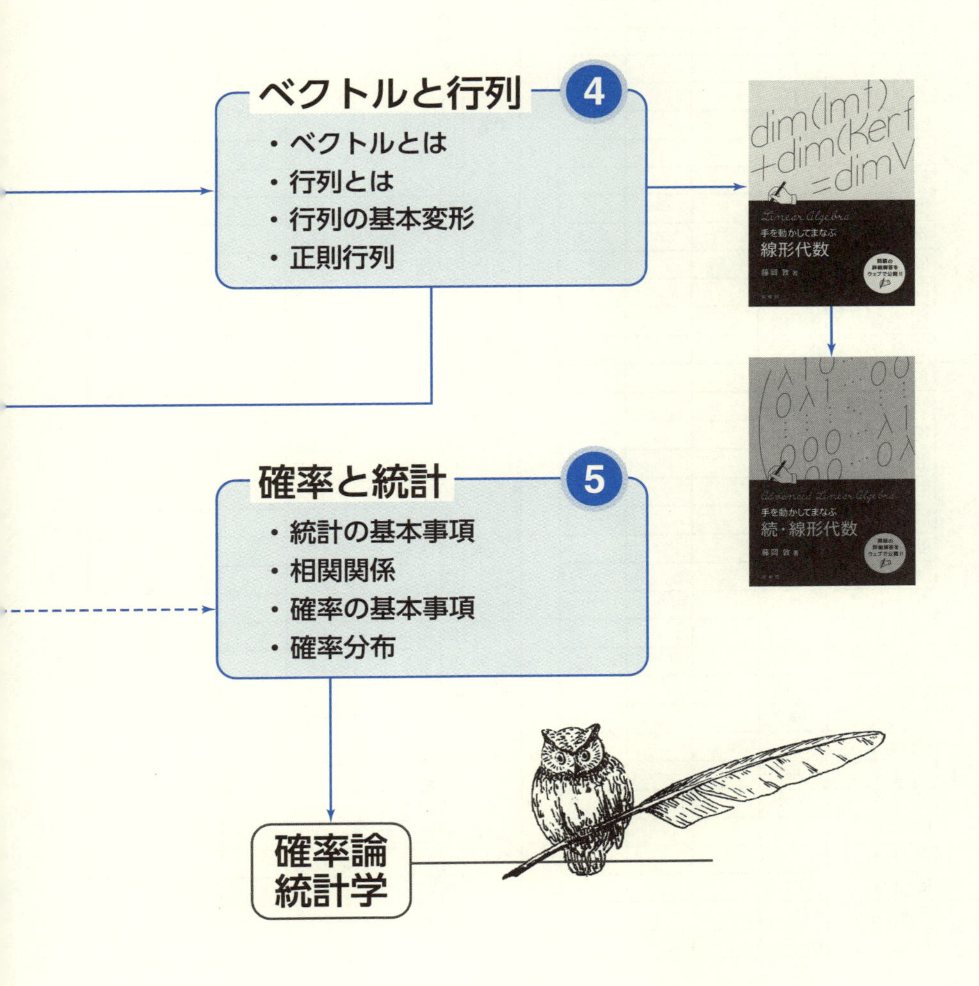
ベクトルと行列
4
・ベクトルとは
・行列とは
・行列の基本変形
・正則行列
確率と統計
5
・統計の基本事項
・相関関係
・確率の基本事項
・確率分布
確率論
統計学
Linear Algebra
手を動かしてまなぶ
線形代数
Advanced Linear Algebra
手を動かしてまなぶ
続・線形代数

チェックリスト

	問題番号	ページ	1回目	2回目	3回目
§1	例題 1.1	P.2			
	例題 1.2	P.7			
	例題 1.3	P.9			
	例題 1.4	P.11			
	例題 1.5	P.13			
	例題 1.6	P.16			
	例題 1.7	P.18			
	問 1.1	P.19			
	問 1.2	P.20			
	問 1.3	P.20			
§2	例題 2.1	P.26			
	例題 2.2	P.29			
	例題 2.3	P.32			
	問 2.1	P.33			
	問 2.2	P.33			
	問 2.3	P.33			
	問 2.4	P.33			
§3	例題 3.1	P.39			
	例題 3.2	P.39			
	例題 3.3	P.49			
	問 3.1	P.54			
	問 3.2	P.54			
	問 3.3	P.54			
	問 3.4	P.54			
	問 3.5	P.55			
	問 3.6	P.55			
	問 3.7	P.55			
§4	例題 4.1	P.57			
	例題 4.2	P.59			
	例題 4.3	P.60			
	例題 4.4	P.63			
	問 4.1	P.65			
	問 4.2	P.65			
	問 4.3	P.65			
	問 4.4	P.65			
	問 4.5	P.65			
§5	例題 5.1	P.70			
	例題 5.2	P.71			

	問題番号	ページ	1回目	2回目	3回目
§5	例題 5.3	P.74			
	例題 5.4	P.75			
	問 5.1	P.78			
	問 5.2	P.79			
§6	例題 6.1	P.85			
	例題 6.2	P.89			
	例題 6.3	P.90			
	例題 6.4	P.95			
	例題 6.5	P.97			
	問 6.1	P.99			
	問 6.2	P.99			
	問 6.3	P.100			
	問 6.4	P.100			
§7	例題 7.1	P.105			
	例題 7.2	P.113			
	例題 7.3	P.114			
	例題 7.4	P.123			
	例題 7.5	P.129			
	問 7.1	P.131			
	問 7.2	P.132			
	問 7.3	P.132			
	問 7.4	P.132			
	問 7.5	P.132			
	問 7.6	P.132			
	問 7.7	P.132			
	問 7.8	P.134			
§8	例題 8.1	P.143			
	問 8.1	P.147			
	問 8.2	P.147			
§9	例題 9.1	P.151			
	例題 9.2	P.152			
	例題 9.3	P.154			
	例題 9.4	P.156			
	例題 9.5	P.164			
	例題 9.6	P.166			
	例題 9.7	P.167			
	例題 9.8	P.172			
	問 9.1	P.173			

	問題番号	ページ	1回目	2回目	3回目
§9	問 9.2	P.173			
	問 9.3	P.174			
	問 9.4	P.174			
	問 9.5	P.174			
	問 9.6	P.174			
	問 9.7	P.175			
	問 9.8	P.175			
§10	問 10.1	P.182			
	問 10.2	P.182			
	問 10.3	P.182			
§11	例題 11.1	P.192			
	例題 11.2	P.197			
	例題 11.3	P.201			
	例題 11.4	P.202			
	問 11.1	P.204			
	問 11.2	P.204			
	問 11.3	P.204			
	問 11.4	P.205			
	問 11.5	P.205			
	問 11.6	P.205			
§12	例題 12.1	P.217			
	例題 12.2	P.218			
	問 12.1	P.220			
	問 12.2	P.220			
	問 12.3	P.220			
	問 12.4	P.221			
	問 12.5	P.221			
§13	例題 13.1	P.224			
	例題 13.2	P.226			
	例題 13.3	P.229			
	例題 13.4	P.233			
	問 13.1	P.234			
	問 13.2	P.234			
	問 13.3	P.235			
	問 13.4	P.235			
	問 13.5	P.235			
§14	例題 14.1	P.241			
	例題 14.2	P.243			
	問 14.1	P.245			
	問 14.2	P.246			

	問題番号	ページ	1回目	2回目	3回目
§15	例題 15.1	P.248			
	問 15.1	P.253			
	問 15.2	P.254			
	問 15.3	P.254			
	問 15.4	P.254			
	問 15.5	P.255			
§16	例題 16.1	P.268			
	例題 16.2	P.271			
	例題 16.3	P.272			
	問 16.1	P.277			
	問 16.2	P.277			
	問 16.3	P.277			
	問 16.4	P.277			
	問 16.5	P.278			
§17	問 17.1	P.286			
	問 17.2	P.286			
	問 17.3	P.287			
	問 17.4	P.287			
§18	例題 18.1	P.290			
	問 18.1	P.300			
	問 18.2	P.300			
	問 18.3	P.300			
§19	例題 19.1	P.306			
	例題 19.2	P.313			
	問 19.1	P.314			
	問 19.2	P.314			
	問 19.3	P.314			
	問 19.4	P.314			
	問 19.5	P.314			
	問 19.6	P.315			
	問 19.7	P.315			
	問 19.8	P.315			
	問 19.9	P.316			
	問 19.10	P.316			

1 論理と式

§1 集合

§1のポイント

- **命題**とは，客観的にその真偽を判断できる主張のことである．
- **集合**とは，客観的にそれに属する基準を判断できる集まりのことである．
- **写像**とは，ある集合の要素を，別の集合の要素に対応づける規則のことである．
- **関数**とは，数の集合への写像のことである．

1・1 命題

数学では，定義，定理，命題など，似て非なる用語が登場する．これらはすべて「主張」であるが，その違いから説明する．

この「似て非なる用語」を列挙してみると，

定義（ていぎ），公理（こうり），定理（ていり），命題（めいだい），公式（こうしき），補題（ほだい），系（けい）

などがある．これらは大きく，

定義，公理

のグループと，

定理，命題，公式，補題，系

のグループに分けることができる．

前半の「定義，公理」のグループは，どちらも「決まり事」であるが，2つの違いの説明はなかなか難しい．いまの段階では，**定義**はそうすると決めたことで，**公理**はそれがなりたつと認めたものという理解でよい．

一方，後半の「定理，命題，公式，補題，系」のグループは，どれも定義や公理からくり返し論理を利用して導き出した主張である．つまり，定義と公理が証明不要な（証明できない，証明しない）ものであるのに対し，定理，命題，公式，補題，系はどれも証明可能なものである．証明せずに用いてはいけないものともいえる[1)]．

定理，命題，公式，補題，系はすべて命題である．

定義 1.1（命題）（重要）

客観的に正しいか間違っているかが判断できる主張を**命題**という．また，命題の主張が正しいことを**真**（しん），間違っていることを**偽**（ぎ）という．

注意 1.1　命題はその主張の真偽が客観的に判断できればよいので，間違った主張の命題も存在する．しかし，数学における定理などの命題は，真の命題のことである．

例題 1.1　主張：「日本の都道府県名を五十音順に並べたとき，1番目は青森県である」は命題であるか，理由とともに答えよ．また，命題の場合

1)　教科書などでは，証明が難しいなどの理由によって証明なしで登場することや，細かい点を省略した説明で証明したことにする場合などもあるが，本来はきちんと証明をあたえる必要がある．しかし，本書でも，やはりさまざまな理由から証明を省略することがあるので注意してほしい．

はその真偽も答えよ. □□□

解 日本の都道府県の名前も，五十音順も，順に並べたときの1番目がどこを指すかも，青森県も，人によって変わるものではない．つまり，この主張は客観的に判断できるため，命題である．しかし，日本の都道府県名を五十音順に並べたとき，1番目は愛知県であるため，この主張は間違っている．したがって，これは偽の命題である． ◇

- 命題のうち，とくに重要なものを**定理**とよぶ．発見者やその定理を広めた人物の名前がつくことも多い [⇨ 注意 7.1].
- 命題のうち，式で表されるものを**公式**という[2].
- **補題**は他の有用な命題を証明するために利用する命題のことである．単体では重要さがわからない場合が多いが，証明を読みやすくするためには不可欠なことも多いし，重要なことも多い．複数の補題を組み合わせることで簡単に示せる定理なども存在するし，名前がつくほど重要な補題も存在する．
- **系**は他の命題からすぐに導ける命題のことである．ほぼ自明であったり[3]，長い証明を必要としなかったりする．

---

[2] よく公式を丸暗記しようとする人がいる．「数学の勉強 = 公式を覚えること」と信じている人も少なからずいるようだが，それは違う．他の命題も同じだが，「なぜなりたつのか」を理解しなければ，覚えてもあまり意味はない．さらにいえば，公式自体を覚えてから問題を解くよりも，問題を解きながら公式の使い方を覚えた方がよい．

[3] よく証明問題で比較的簡単な部分を「自明である」の一言で省略する人がいるが，これで済ませられる場合は意外と少ない．問われていることが，その省略した部分という場合もある．したがって，自分が「これは自明だ」と思っても，きちんと手を動かして書く癖を身につけた方がよい．

よりみち 1.1　数学の主張に関する各用語について，それらの違いを説明したが，最初から完全に区別するのは難しいだろう．また，実際，重要さや簡単に導けるなどの主観に基づくことを分類の基準にしているため，何を定理とよぶかといったことはプロの数学者どうしでも意見が異なることがある．したがって，慣れないうちは「これらの用語があって，何らかの理由により使い分けている」ことと「後半のグループのもの（定理や命題）は証明する必要がある」ことを知っているくらいでよい．不必要な混乱を避けるため，本書では，後半のグループのものを紹介するときは「定理」に統一する．

1・2　集合とは

ところで，公理は証明せずに用いる命題と見ることもできる．こう考えると，1・1 でのグループとは別の，

定義

のグループと

公理，定理，命題，公式，補題，系

のグループに分けることができる．1つでもグループというのかという疑問はおいておくとして，このグループ分けは命題か否かを基準にしている．一方，1・1 でのグループ分けは，証明が必要な主張か否かという基準であった．

このように，同じ対象を考えても，基準によってさまざまなグループ分けができる．

定義 1.2（集合）（重要）

何らかの集まりの基準が客観的に判断できるとき，その集まりを**集合**という．また，集合に属する各対象を**要素**（ようそ），または，**元**（げん）といい，a が集合 A の要素であることを $a \in A$ と表す．a が集合 A の要素でない場合は $a \notin A$ と表す．

例 1.1 集合 A の要素として，1 があるとき，$1 \in A$ である．一方，-1 は A の要素でないとき，$-1 \notin A$ である． ◆

注意 1.2 集合を表す記号は大文字で，要素を表す記号は小文字が多い．しかし，集合は集合を要素にもつこともできるため，記号が大文字でも要素の可能性がある．

注意 1.3 要素であることを表すとき，集合 A を先に書きたい場合は，$a \in A$ を $A \ni a$ と書くこともある．

集合の要素はいくつでも構わない．1 個でも 100 個でも，無限個[4]でも 0 個でもよい．

定義 1.3（有限集合・無限集合）

要素の個数が有限個の集合を**有限集合**，無限個の集合を**無限集合**という．

集合は｛ ｝の括弧（かっこ）を使って表すが，その書き方は，要素をすべて書く**外延的記法**（がいえんてききほう）と，要素になる条件を書く**内包的記法**（ないほうてききほう）の 2 通りがある[5]．それぞれの書き方を例で見てみよう．

例 1.2 10 以下の自然数の集合の場合

外延的記法

$$\{1, 2, 3, 4, 5, 6, 7, 8, 9, 10\} \text{ や } \{1, 2, 3, \cdots, 10\} \text{ や } \{2, 8, 5, 6, 1, 3, 9, 10, 7, 4\}$$

内包的記法

$$\{x \mid x \text{ は 10 以下の自然数}\} \text{ や } \{n \mid 1 \leq n \leq 10,\ n \text{ は自然数}\}$$ ◆

外延的記法では，｛ ｝の中に要素をすべて並べればよい．要素の数が多く列挙（れっきょ）するのが大変であるが並びの規則性がわかるという場合は，途中を $\cdots$ で省略

---

4) 有限個でないということ．どんなに時間がかかっても数えきることができない個数．

5) それぞれ，外延的表記，内包的表記とよばれることもある．

可能である．また，通常は規則正しく並べるが，定義上はランダムな並べ方でも構わない[6]し，重複（ちょうふく）する要素は省略できる．無限集合の場合は並びの最後の要素が存在しないので，規則がわかる形でいくつかの要素を書き，残りは $\cdots$ で省略する．

一方，内包的記法では，{ } の中を | または : で区切り，この区切りの前（左側）に x などの変数を書き，区切りの後ろ（右側）にその変数がみたす条件を書く．この変数は要素を表し，使う文字は x に限らない．また，条件は数式でも日本語でもよいし，複数の条件を並べることもできる．

定義 1.4（空集合）

要素の個数が 0 個の集合を**空集合**（くう）という．

空集合は $\emptyset$ と括弧だけの { } の 2 通りの書き方がある[7]．

注意 1.4　集合は要素に集合をもっていてもよいため，$\{\emptyset\}$ と書くと，空集合の集合という，空集合とは別の集合を表す．空集合の集合は，要素に空集合をもっていることになり，要素が 1 個あるため，空集合ではない．これは，集合を袋，要素を袋の中身と考えるとわかりやすい．空集合は中が空（から）の袋で，空集合の集合は中に空の袋が入っている袋ということになるため，外側の袋は空ではないという理屈である．

集合を要素としてもつ集合が存在するため，$\in$ の左側に集合が書かれることもある．例えば，$A = \{1, 2\}$ という集合の場合，$\{1, 2\} \in A$ は正しくない．しかし，これが正しくない理由は，集合が $\in$ の左側に書かれているからではなく，A の要素に $\{1, 2\}$ が存在しないからである．

---

6)　ただし，見にくいので特別な理由がない限りはやめた方がよい．

7)　空集合の記号 $\emptyset$ はノルウェー語のアルファベットである ø（ウー）を使うことも多い．また，ギリシャ文字の ϕ（ファイ）で代用することもある（ギリシャ文字については，**表見返し**を参考にするとよい）．

例題 1.2 集合 $A=\{0,1,2,\{1\}\}$ について，$\{1,2\}\in A$ は正しいか，理由とともに答えよ．

□□□ ✍

解 正しくない．$\{1,2\}\in A$ は集合 $\{1,2\}$ が A の要素であることをいっている．しかし，集合 A は，(1 と 2 は要素にもつが，) $\{1,2\}$ を要素にもたないからである [8)]． ◇

数の集合には記号の決まっている特別な集合がある．**自然数全体からなる集合 $\mathbf{N}$，整数全体からなる集合 $\mathbf{Z}$，有理数全体からなる集合 $\mathbf{Q}$，実数全体からなる集合 $\mathbf{R}$，複素数全体からなる集合 $\mathbf{C}$** の5つで [9)]，どれも無限集合である．

注意 1.5 **自然数**とは，$1,2,3,\cdots$ のように「数えられる数」のことである [10)]．また，**整数**とは，$0,\pm1,\pm2,\pm3,\cdots$ のように，自然数と自然数を -1 倍した数と 0 のことである．**有理数**とは，整数 m と 0 でない整数 n を用いて，$\dfrac{m}{n}$ で表せる数 [11)] のことである．**実数**とは，数直線上に存在する数のことで，無限に続く小数も含めて，小数で表せる数である [12)]．なお，有理数でない実数を**無理**

---

8) $\{1\}\in A$ は正しい．その理由を考えてみよう (✍)．

9) これらの数の集合に，なぜこれらのアルファベットが割り当てられているかというと，英語やドイツ語の頭文字が由来である．$\mathbf{N}$ は自然数の英語 (natural number) の N，$\mathbf{Z}$ は数のドイツ語 (Zahl：ツァール) (または複数形 Zahlen：ツァーレン) の Z，$\mathbf{Q}$ は (割り算の答えである) 商の英語 (quotient) の Q，$\mathbf{R}$ は実数の英語 (real number) の R，$\mathbf{C}$ は複素数の英語 (complex number) の C である．

10) 自然数に 0 を含める場合があるが，本書では含めないこととする．

11) 分数で表せる数といえるが，$\frac{m}{1}$ も含まれる．つまり，整数も有理数の一部である．

12) これは，$\frac{1}{2}$ を小数にした 0.5 はもちろん，$\frac{1}{3}=0.333\cdots$ や分数では表せない $\sqrt{2}=1.4142\cdots$ も含むということである．つまり，有理数はすべて実数である．

数という[13]．**複素数**とは，実数 a, b と虚数単位 $i=\sqrt{-1}$ を用いて，$a+ib$ で表される数のことである．

つまり，

$$\mathbf{N}=\{1,2,3,\cdots\} \tag{1.1}$$

$$\mathbf{Z}=\{0,\pm1,\pm2,\pm3,\cdots\} \tag{1.2}$$

$$\mathbf{Q}=\left\{\frac{m}{n}\,\middle|\,m,n\in\mathbf{Z},\ n\neq 0\right\} \tag{1.3}$$

$$\mathbf{R}=\{a\,|\,a\text{ は実数 }\} \tag{1.4}$$

$$\mathbf{C}=\{a+ib\,|\,a,b\in\mathbf{R},\ i=\sqrt{-1}\} \tag{1.5}$$

である．

注意 1.6　$\mathbf{N}, \mathbf{Z}, \mathbf{Q}, \mathbf{R}, \mathbf{C}$ はすべて太文字のため，手書きでは太くするのが大変などの理由により，手書きの場合は $\mathbb{N}, \mathbb{Z}, \mathbb{Q}, \mathbb{R}, \mathbb{C}$ のように一部を二重線にして書くことでそれぞれの太文字と認められる．また，印刷では $\boldsymbol{N}, \boldsymbol{Z}, \boldsymbol{Q}, \boldsymbol{R}, \boldsymbol{C}$ のように，太文字の斜体で書かれることもある．

例 1.3　1は自然数全体からなる集合の要素であるから，

$$1\in\mathbf{N}. \tag{1.6}$$

一方，-1 は自然数ではないため，

$$-1\notin\mathbf{N}. \tag{1.7}$$

◆

例1.2の下で説明したように，集合を内包的記法で表すときは，区切り（ | または : ）の後ろ（右側）に，前（左側）に書いた変数の条件を書く．しかし，その変数（要素）がすべて他の同一の集合に属していて，その属している集合がわかっているときは，区切りの前（左側）に書くこともできる．

---

13)　$\sqrt{2}$ や円周率の π は実数であるが，分数では表せないので，無理数である．

例 1.4　10 以下の自然数の集合 A は，内包的記法で，

$$A = \{n \mid n \leq 10,\ n \in \mathbf{N}\} \tag{1.8}$$

と表せるが，10 以下の自然数はすべて $\mathbf{N}$ に属していて，$\mathbf{N}$ は自然数全体からなる集合だとわかっているので，

$$A = \{n \in \mathbf{N} \mid n \leq 10\} \tag{1.9}$$

と表してもよい． ◆

例題 1.3　集合 $A = \{n \mid n \in \mathbf{Z},\ |n| \leq 5\}$ を外延的記法で表せ．

解　$n \in \mathbf{Z}, |n| \leq 5$ より，n は絶対値が 5 以下の整数である．内包的記法は集合の要素をすべて書き下せばよいから，$A = \{0, \pm 1, \pm 2, \pm 3, \pm 4, \pm 5\}$ である [14]．

◇

1・3　集合の部分と全体

定義 1.5（部分集合）

ある集合 B の要素の一部からなる集合 A を，B の**部分集合**といい，$A \subset B$ と表す．A が B の部分集合でない場合は $A \not\subset B$ と表す．

例 1.5　10 以下の自然数からなる集合 A は，自然数全体からなる集合の部分集合であるから，

$$A \subset \mathbf{N}. \tag{1.10}$$

---

[14] $A = \{-5, -4, -3, -2, -1, 0, 1, 2, 3, 4, 5\}$ のように，$\pm$ を $+$ と $-$ に分けて答えてもよい．要素を並べる順番も自由である．

自然数全体からなる集合は整数全体からなる集合の部分集合でもあるので，

$$A \subset \mathbf{N} \subset \mathbf{Z} \tag{1.11}$$

もなりたつ．このとき，当然，$A \subset \mathbf{Z}$ もなりたつ． ◆

例 1.6　$\mathbf{N}, \mathbf{Z}, \mathbf{Q}, \mathbf{R}, \mathbf{C}$ に対し，

$$\mathbf{N} \subset \mathbf{Z} \subset \mathbf{Q} \subset \mathbf{R} \subset \mathbf{C} \tag{1.12}$$

がなりたつ． ◆

注意 1.7　集合を要素としてもつ集合の場合，$\in$ と $\subset$ の違いにとくに注意が必要である．例えば，$A = \{1, 2, \{1, 2\}\}$ という集合を考えると，$\{1, 2\} \in A$ も $\{1, 2\} \subset A$ も正しいことになる．しかし，$\{1, 2\} \in A$ の $\{1, 2\}$ は A の要素の3番目のことであるのに対し，$\{1, 2\} \subset A$ の $\{1, 2\}$ は A の要素の1番目と2番目を要素としてもつ集合を指す．同じ集合 $\{1, 2\}$ であるが，$\{1, 2\} \in A$ と $\{1, 2\} \subset A$ では意味が異なる．

定義 1.6（等しい）（重要）

2つの集合 A, B が，$A \subset B$ と $B \subset A$ の両方をみたすならば[15]，A と B は**等しい**といい，$A = B$ で表す．

これは，集合 A の要素と集合 B の要素がすべて一致することを意味する．ただし，1つの集合内に重複する要素がある場合は二重には数えない．

例 1.7　$A = \{1, 2, 2\}, B = \{1, 1, 1, 2, 2\}$ の場合，$A = \{1, 2\}, B = \{1, 2\}$ として比較するので，$A = B$ である． ◆

注意 1.8　部分集合の定義［⇨ **定義 1.5**］と集合が等しいことの定義［⇨ **定義 1.6**］を見比べると，$A \subset B$ が $A = B$ の場合を含んでいなければならないが，これは許されるのかという疑問をもつかもしれない．つまり，A は B の要

15)　互いが互いの部分集合になっているということである．

素の“すべて”を含んでいないと $A=B$ はなりたたないが，このとき A は B の要素の“一部”をもつといってもよいのかという疑問である．

結論からいえば，これは問題ない．しかし，部分集合には，$A=B$ を含む場合と含まない場合を厳密に区別することがある．このとき，$A=B$ を含む部分集合を $A \subseteq B$，含まない部分集合（**真部分集合**という）を $A \subset B$ または $A \subsetneq B$ と表し，区別する．

本書では $A=B$ を含む場合，つまり $A \subseteq B$ を部分集合の定義とするが，記号は真部分集合で使用することがあるものと同じなので，注意すること．

例題 1.4　集合 $A=\{1,2,\{1,2\}\}$ の部分集合として考えられる集合をすべて答えよ．　□□□

解　A の要素を取り出してできる集合で，考えられるものすべてが答えだから[16]，$\emptyset, \{1\}, \{2\}, \{\{1,2\}\}, \{1,2\}, \{1,\{1,2\}\}, \{2,\{1,2\}\}, \{1,2,\{1,2\}\}$．　◇

定義 1.7（共通部分）

2 つの集合 A, B の要素のうち，共通しているすべての要素だけからなる集合を**共通部分**といい，$A \cap B$ と表す[17]．

また，集合 A, B の共通部分が空集合になるとき，すなわち，$A \cap B = \emptyset$ がなりたつとき，A と B は**互いに素**(そ)であるという．

共通部分は「集合」という単語はついていないが集合である．

例 1.8　$A=\{1,2\}, B=\{1,3\}$ のとき，$A \cap B = \{1\}$．　◆

---

16) 空集合も A の部分集合である．要素を 0 個取り出したと考えればよい．しかし，空集合の集合は A の部分集合ではない．A の要素に空集合はないからである．

17) $\cap$ はキャップと読む．

定義 1.8（和集合）

2つの集合 A, B の両方の要素をすべて合わせた要素からなる集合を**和集合**といい，$A \cup B$ と表す[18)].

例 1.9　$A=\{1,2\}, B=\{1,3\}$ のとき，$A \cup B=\{1,2,3\}$. ◆

定義 1.9（直積集合）

2つの集合 A, B の要素に対し，それぞれから1つずつ選んで作れる組のすべてを要素とする集合を**直積集合**（ちょくせき）といい，$A \times B$ と表す.

このとき，$a \in A$, $b \in B$ に対し，$A \times B$ の要素を組 (a,b) で表す.

かけ算の記号と同じであるが，要素の積を考えているわけではない.

例 1.10　$A=\{1,2\}, B=\{1,3\}$ のとき，$A \times B=\{(1,1),(1,3),(2,1),(2,3)\}$. ◆

直積集合の要素である組 (a,b) は並びも重要で，入れ替えたものは同じ組ではない．つまり，一般に $(a,b) \neq (b,a)$ である．したがって，和集合や共通部分と違い，A と B を逆に書いてしまうと，上の例では $B \times A=\{(1,1),(1,2),(3,1),(3,2)\}$ となり，別の集合になってしまう.

これは，座標と考えるとわかりやすい．$\times$ の前の集合の要素が x 座標，後の集合の要素が y 座標だと思えば，$(1,2) \neq (2,1)$ であることがわかるだろう．実際，座標平面（xy 座標）は $\mathbf{R} \times \mathbf{R}$ のことである．ちなみに，$\mathbf{R} \times \mathbf{R}$ のように，同じ集合どうしの直積集合は，$\mathbf{R}^2$ のように表すこともできる.

和集合，共通部分，直積集合は，3つ以上の集合でも考えることができる．例

---

18) $\cup$ はカップと読む．似た記号に $\sqcup$ があるが，意味は異なる［⇨［藤岡 3］p.10］．とくに手書きの場合，$\cup$ はアルファベットの U と似てしまうため，$\cup$ を書こうとして $\sqcup$ のようにカクカクとさせた形で書く人がいるが，別の意味になってしまうので注意すること.

えば和集合の場合は，$A \cup B \cup C$ のように書く．また，直積集合に限り，集合 A の n 個の直積集合を A^n と表すことができる．

定義 1.10（差集合）

集合 A の要素のうち，集合 B の要素ではないすべての要素からなる集合を**差集合**といい，$A \setminus B$，または，$A - B$ と表す．

例 1.11 $A = \{1, 2\}$, $B = \{1, 3\}$ の場合，$A \setminus B = \{2\}$．また，$B \setminus A = \{3\}$．◆

この例からわかるように，差集合も直積集合と同様，A と B を逆に書くと意味が変わる．

例題 1.5 集合 $A = \{0, 1\}$, $B = \{1, 2\}$ に対し，$A \cup B$, $A \cap B$, $B \times A$, $A \setminus B$ をそれぞれ求めよ． □□□

解 $A \cup B$　A と B の和集合［⇨ **定義 1.8**］だから，（重複(ちょうふく)分は省略して，）$A \cup B = \{0, 1, 2\}$．

$A \cap B$　A と B の共通部分［⇨ **定義 1.7**］だから，$A \cap B = \{1\}$．

$B \times A$　B と A の直積集合［⇨ **定義 1.9**］だから，B と A の順番に注意して，$B \times A = \{(1, 0), (1, 1), (2, 0), (2, 1)\}$．

$A \setminus B$　A から B を引いた差集合［⇨ **定義 1.10**］だから，$A \setminus B = \{0\}$．◇

考えている対象全体が決まっていることもある．

定義 1.11（全体集合）

考えている対象の要素全体からなる集合を**全体集合**という．

全体集合を表す記号は U や Ω を使うことが多いが，X など他の記号を使うこともある．

全体集合 U があるとき，他の集合はすべて U の部分集合になる．また，U の部分集合 A に属さない要素すべてからなる集合も考えることができる．

定義 1.12（補集合）

全体集合 U の部分集合 A に対し，A に属さない要素すべてからなる集合を**補集合**（ほしゅうごう）といい，$\overline{A}$，または，A^c で表す．

差集合を使えば，補集合は $\overline{A} = U \setminus A$ と表せる．

集合は**ベン図**とよばれる図を使うと，視覚的にわかりやすくなることがある．集合を閉じた円（適当な囲み）を使って表すことで，他の集合との関係を表す図である（**図 1.1**）．

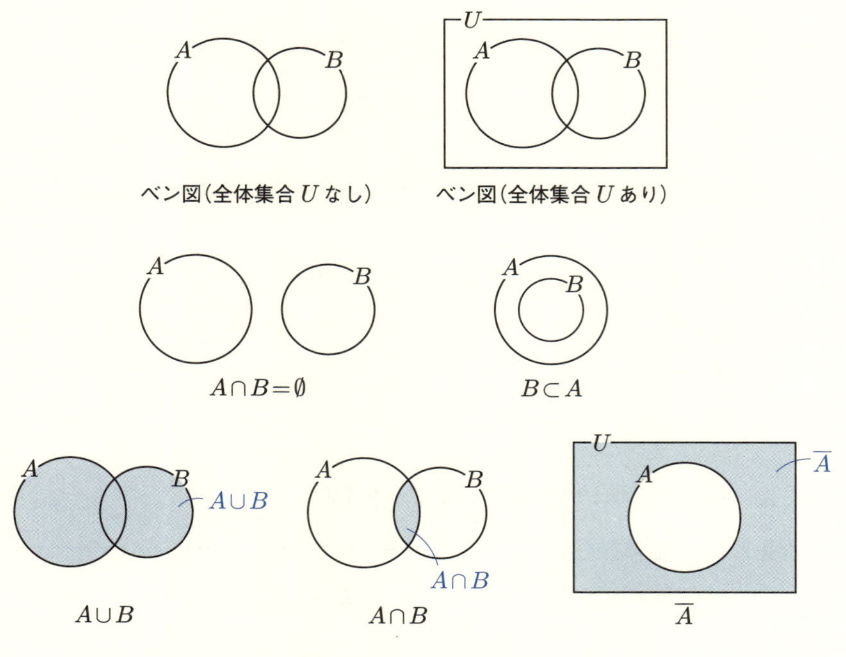

図 1.1　いろいろなベン図

1・4 写像

定義 1.13（写像・関数）（重要）

ある集合 A の要素を，別の集合 B の要素と対応づけるときの規則 f を，集合 A から集合 B への**写像**（しゃぞう）といい，$f: A \to B$ と表す．ただし，A の1つの要素は，B の1つの要素と対応し，A の要素はすべて，B の要素のいずれかと対応する必要がある．

このとき，$a \in A$ が $b \in B$ と対応していれば，b は a の**像**（ぞう）であるといい，$f(a) = b$ と表す．

またとくに，数の集合への写像を**関数**（かんすう）という[19]．

写像 $f: A \to B$ は，A の1つの要素が B の2つ以上の要素と対応していてはいけないが，逆に A の2つ以上の要素が B の1つの要素に対応しているのは構わない．また，A の要素で，B のどの要素とも対応づいていないものがあってはいけないが，B の要素には，A のどの要素とも対応づいていないものがあっても構わない．したがって，すべての $a \in A$ の像 $f(a)$ の集合を $f(A)$ で表すと，$f(A) \subset B$ は常になりたつが，$f(A) = B$ がなりたつとは限らない（**図 1.2**）．

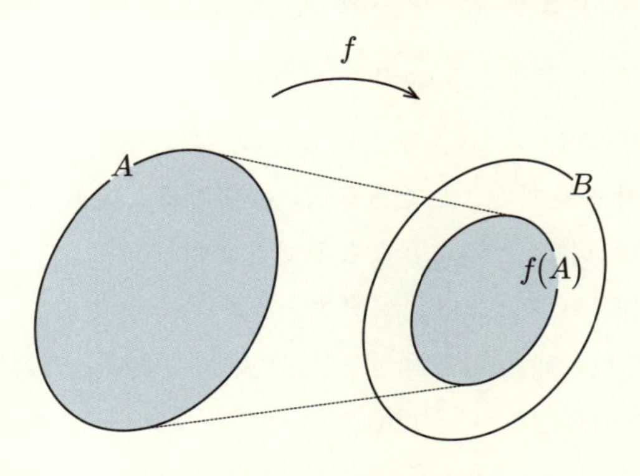

図 1.2 $f(A) \subset B$ のイメージ

19) 関数は函数と書くこともある．

例題 1.6　**図 1.3** では，黒点で表した要素をもつ集合 A, B を丸い囲みで，A から B への要素の対応の規則 f を矢印で表している．右側の2つについてどちらも規則 f は写像ではないが，それはなぜか，理由を答えよ．

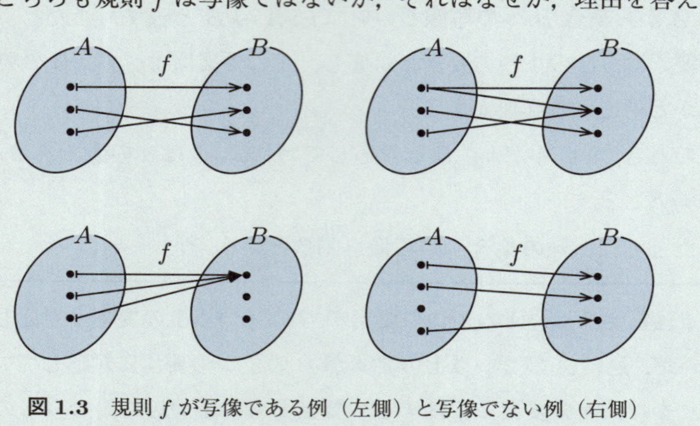

図 1.3　規則 f が写像である例（左側）と写像でない例（右側）

解　**右上**　A の要素で，B の2つの要素に対応しているものがあるから．
右下　A の要素で，B のどの要素とも対応していないものがあるから．　◇

定義 1.13 で述べた通り，写像 f というのは，ある集合の要素を別のある集合の要素に対応させる規則のことである．この規則は，定義の「ただし」以降の条件をみたしていれば，どのようなものでもよい．

例えば，集合 A=｛イヌ，カメ，メダカ｝と集合 B=｛ネコ，ワニ，ドジョウ｝に対し，f を哺乳類(ほにゅうるい)は哺乳類に，爬虫類(はちゅうるい)は爬虫類に，といった具合に「脊椎(せきつい)動物の分類が同じ動物への対応」という規則にすれば，f(イヌ) = ネコ，f(カメ) = ワニ，f(メダカ) = ドジョウ となる．このとき，対応先の集合 B の要素に余りがあってもよい．例えば，B = ｛ネコ，ワニ，ドジョウ，カラス｝の場合，カラスが余るが，これは問題ない．

しかし，「足の数が同じ動物への対応」のように，条件をみたさない規則は不可である．この規則では，f(メダカ) = ドジョウ は問題ないが，イヌとカメが問題である．イヌを見ると，f(イヌ) = ネコ, ワニ と対応先が2つになってしまうからである（カメも同様）[20]．

1・5 写像と逆写像

定義 1.14（全射・単射・全単射）

(1) 集合 A から集合 B への写像 f に対し，B のすべての要素が A の要素と対応づいているとき，f を**全射**（ぜんしゃ）という．

つまり，すべての $b \in B$ に対し，

$$f(a) = b \tag{1.13}$$

となる $a \in A$ が存在するとき，f を全射という．

(2) B の要素で，A の2つ以上の要素と対応づいているものが**ない**とき，f を**単射**（たんしゃ）という．

つまり，すべての $a, b \in A$ に対し，

$$a \neq b \text{ ならば，} f(a) \neq f(b) \tag{1.14}$$

がなりたつ[21]とき，f を単射という．

(3) f が全射であり単射でもあるとき，**全単射**（ぜんたんしゃ）という．

注意 1.9 (1.14) は，

$$f(a) = f(b) \text{ ならば，} a = b \tag{1.15}$$

としても同じである．これは，(1.14) と (1.15) が，対偶の関係にあるためである［⇨ **定理 2.1**］．

---

20) しかし，$B = \{$ネコ，ドジョウ$\}$，あるいは，$B = \{$ネコ，ドジョウ，カラス$\}$ならば，f(イヌ) = ネコ，f(カメ) = ネコ となるため問題ない．複数の対応元が1つの対応先に対応することは問題ないからである．

21) 「$a = b$ ならば $f(a) = f(b)$」は，f が写像ならば当然なりたたなければならない．

定義 1.14 により，写像は単射，全射，全単射，単射でも全射でもない写像の4種類に大別できることがわかる．

例題 1.7　**図 1.4** では，黒点で表した要素をもつ集合 A, B を丸い囲みで，A から B への写像 f の対応を矢印で表している．それぞれ単射，全射，全単射，単射でも全射でもない写像を表しているが，どの図がどの写像を表しているか答えよ．

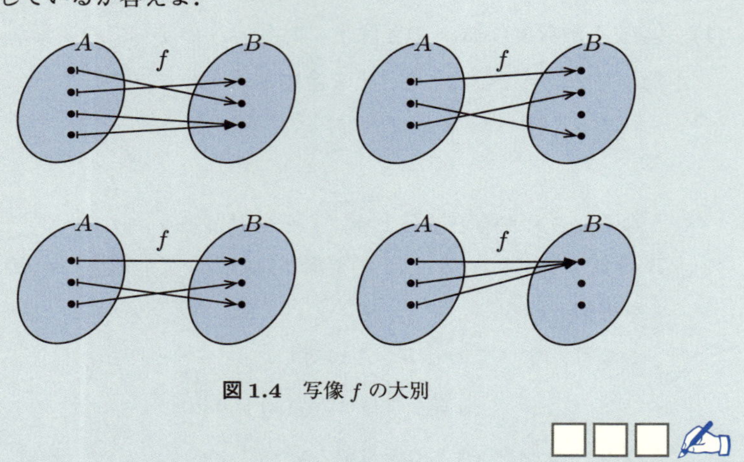

図 1.4　写像 f の大別

□□□

解　**左上**　B のすべての要素に，対応する A の要素があるが，1つの B の要素に2つの A の要素が対応しているものがあるので，全射である．

右上　A の要素と対応していない B の要素があるが，どの A の要素も1つの B の要素に対応しているので，単射である．

左下　B のすべての要素に，対応する A の要素があり，どの A の要素も1つの B の要素に対応しているので，全単射である．

右下　A の要素と対応していない B の要素があり，1つの B の要素に3つの A の要素が対応しているので，単射でも全射でもない写像である．　◇

写像 f が全単射のとき，逆写像を定義することができる．

定義 1.15（逆写像）

$a \in A$ を $b \in B$ に対応させる全単射の写像 $f: A \to B$ に対し，$b \in B$ を $a \in A$ に対応させる写像 $f^{-1}: B \to A$ を f の**逆写像**という[22]．

逆写像はその名の通り，逆向きの写像である．写像 f で A の要素はすべて B の要素のどれかと対応づいているが，それを逆向きに対応させるイメージである（**図 1.5**）．逆写像は写像の一種であることには変わりないため，B の要素はすべて A の要素と対応づく必要がある．そのため，全単射という条件が必要になる．このとき，逆写像 f^{-1} も全単射である．

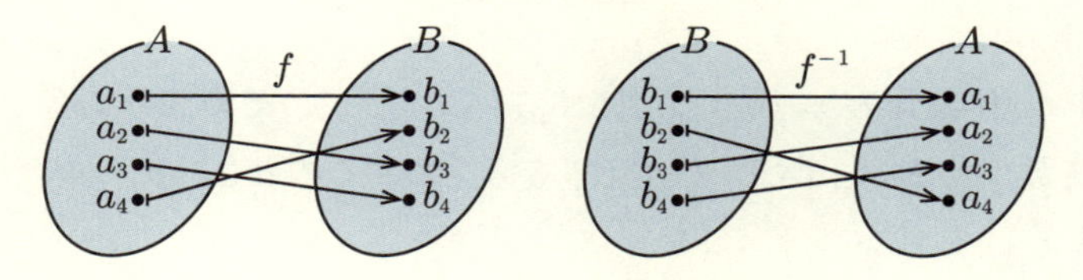

図 1.5　逆写像のイメージ

§1の問題

確認問題

問 1.1　次の主張は命題であるか，理由とともに答えよ．また，命題の場合は真偽も答えよ．

(1)　「愛媛」という漢字は画数が多い．

(2)　「愛媛」という漢字の画数は全 25 画である．

(3)　等式 $(a+b)^2 = a^2 + 2ab + b^2$ は，a, b がともに実数のときにしかなりたたない．

---

22)　f^{-1} は「エフ　インバース」と読む．

(4)　数学は簡単だ．　(5)　芸術は爆発だ．

□□□ [⇨ **1・1**]

問 1.2　集合 $A = \{0, 1, 1, 0, 2, 1, \{1, 0\}, \{0, 1, 2\}, \{\emptyset\}\}$ について，次は正しいか，理由とともに答えよ．

(1)　$-1 \in A$　(2)　$\{0\} \in A$　(3)　$\{0, 1\} \subset A$

(4)　$A \subset \{0, 1, 2, \{1, 0\}, \{0, 1, 2\}\}$　(5)　$2 \subset A$　(6)　$\{1\} \in A$

(7)　$\{\{1\}\} \in A$　(8)　$\{\emptyset\} \subset A$

□□□ [⇨ **1・2** **1・3**]

基本問題

問 1.3　全体集合 $U = \{0, 1, 2, 3, 5, 6, 7\}$ に対して，その部分集合 $A = \{a \in U \mid a$ は奇数$\}$ と $B = \{b \in U \mid 2b \in U\}$ を考える．このとき，次の集合を外延的記法で答えよ．

(1)　B　(2)　$A \cup B$　(3)　$\overline{A} \cap B$　(4)　$\overline{A \cap B}$

□□□ [⇨ **1・3**]

§2 論理

§2のポイント

- 命題を記号で表現した**論理式**では，論理語を**論理記号**という記号を用いて表す.
- 証明では，**背理法**，**対偶論法**，**数学的帰納法**などの証明法を用いることがある.

2・1 論理式

和集合や共通部分などの定義は，内包的記法により，命題を記号で表現した**論理式**を用いて表すこともできる.

定義 2.1（否定・連言・選言・含意）（重要）

命題 p, q に対し，次の (1)〜(4) を定義する.

(1) p でないことを p の**否定**(ひてい)といい，$\neg p$，または，$\overline{p}$ で表す.

(2) p であり，q でもあること（p かつ q であること）を**連言**(れんげん)といい，$p \wedge q$ で表す.

(3) p であるか，q であるか，あるいはその両方であること（p または q であること）を**選言**(せんげん)といい，$p \vee q$ で表す.

(4) $(\neg p) \vee q$ を**含意**(がんい)といい，$p \to q$ で表す（p ならば q と読む）[1]. このときの p を**仮定**，q を**結論**という.

例 2.1 命題 p, q に対し，p が真，q が偽のとき，$p \wedge q$ は偽，$p \vee q$ は真，$\neg p$ は偽，$p \to q$ は偽である. ◆

---

[1] 含意の記号 $\to$ は，写像で使う記号と同じである. 前後の文脈から，両者を間違えることは少ないと思うが，注意すること.

注意 2.1　通常の数の計算で，括弧(かっこ)がないとき，× と ÷ が + と − より優先されるように，**論理式では，括弧がないとき，$\neg$ が $\vee$ と $\wedge$ と $\to$ より優先される**．したがって，$(\neg p) \vee q$ は $\neg p \vee q$ のように書くことができるが，本書ではわかりやすいように $\neg p$ が単体で登場するとき以外は括弧をつけることにする．

また，通常の数の計算と同様，括弧があるときは，括弧内が優先される．複数の括弧をつけることもできるが，その場合も内側の括弧から優先順位がつく．

しかし，通常の計算のときと違い，2つ以上の命題を $\vee$ や $\wedge$ でつなげるときは，必ず2つの命題ごとに括弧をつける必要がある[2)]．さらに，括弧はすべて ( ) を使い，{ } や [ ] の括弧は使わない．

変数をもった命題も考えることができる．

定義 2.2（命題関数）

変数によって真偽が変わるような命題を**命題関数**といい，命題 p が変数 x をもっているとき，$p(x)$ と表す．

例 2.2　変数 $x \in \mathbf{N}$ に対し，命題「x は偶数である」は，$x = 1, 2, 3, \cdots$ と代入すると，代入する値によって真偽が変わるので，命題関数である．◆

定義 2.3（真理値）

命題が真のとき 1 を，偽のとき 0 を対応させる．このときの値 1 と 0 を**真理値**(しんりち)という[3)]．

例 2.3　命題関数「x は偶数である」を $p(x)$ で表す．このとき，1 は偶数ではない，つまり $x = 1$ のとき $p(x)$ は偽だから，$p(1) = 0$ である．2 は偶数である，

---

2) $(p \wedge q) \vee p$ や，$((\neg p) \vee (q \wedge p)) \wedge q$ のように書くということである．このとき，$p \wedge q \vee p$ のように書いてはいけない．

3) 真**偽**を対応させる値であるが，真**理**値という．

つまり $x=2$ のとき $p(x)$ は真だから，$p(2)=1$ である．3 は偶数ではない，つまり $x=3$ のとき $p(x)$ は偽だから，$p(3)=0$ である．4 は偶数である，つまり $x=4$ のとき $p(x)$ は真だから $p(4)=1$ である．◆

命題関数は，命題中の変数の集合から，真理値の集合 $\{0,1\}$ への写像である．上の例では，変数の集合は $\mathbf{N}$ なので，$p:\mathbf{N}\to\{0,1\}$ ということである．

真理値は命題関数ではない命題に関しても適用できる．このとき，各命題の真理値に対し，その対応関係を**真理値表**で書くこともできる．

真理値表は，1 番左にベースとなる命題を書くが，このとき，真理値はすべての組み合わせを網羅（もうら）する必要がある[4]．そして，左に書いた真理値を参考に，右にいくほど複雑な形の論理式になる命題を書いていく．また，区切りの線（縦線や横線）は，命題や真理値ごとに引いてもよいが，命題のまとまりごとに引いてもよい（**図 2.1**）．

p	q	$p\vee q$
1	1	1
1	0	1
0	1	1
0	0	0

同じ

p	q	$\neg p$	$(\neg p)\vee q$	$p\to q$
1	1	0	1	1
1	0	0	0	0
0	1	1	1	1
0	0	1	1	1

図 2.1　真理値表の例

4) 真理値は，網羅されていればその並びは自由だが，整理して並べた方がよい．本書では他の多くの数学や論理学の教科書に合わせ，1 番左に書く命題が真の場合 (1)，偽の場合 (0) の順でそろうように書くことにする．なお，真理値表は情報工学などでも利用されるが，そこでは真と偽の順を逆にしてそろえることも多いようである．この分野による違いの理由は，真理値表を書く目的の違いではないかと筆者は推測している．

注意 2.2　**図 2.1** の右の真理値表は，$p \to q$ の真理値表である[5]．この真理値表を見るとわかるように，仮定である p が偽のときは，結論である q の真偽によらず，$p \to q$ は真になるため，日常的に用いる「ならば」の意味とずれていて，奇妙に感じるかもしれない．これは，**仮定が間違った命題（主張）はどんな命題でも正しくなる**ということになる．

これは初学者が間違いやすいポイントであるが，具体例で考えてみるとよい．

例 2.4　命題「A 君がイヌを飼っているならば，A 君のイヌの名前はポチである」を考える．

このとき，p は「A 君はイヌを飼っている」，q は「A 君のイヌの名前はポチである」であるが，p が偽ということは，「A 君はイヌを飼っていない」ことになる．しかし，それなら「A 君のイヌ」は存在しないので，「A 君がイヌを飼っているなら，そのイヌの名前はポチだよ」といっても嘘はついていないことになる．したがって，q の真偽にかかわらず，命題は間違っていないことになる．間違っていないときは正しいのだから，この命題は正しい，つまり，真であるという理屈である[6]．◆

よりみち 2.1　数学で利用している論理学は，数理論理学，または，記号論理学とよばれる分野に属するが，これは古典主義論理と直観主義論理という 2 つの考え方に分けることができる．通常の数学では古典主義論理を暗（あん）に仮定しており，古典主義論理では排中律は正しい法則であるとされているため，間違っていなければ正しいという二者択一の理屈が通用する．しかし，直観主義論理では排中律がなりたたないことがあるため，この議論は通用しなくなる．古典主義論理と違い，直観主義論理では二重否定（～でなくはない）が肯定（～で

---

5)　$p \to q$ は $(\neg p) \vee q$ のことであったことを思い出そう［⇨ **定義 2.1** (4)］．

6)　この議論では**排中律**（はいちゅうりつ）とよばれる法則を利用している．排中律とは，命題は正しいか正しくないかのどちらか一方がなりたつという法則である．p.26 の例 2.5 の 1 つ目が排中律を表している．ちなみに，例 2.5 の 2 つ目は**矛盾律**（むじゅんりつ）とよばれる法則を表している．

ある）に変わる保証がないからである［⇨［本橋］］.

数学で直観主義論理を考えることもあるが，通常の数学では気にしなくてもよい．ただし，日常生活では気をつけた方がよい．読者も「〜でなくはない」ということがあると思うが，これは常に「〜である」という意味で使っているわけではないだろう．日常には，二者択一ではない場合も多いが，二者択一でなくても決して論理的ではないということにはならない．

定義 2.4（全称・特称）（重要）

命題関数 $p(x)$ に対して，次の (1), (2) を定義する．

(1) 「すべての x について $p(x)$ である」という命題を**全称**（ぜんしょう）の命題といい，$\forall x\ p(x)$ で表す．

(2) 「ある x について $p(x)$ である」，または，「$p(x)$ であるような x が存在する」という命題を**特称**（とくしょう）の命題といい，$\exists x\ p(x)$ で表す．

定義 2.1 と定義 2.4 で定義した，否定，連言，選言，含意，全称，特称は**論理語**とよばれる．また，これらの論理語のそれぞれの記号 $\neg, \wedge, \vee, \rightarrow, \forall, \exists$ を**論理記号**という．

集合を内包的記法で書いたときの条件は命題関数で表せるので，集合 A は命題関数 $p(x)$ を用いて，$A = \{x \mid p(x)\}$ のように表せる．同様に，集合 B を命題関数 $q(x)$ を用いて $B = \{x \mid q(x)\}$ と表した場合，A と B の和集合は，

$$A \cup B = \{x \mid p(x) \vee q(x)\} \tag{2.1}$$

と書ける．

定義 2.5（恒真命題・恒偽命題）

(1) 常に真の命題を**恒真命題**（こうしん）といい，I で表す．

(2) 常に偽の命題を**恒偽命題**（こうぎ）といい，O で表す．

恒真命題，恒偽命題を用いれば，全体集合と空集合も，それぞれ内包的記法で $U = \{x \mid I\}$, $\emptyset = \{x \mid O\}$ と書ける．

定義 2.6（同値）（重要）

命題 p, q に対して，真理値が一致するとき，p と q は**同値**（どうち）であるといい，$p \equiv q$ で表す[7]．

例題 2.1　命題 p, q に対し，命題 $p \wedge (\neg q)$ と $\neg(p \vee q)$ は同値であるか，真理値表を書いて答えよ．　□□□

解　真理値表は表の左から，命題の構成を "内側" から順に書いていけばよいので，それぞれ**図 2.2** のようになる．

p	q	$\neg q$	$p \wedge (\neg q)$
1	1	0	0
1	0	1	1
0	1	0	0
0	0	1	0

p	q	$p \vee q$	$\neg(p \vee q)$
1	1	1	0
1	0	1	0
0	1	1	0
0	0	0	1

図 2.2　例題 2.1 の答えの真理値表

2つの真理値表の $p \wedge (\neg q)$ と $\neg(p \vee q)$ のところを見比べれば，真理値の並びが一致しないので，2つの命題は同値ではない[8]．　◇

例 2.5　命題 p に対し，$p \vee (\neg p)$ は恒真命題 I と真理値が一致する（✍）から，

---

7)　記号 $\equiv$ は同値以外の意味でもいろいろと使われるので注意．

8)　真理値表を見比べるときは，基本になる命題（いまだと p と q）の真理値の並びが一致していることに注意すること．真理値表に並べる真理値の順番（各行の並び順）は自由なので，基準がそろっていなければ比べられない．したがって，基本になる命題の真理値の並びが一致していない場合は，適宜（てきぎ）並べ替えてから比べないと，同値かどうかの判断を間違えてしまう．

$p \vee (\neg p) \equiv I$.

一方，$p \wedge (\neg p)$ は恒偽命題 O と真理値が一致する (✍) から，$p \wedge (\neg p) \equiv O$.

◆

この例の $p \vee (\neg p) \equiv I$ と $p \wedge (\neg p) \equiv O$ は，**背理法**(はいりほう)とよばれる命題の証明法にも利用されている．この 2 つの式を合わせて考えると，命題はなりたつかなりたたないかのどちらか一方が，必ずなりたつという意味になる．したがって，示したい命題の否定がなりたたないことを示すことで，示したい命題がなりたつことを証明する．このとき，命題の否定がなりたたないことを示すためには，命題の否定がなりたつことを仮定すると矛盾が生じることをいえばよい．

例 2.6 実数$\sqrt{2}$が有理数でないことの証明には背理法を用いる[9] [⇨ **問 2.4**].

◆

2・2 必要十分条件

定義 2.7（必要十分条件）（重要）

(1) 命題 p, q に対し，命題 $p \to q$ が常に真のとき，すなわち，$p \to q$ が恒真命題となるとき，$p \Rightarrow q$ と書く（p ならば q と読む[10]）．このとき，p は q の**十分条件**であるという．また，q は p の**必要条件**であるという（**図 2.3**）.

(2) p が q の十分条件であり，必要条件でもあるとき，p は q の**必要十分条件**であるといい，$p \Leftrightarrow q$ と書く．また，p が q の必要十分条件であるとき，p と q は**同値**であるという．

---

9) $\sqrt{2}$ は一辺の長さが 1 の正方形の対角線の長さであることから，数直線上にとることができるので，$\sqrt{2}$ が実数であることはいえる．したがって，有理数でないことがいえれば，無理数であることがいえるが，ここでも背理法が用いられている．

10) $p \to q$ と同じ読み方なので，注意しよう．

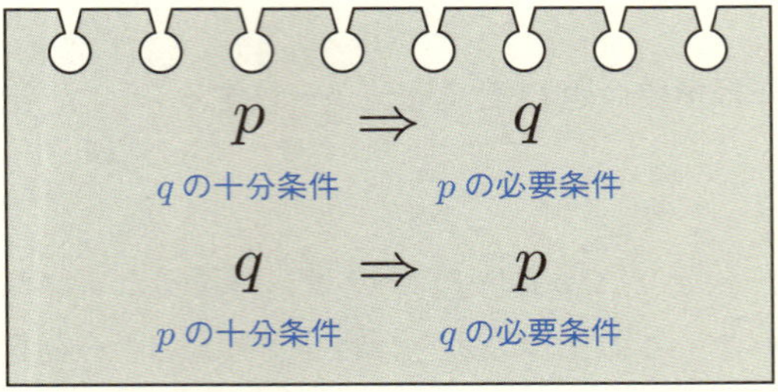

$p \Rightarrow q$

qの十分条件　　pの必要条件

$q \Rightarrow p$

pの十分条件　　qの必要条件

図 2.3　必要条件・十分条件

定義より，pがqの必要十分条件であるとき，qはpの必要十分条件でもあることがわかる．

注意 2.3　定義 2.6 と定義 2.7 (2) で定義した 2 種類の同値は，実は同じことを表している．

定義 2.8（逆・裏・対偶）

命題$p \to q$に対し，$q \to p$を**逆**（ぎゃく），$(\neg p) \to (\neg q)$を**裏**（うら），$(\neg q) \to (\neg p)$を**対偶**（たいぐう）という（**図 2.4**）．

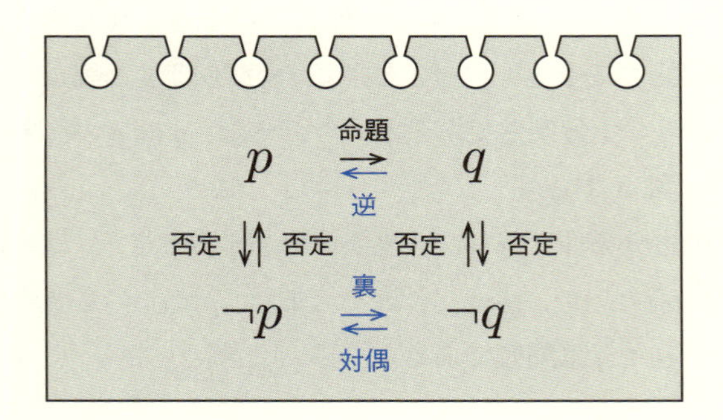

図 2.4　命題$p \to q$と逆・裏・対偶の関係

例題 2.2　x, y を実数とする．このとき，命題「$x > 0$ と $y > 0$ の両方がなりたつならば，$x + y > 0$ がなりたつ」の対偶を答えよ．□□□ ✍

解　p を「$x > 0$ と $y > 0$ の両方がなりたつ」，q を「$x + y > 0$ がなりたつ」とすると，$(\neg p)$ は「$x \leq 0$ と $y \leq 0$ の少なくとも一方がなりたつ」となり [11)]，$(\neg q)$ は「$x + y \leq 0$ がなりたつ」となる．

命題 $p \to q$ の対偶は $(\neg q) \to (\neg p)$ であるから，「$x > 0$ と $y > 0$ の両方がなりたつならば，$x + y > 0$ がなりたつ」の対偶は「$x + y \leq 0$ がなりたつならば，$x \leq 0$ と $y \leq 0$ の少なくとも一方がなりたつ」である．◇

定理 2.1（対偶論法の定理）（重要）

命題 $p \to q$ とその対偶の命題 $(\neg q) \to (\neg p)$ は同値である．

2 つの命題の真理値表を書けば，2 つの命題の真理値が一致していることがわかる（✍）[12)]．

定理 2.1 より，命題 $p \to q$ と命題 $(\neg q) \to (\neg p)$ の真偽は常に一致することがわかる．これは，ある命題が真であることを証明したいときは，その対偶の命題が真であることを証明することで，最初の命題が真であることが証明できることを意味する．この証明法を**対偶論法**という．

しかし，命題 $p \to q$ とその逆や裏の命題の真偽は一致するとは限らないため，

---

11)　これを「$x > 0$ と $y > 0$ の両方がなりたたない」としないこと．この理由がすぐにわからない場合は，真理値表を書いて確認してみよう（✍）．
ヒント：「$x > 0$ と $y > 0$ の両方がなりたつ」は，p_1 を「$x > 0$ がなりたつ」，p_2 を「$y > 0$ がなりたつ」とするとき，$p_1 \wedge p_2$ と書ける．また，「$x > 0$ がなりたたない」は「$x \leq 0$ がなりたつ」と言い換えることができる．

12)　同値変形とよばれる操作を用いれば，真理値表を書かなくても同値であることの証明が可能である［⇨［中内］］．

最初の命題が真であることを証明したいときに，逆や裏の命題が真であることを証明しても，最初の命題が真であることを証明したことにはならない[13)].

2・3 数学的帰納法 ―ドミノ倒しの証明法―

命題の証明には，すでに説明した背理法と対偶論法の他にも，役立つ証明法がいくつか存在する．この節の最後に，そのうちの1つを紹介する．

いくつかの具体例に共通していることを全体にも適用させる，**帰納法**(きのうほう)とよばれる一般化の方法を利用した**数学的帰納法**である．帰納法自体は，論理学的にはその結果は必ず正しいとはいえないものである．

例 2.7 帰納法では,「あのカラスは黒い, このカラスも黒い, だからすべてのカラスは黒い」のように考える．我々は経験的に, 多くのカラスは黒いことを知っているため, 一見正しそうな主張であるが, この世のすべてのカラスが黒いことを確認しなければ, この主張が正しいことはいえない．実際, アルビノという先天的な体質をもつ白いカラスも存在するため，この主張は間違っていることになる．◆

注意 2.4 「すべてのカラスは黒い」のように,「すべての～は・・・である」という主張は，正しいことを示すことは難しいが，間違っていることを示すことは簡単な場合が多い．条件に当てはまらない例（**反例**(はんれい)という）を1つでも挙げればよいからである．もちろん，反例があるのはその主張が間違っているときに限られるが，逆に反例が見つからないからといって，その主張が正しいとはいえない．反例が非常に珍しいなどの理由で，見つかっていないだけという可能性もあるからである．

カラスの例では，生まれつき白い，アルビノのカラスが実在するため，それ

---

13) 命題 $p \to q$ は真であるが，その逆の命題も裏の命題も偽であるような命題 p, q を具体的に考えてみよう．また，$p \to q$ も真，その逆や裏の命題も真という命題 p, q は存在するだろうか？（✍）

が反例となる．つまり，白いカラスを１羽でも連れてくればよい[14)]．

しかし，数学的帰納法による結果は必ず正しい．

数学的帰納法は，ある自然数（例えば，1）で主張がなりたつことを確認した後，その自然数より大きい任意の自然数で主張がなりたつことを仮定し，その次の自然数で主張がなりたつことを確認できれば，最初に選んだ自然数以上のすべての自然数について主張がなりたつ，という流れをとる．

数学的帰納法が帰納法でありながら必ず正しくなる理由は，「任意の自然数」で主張がなりたつことを仮定している点にある．自然数は順番に並んでおり，最初に選んだ自然数より大きい自然数ならばどの自然数を選んでもよいため，すべてを確認することと等しくなるのである[15)]．

---

14) しかし，白いカラスはそうそう見つかるものでもないため，インターネットで「カラス　アルビノ」と検索するなどして写真を探してみるとよい．アルビノの場合，虹彩（こうさい）は赤いことが多いため，赤い眼に白い体のカラスの写真が見つかるだろう．

15) これはよく**ドミノ倒し**にたとえられる．最初のドミノ $(n=1)$ が倒れたことを確認した後，途中の好きなところのドミノ $(n=k)$ が倒れたとき，その次のドミノ $(n=k+1)$ も倒れたならば，ドミノはすべて倒れるというたとえである．このたとえでは，「途中の好きなところのドミノが倒れたとき」という部分が肝（きも）である．誰かに指定された場所ではなく，自分が自由に選んだ場所なので，第三者にはどのドミノが選ばれるかわからない．それにもかかわらず，どこを選んでもその次が倒れるのであれば，全部を確認しなくてもすべてのドミノが倒れることがいえるという理屈である．好きなドミノを選ぶのが１人だけならば，偶然という可能性もあるが，大勢が別々のドミノを一斉に選べば，その可能性も無くなる．「大勢」では足りないと思えば，「より大勢」を連れてくればよい．

16) まだ式の展開をまなんでいないとか，もう忘れたという読者は，3・2 で式の展開をまなんでから戻ってこよう．

例題 2.3　任意の自然数 n に対し，1 から n までのすべての自然数の和は $\frac{1}{2}n(n+1)$ である(☆)ことを数学的帰納法で証明せよ [16].

解　$n=1$ のとき，$\frac{1}{2}n(n+1)=1$ であるため，(☆)はなりたつ.

$n=k$（ただし，k は任意の自然数）のとき，(☆)がなりたつと仮定(※)すると，$n=k+1$ のとき，

$$\begin{aligned}\frac{1}{2}n(n+1) &= \frac{1}{2}(k+1)(k+2)\\ &= \frac{1}{2}(k(k+1)+2(k+1))\\ &= \frac{1}{2}k(k+1)+(k+1) \qquad (2.2)\end{aligned}$$

となる．帰納法の仮定(※)より，$\frac{1}{2}k(k+1)$ は 1 から k までのすべての自然数の和である．したがって，$\frac{1}{2}k(k+1)+(k+1)$ は 1 から $k+1$ までのすべての自然数の和である．

以上より，すべての自然数 n に対し，(☆)がなりたつことがいえた．　◇

注意 2.5　数学的帰納法で最初に選ぶ自然数は 1 のことが多いが，示したい命題によっては 0 や 2 以上の自然数をとる場合もある．

また，2 つ以上の自然数を最初に選び，それぞれで確認することもある．この場合は，なりたつことを仮定する自然数も同じ数だけ選ぶ必要がある．例えば，1 と 2 でなりたつことを確認する場合は，k と $k+1$ でなりたつことを仮定する．

注意 2.6　例えば，数学的帰納法での証明中に背理法を用いるように，1 つのことを証明するために複数の証明法をまぜて用いることや，数学的帰納法での証明中に数学的帰納法を用いることもある．

§2の問題

確認問題

問 2.1　命題 p, q に対し，次の命題の真理値表を書け．

(1)　$\neg(p \vee q)$　　(2)　$(\neg p) \vee q$　　(3)　$(\neg p) \wedge (\neg q)$　　(4)　$(\neg p) \vee (\neg q)$

□□□ [⇨ 2・1]

基本問題

問 2.2　任意の自然数 n に対し，1 から $2n-1$ までのすべての奇数の和は n^2 であることを数学的帰納法で証明せよ．

□□□ [⇨ 2・3]

チャレンジ問題

問 2.3　命題 p, q, r に対し，次の命題の真理値表を書け．

(1)　$(p \wedge q) \vee r$　　(2)　$(\neg(p \wedge q)) \wedge (p \vee r)$

(3)　$((\neg(p \vee r)) \wedge (\neg q)) \wedge (q \vee (\neg r))$

□□□ [⇨ 2・1]

問 2.4　次の □ を埋めることにより，**実数 $\sqrt{2}$ が有理数でない**ことを示せ．

証明　背理法で示す．

実数 $\sqrt{2}$ が有理数であると仮定する．

$\sqrt{2}$ は 0 でないことは明らかなので，ある 0 でない整数 m, n を用いて，既約分数で $\sqrt{2} = \dfrac{m}{n}$ と表せる．この両辺を 2 乗して整理すると，

$$2n^2 = m^2 \tag{2.3}$$

とできるため，$\boxed{\text{①}}$ は偶数であるが，2乗して偶数になる整数は偶数だけだから，$\boxed{\text{②}}$ も偶数である．

よって，m は，ある0でない整数 k を用いて，$\boxed{\text{③}}$ と書ける．

これを (2.3) に代入して整理すると，$\boxed{\text{④}}$ となるため，n も偶数であることがわかり，ある0でない整数 l を用いて，$n = 2l$ と書ける．

このとき，$\dfrac{m}{n} = \dfrac{2k}{2l}$ となるが，これは少なくとも2で約分でき，$\boxed{\text{⑤}}$ ではないため，$\sqrt{2}$ が $\boxed{\text{⑤}}$ で $\dfrac{m}{n}$ と表せることと矛盾する．すなわち，$\sqrt{2}$ が有理数であることと矛盾するため，$\sqrt{2}$ は有理数ではない．　◇

□□□ [⇨ **2・1**]

§3 数と式

§3のポイント

- 等式には，変数がどのような値をとっても常になりたつ**恒等式**と，変数がある値をとるときのみなりたつ**方程式**とがある．
- 実数は直線で考えるが，複素数は**複素平面**で考える．

3・1 多項式

定義 3.1（単項式・多項式）

(1) 1つ，または，いくつかの数と文字の積で表された式を**単項式**（たんこうしき）という．

(2) 2つ以上の単項式の和で表された式を**多項式**（たこうしき）といい，多項式内の各単項式を**項**（こう）という．とくに，変数を1つも含まない項を**定数項**という．

(3) 単項式，または，多項式の各項について，その項に含まれる各変数のべきの和のうち[1]，最大のものをその式の**次数**（じすう）といい[2]，次数が n の式を **n 次式**という[3]．

差は負の数の和とみることができるので，多項式には単項式の差が交ざっていてもよい．また，**単項式は項が1つの多項式と見ることもできる．**

---

1) 「べき」は漢字では「冪」や「羃」と書くが，ひらがなやカタカナで書くことが多い．また，漢字としては間違った読みであるが，「巾」という漢字で代用することもある．「べき」とは，具体例でいうと x^n の n のことである．また，「べきの和」とは $x^m y^n$ のようなときの $m+n$ のことである．これは「変数の」とあるように，定数にべきがあっても，それはカウントしない．例えば，$2^4x^5y^3$ のとき，べきの和は $5+3=8$ である．

2) 計算して消える項のべきは次数とはしない．例えば，x^3+2-x^3 の場合，x^3 は計算すると打ち消し合うので，次数は0である．$2=2x^0$ に注意．

3) 多項式の場合は **n 次多項式**ということもある．

例 3.1　**単項式の例**　$2a$，x，$5x^2$，$\frac{1}{3}ax^2y$，abx^3，$-a^2b^3$

多項式の例　$x+1$，$2ax^2+bx+3$，$\frac{1}{2}x+a$，a^2x-b^3y+2 ◆

例 3.2　(1)　$x+1$ の次数は 1 である．

(2)　$3x^2-x+5$ の次数は 2 である．

(3)　$x+y+1$ の次数は 1 である．

(4)　x^2+y+1 の次数は 2 である．

(5)　xy^2+x^2-y+1 の次数は 3 である． ◆

定義 3.2（恒等式・方程式）（重要）

(1)　変数がどのような値をとっても常になりたつ等式を**恒等式**（こうとうしき）という．

(2)　変数が（いくつかの）ある値をとるときのみなりたつ等式を**方程式**（ほうていしき）という．また，方程式をみたす変数を方程式の**解**（かい）といい[4]，方程式の解を求めることを方程式を解くという．

方程式をみたす変数は**未知数**（みちすう）ということもある．

例 3.3　$x^2+2x-(x-1)(x+3)=3$ は，x にどんな数を代入してもなりたつので，恒等式である．

$x^2+2x=3$ は，$x=1$ と $x=-3$ のときにしかなりたたないので，方程式である． ◆

3・2　展開・因数分解

式は 2 つ以上の多項式の積の形で書かれることもある．この積を計算して，1 つの多項式で表すことを展開というが，この正式な定義は次のように書ける．

---

4)　方程式が多項式で表される場合の解は，**根**（こん）ということもある．

定義 3.3（展開）

ある 2 つ以上の多項式の積 A と，ある 1 つの多項式 B が恒等式になるとき，A を B で表すことを**展開**するという．

例 3.4 $(x-1)(x+3)$ を展開したものは，x^2+2x-3 である．つまり，$(x-1)(x+3)=x^2+2x-3$ がなりたつ．

定義 3.3 の記号では，$A=(x-1)(x+3)$, $B=x^2+2x-3$ である． ◆

展開の逆の操作を因数分解という．つまり，因数分解は 1 つの多項式を 2 つ以上の多項式の積の形で表すことである．正式な定義は次のように書ける．

定義 3.4（因数分解）

(1) どのような式を展開しても得られない多項式を**因数**（いんすう）という．

(2) ある 1 つの多項式 A と，ある 2 つ以上の因数の積 B が恒等式になるとき，A を B で表すことを**因数分解**するという．

例 3.5 $x-1$ と $x+3$ はどちらも因数である．また，x^2+2x-3 を因数分解したものは，$(x-1)(x+3)$ である．つまり，$x^2+2x-3=(x-1)(x+3)$ である [5]．

定義 3.4 の記号では，$A=x^2+2x-3$, $B=(x-1)(x+3)$ である． ◆

注意 3.1 因数分解は，因数である多項式の積の形に表す操作なので，できない場合もある [6]．因数分解は因数の積で表すことであり，因数は 2 次式など，1 次式でない場合もあるからである．

一方，展開は常に可能である．

---

5) 例 3.4 と一致することがわかるだろう．

6) 勉強不足でできないという意味ではなく，そもそも不可能という意味である．

展開や因数分解の計算をする際，基本になるのは2つの項をもつ多項式どうしの計算である．具体的には，展開も因数分解も，適切な「カタマリ」の式 a, b, c, d を作り，

$$(a+b)(c+d) = ac + ad + bc + bd \tag{3.1}$$

がなりたつことを**くり返し**利用して計算する [7]．この式 a, b, c, d は，単項式でも多項式でもよい．

例 3.6　(1) $(x-1)(x+3)$ を展開する．

この場合はとくに「カタマリ」を作る必要はない．(3.1) で，$a = x$, $b = -1$, $c = x$, $d = 3$ とすればよいので，

$$\begin{aligned}(x-1)(x+3) &= x \cdot x + x \cdot 3 + (-1) \cdot x + (-1) \cdot 3 \\ &= x^2 + 3x - x - 3 \\ &= x^2 + 2x - 3 \end{aligned} \tag{3.2}$$

となる．

(2) $(x^2+x+1)(x^2-x+1)$ を展開する．

これは「カタマリ」の選び方により，複数のやり方がある．例えば，$a = x^2 + x$, $b = 1$, $c = x^2 - x$, $d = 1$ と「カタマリ」を作れば，

$$\begin{aligned}&(x^2+x+1)(x^2-x+1) \\ &= (x^2+x)(x^2-x) + (x^2+x) \cdot 1 + 1 \cdot (x^2-x) + 1 \cdot 1 \\ &= (x^2+x)(x^2-x) + 2x^2 + 1 \end{aligned} \tag{3.3}$$

となるが，上式右辺の最初の項 $(x^2+x)(x^2-x)$ に対して，また (3.1) を使って，

$$\begin{aligned}&(x^2+x)(x^2-x) + 2x^2 + 1 \\ &= (x^2 \cdot x^2 + x^2 \cdot (-x) + x \cdot x^2 + x \cdot (-x)) + 2x^2 + 1 \\ &= (x^4 - x^3 + x^3 - x^2) + 2x^2 + 1 \end{aligned}$$

---

7) 展開は左辺の形を右辺の形にする操作，因数分解は右辺の形を左辺の形にする操作である．

$$= x^4 + x^2 + 1 \tag{3.4}$$

と計算できる. ◆

例題 3.1 例 3.6 (2) で, $a = x^2 + 1$, $b = x$, $c = x^2 + 1$, $d = -x$ と「カタマリ」を作ることで展開せよ. □□□

解

$$\begin{aligned}
&(x^2 + x + 1)(x^2 - x + 1)\\
&= (x^2 + 1 + x)(x^2 + 1 - x)\\
&= (x^2 + 1)(x^2 + 1) + (x^2 + 1) \cdot (-x) + x \cdot (x^2 + 1) + x \cdot (-x)\\
&= (x^2 + 1)(x^2 + 1) - x^2\\
&= (x^2 \cdot x^2 + x^2 \cdot 1 + 1 \cdot x^2 + 1 \cdot 1) - x^2\\
&= x^4 + x^2 + 1.
\end{aligned} \tag{3.5}$$

◇

例題 3.2 $(x + 1)(x + 2)(x + 3)$ を展開せよ. □□□

解 これも複数のやり方があるが, そのうちの 1 つを考える.

まず $(x + 1)(x + 2)$ を展開すると,

$$(x + 1)(x + 2) = x^2 + 3x + 2 \tag{3.6}$$

である. よって,

$$(x + 1)(x + 2)(x + 3) = (x^2 + 3x + 2)(x + 3) \tag{3.7}$$

だから, $a = x^2 + 3x$, $b = 2$, $c = x$, $d = 3$ と「カタマリ」を考えれば,

$$\begin{aligned}
(x^2 + 3x + 2)(x + 3) &= (x^2 + 3x)x + 3(x^2 + 3x) + 2x + 6\\
&= x^3 + 3x^2 + 3x^2 + 9x + 2x + 6
\end{aligned}$$

$$= x^3 + 6x^2 + 11x + 6. \tag{3.8}$$

◇

注意 3.2　因数かどうかは考えている数の範囲によって変わることがある．例えば，実数の範囲では $x^2 + 1$ は因数であるため，因数分解できないが，複素数の範囲では $x^2 + 1 = (x + i)(x - i)$ と因数分解できるため，因数ではない．

このように，どの範囲の数で考えているのかということは重要であるが，本書では，とくに明記しない限り，実数の範囲で考えることとする．

注意 3.3　展開は適切な「カタマリ」を選べば，簡単に計算できることが多い．無造作に「カタマリ」を選んだとしても，時間はかかるかもしれないが，計算できる．一方，因数分解を行うには適切な「カタマリ」を選ぶ必要がある．

例えば x の 2 次式では，因数分解が可能なとき，因数が (x の 1 次式) × (x の 1 次式) の形になるようにできるが，このとき利用する基本の関係が

$$(x + \alpha)(x + \beta) = x^2 + (\alpha + \beta)x + \alpha\beta \tag{3.9}$$

である．ただし，α, β は定数．この場合，かけて定数項（$\alpha\beta$）に，足して1次の項の係数（$\alpha + \beta$）になる数の組（α と β）を見つければよい．

いまは x^2 の係数が1であるが，それ以外の場合はその係数を先に抜き出して（「くくる」という）おけばよい．しかし，この場合，数が分数になることもある．例えば，$2x^2 + 3x + 1 = 2\left(x^2 + \dfrac{3}{2}x + \dfrac{1}{2}\right)$ とすれば，分数が現れるが，括弧内の $x^2 + \dfrac{3}{2}x + \dfrac{1}{2}$ には上の方法が使えて，かけて $\dfrac{1}{2}$，足して $\dfrac{3}{2}$ になる組として1と $\dfrac{1}{2}$ が見つかる．これより，$2x^2 + 3x + 1 = 2(x + 1)\left(x + \dfrac{1}{2}\right) = (x + 1)(2x + 1)$ と計算できる．

注意 3.4　因数分解ができる場合，その結果は，積の順序を除いて一通りであることが知られている．ただし，この「一通り」には係数を抜き出す（くくる）ことによる違いは含まれない．つまり，$2(x + 1)\left(x + \dfrac{1}{2}\right)$ と $(x + 1)(2x + 1)$ は同じ「一通り」である．

注意 3.5　2 次式の因数分解に，**たすきがけ**とよばれる方法があるが，これは x^2 の係数を 1 にせず，そのまま因数分解をする方法を図的に説明したものである（**図 3.1**）．詳細には，ax^2+bx+c に対し（ただし，a, b, c は整数），かけて a になる整数の組 (A, B) と，かけて c になる整数の組 (C, D) をすべて用意し，その中から $AD+BC=b$ になる A, B, C, D を探すという方法である．その結果は $(Ax+C)(Bx+D)$ となる．これも原理としては因数分解が展開の逆の操作であることを利用していて [8]，やっていることは上で説明した方法と同じである [9]．

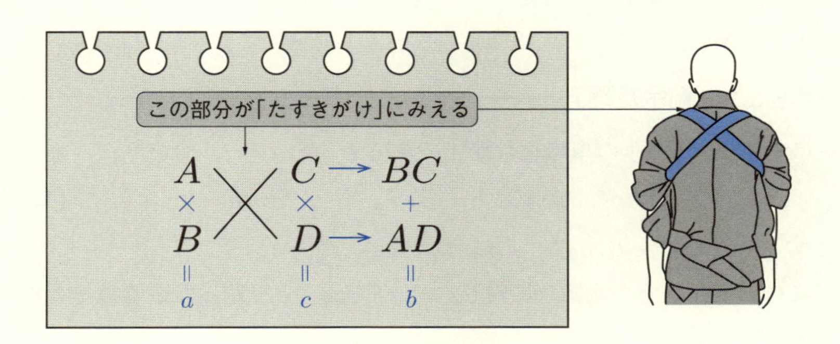

図 3.1　たすきがけ

展開や因数分解を計算する際に，次の公式を知っていると便利である．

定理 3.1（展開・因数分解の基本公式）

式 a, b に対し，次がなりたつ [10]．

(1)　$(a+b)(a-b)=a^2-b^2$　(3.10)

---

8)　$(Ax+C)(Bx+D)$ を展開した結果と説明を見比べてみよう（✍）．

9)　ちなみに，たすきがけの名前の由来は，この説明を図的に書けば，A と C を上に，B と D を下に並べて，AD と BC のかけ算のところでかけ算の相手を線で結ぶと，×ができるが，これが和服の袖をひもでしぼる「たすきがけ」を背中側から見たときのひもの様子と同じだからである．

10)　(3.1) のときと同様，a, b は単項式でも多項式でもよい．

(2)　$(a+b)^2 = a^2 + 2ab + b^2$　(3.11)

(3)　$(a+b)^3 = a^3 + 3a^2b + 3ab^2 + b^3$　(3.12)

(4)　$(a+b)(a^2 - ab + b^2) = a^3 + b^3$　(3.13)

左辺を (3.1) を使って展開すれば示せるので，証明は省略する（✍）.

3・3　剰余定理

因数分解を考える際，因数定理（剰余定理の特別な場合）を知っていると役立つことも多い.

定理 3.2（剰余定理）

x の n 次式で，x^n の項の係数が 1 であるものを $P(x)$，つまり，

$$P(x) = x^n + a_1x^{n-1} + a_2x^{n-2} + \cdots + a_{n-1}x + a_n \qquad (3.14)$$

とする．ただし，$a_1, a_2, \cdots, a_n$ は定数.

このとき，任意の定数 c に対し，$P(x)$ を $x-c$ で割った余りは $P(c)$ である[11].

証明　$P(x)$ を $x-c$ で割ったとき，商が $Q(x)$ で余りが r だったとすると，

$$P(x) = (x-c)Q(x) + r \qquad (3.15)$$

がなりたつ．ただし，1 次式で割っているので，余り r は定数である．この両辺に $x=c$ を代入すれば，$r = P(c)$ がいえる.　◇

剰余定理より，次の因数定理がすぐにいえる.

定理 3.3（因数定理）（重要）

定理 3.2 の $P(x)$ と，ある定数 c に対し，$P(x)$ が $x-c$ を因数にもつなら

11)　$P(c)$ は $x=c$ のときの $P(x)$ の値である.

ば，$P(c)=0$ である．

証明 $P(x)$ が $x-c$ を因数にもつならば，$P(x)$ は $x-c$ で割り切れるため，余りは 0 である．よって，剰余定理より，$P(c)=0$ である． ◇

注意 3.6 剰余定理と因数定理の係数 a_i や定数 c は整数に限らない．

注意 3.7 因数定理より，**すべての係数が整数で，最高次の係数が 1 の式 $P(x)$ を整数の範囲で因数分解する際は，** 定数項を割り切る数 c で，$P(c)=0$ をみたすものを探せばよいことがわかる．そのような c が存在すれば，$x-c$ を因数にもつ．一方，存在しなければ，$P(x)$ はそれ以上因数分解できない．

なお，定数項が 0 の場合は，$c=0$ で考えればよい．つまり，$P(x)$ は x でくくれる．

例 3.7 $P(x)=x^3+2x^2-9x+2$ は，$P(2)=8+2\times4-9\times2+2=0$ だから，因数定理より，$x-2$ を因数にもつ．実際，$x^3+2x^2-9x+2=(x-2)(x^2+4x-1)$ がなりたつ．

また，x^2+4x-1 は $x=1$ を代入しても $x=-1$ を代入しても 0 にならないので，$P(x)$ は整数の範囲ではこれ以上因数分解できない． ◆

3・4 総和・総乗

例えば，「1 から 100 までのすべての自然数の和」を書きたいとき，1 から 100 までの自然数をすべて足し算で書くのは大変だし，見にくい．しかし，このような規則正しく並んでいる数の和ならば，$1+2+3+\cdots+100$ のように，最初の何項かを書いた後，途中を $\cdots$ を用いて省略して最後の項を書くことで表すことができる．

このような書き方でもよいが，これには問題もある．例えば，途中の省略部分は，本当に思った通りの規則で並んでいるのだろうか．また，読み手に規則をわかってもらうためには，省略せずに何項書けばよいのか，という疑問が生じることもあるだろう．

これらの問題を解決するために，新しい記号を導入しよう．

定義 3.5（総和）（重要）

n 個の数 $a_1, a_2, a_3, \cdots, a_n$ の和 $a_1 + a_2 + a_3 + \cdots + a_n$ を a_n の n に関する**総和**（そうわ）といい，

$$\sum_{k=1}^{n} a_k \tag{3.16}$$

と書く[12]．つまり，

$$\sum_{k=1}^{n} a_k = a_1 + a_2 + a_3 + \cdots + a_n \tag{3.17}$$

である．

また，積に関しても同様に $\cdots$ で省略する書き方ができるが，記号を使って簡潔に書く方法もある．

定義 3.6（総乗）

n 個の数 $a_1, a_2, a_3, \cdots, a_n$ の積 $a_1 \times a_2 \times a_3 \times \cdots \times a_n$ を a_n の n に関する**総乗**（そうじょう）といい，

$$\prod_{k=1}^{n} a_k \tag{3.18}$$

と書く[13]．つまり，

$$\prod_{k=1}^{n} a_k = a_1 \times a_2 \times a_3 \times \cdots \times a_n \tag{3.19}$$

である．

---

12) ギリシャ文字の Σ（シグマ）を用いるのは［⇨ **表見返し**］，和の英語 (sum) からで，アルファベットの S に対応するギリシャ文字が Σ だからである．

13) ギリシャ文字の Π（パイ）を用いるのは［⇨ **表見返し**］，積の英語 (product) からで，アルファベットの P に対応するギリシャ文字が Π だからである．ちなみに，Π の小文字は円周率でおなじみの π である．

総和や総乗は $\sum$ や $\prod$ の上下に書かれた $k=1$ や n を変えることで，a_1 から a_n に限らず，a_3 から a_{n-2} など，さまざまな範囲の和や積を考えることができる [14)].

例 3.8

$$\sum_{k=1}^{n} k = 1+2+3+\cdots+n \tag{3.20}$$

$$\sum_{k=3}^{n} k^2 = 3^2+4^2+5^2+\cdots+n^2 \tag{3.21}$$

$$\prod_{k=1}^{n} k = 1\times 2\times 3\times\cdots\times n \tag{3.22}$$

$$\prod_{k=2}^{n-2} k^n = 2^n\times 3^n\times 4^n\times\cdots\times (n-2)^n \tag{3.23}$$

◆

注意 3.8 $\displaystyle\sum_{k=1}^{n} c$ のように (ただし，c は k によらない定数)，足したりかけたりする数に k が登場しないこともある．このようなときは $k=1$ から $k=n$ までのすべてが c であると考える．つまり，$\displaystyle\sum_{k=1}^{n} c$ は c を n 個足すから，$\displaystyle\sum_{k=1}^{n} c = cn$，$\displaystyle\prod_{k=1}^{n} c$ は c を n 個かけるから，$\displaystyle\prod_{k=1}^{n} c = c^n$ と考えればよい．

$\sum$ や $\prod$ を使う書き方と，途中を $\cdots$ で省略する書き方は状況に応じて使い分けるとよいだろう．

3・5 総和記号の性質

定義 3.5 で導入した総和を用いて計算するときは，その性質や公式を用いる

---

14) 通常，計算で総和や総乗を用いるのは，a_k が k の式で表せる場合が多いが，$a_1, a_2, a_3, \cdots, a_n$ が数列 [⇨ **定義 5.1**] ならばこの書き方ができる．

とよい．具体例で使い方を確認することから始めよう．

例えば，自然数で10以下の奇数を1つずつすべて足したいとき，

$$1+3+5+7+9 \tag{3.24}$$

を計算するが，正の奇数が $2k-1$（ただし，k は自然数）と表せることを利用し，

$$\sum_{k=1}^{5}(2k-1) \tag{3.25}$$

と表す．

しかし，これでは書き方を変えただけで，計算自体は $1+3+5+7+9$ を考えなければならず，項が多いときは大変である．そこで，計算に便利な性質や公式を用いて計算する．

総和の性質としては，次がなりたつ．

定理 3.4（総和記号の性質）

c を k によらない定数，f_k, g_k を k の式とすると，次がなりたつ．

(1) $$\sum_{k=1}^{n} cf_k = c\sum_{k=1}^{n} f_k \tag{3.26}$$

(2) $$\sum_{k=1}^{n}(f_k+g_k) = \sum_{k=1}^{n} f_k + \sum_{k=1}^{n} g_k \tag{3.27}$$

証明　まず，(1) を示す．

$$\begin{aligned}\sum_{k=1}^{n} cf_k &= cf_1+cf_2+cf_3+\cdots+cf_n\\ &= c(f_1+f_2+f_3+\cdots+f_n)\\ &= c\sum_{k=1}^{n} f_k \end{aligned}\tag{3.28}$$

より，示せた．

次に，(2) を示す．

$$
\begin{aligned}
&\sum_{k=1}^{n}(f_k+g_k)\\
&=(f_1+g_1)+(f_2+g_2)+(f_3+g_3)+\cdots+(f_n+g_n)\\
&=(f_1+f_2+f_3+\cdots+f_n)+(g_1+g_2+g_3+\cdots+g_n)\\
&=\sum_{k=1}^{n}f_k+\sum_{k=1}^{n}g_k \qquad (3.29)
\end{aligned}
$$

より，示せた．◇

総和の公式としては，次のものをよく使う．

定理 3.5（総和記号の公式）（重要）

次がなりたつ．

(1) $$\sum_{k=1}^{n}1=n \qquad (3.30)$$

(2) $$\sum_{k=1}^{n}k=\frac{1}{2}n(n+1) \qquad (3.31)$$

(3) $$\sum_{k=1}^{n}k^2=\frac{1}{6}n(n+1)(2n+1) \qquad (3.32)$$

(4) $$\sum_{k=1}^{n}k^3=\left(\frac{1}{2}n(n+1)\right)^2 \qquad (3.33)$$

(5) $$\sum_{k=1}^{n}a^{k-1}=\frac{1-a^n}{1-a} \qquad (3.34)$$

ただし，(5) の a は 0 と 1 以外の定数[15]．

証明　まず，(5) は **5・4** の (5.24) で $a_1=1$, $r=a$ とおいたものと同じだか

15) $a=1$ の場合は，右辺の分母が 0 になるため除いたが，左辺を見れば，$1^{k-1}=1$ より，n 個の 1 の和であることがわかる．つまり，(1) と同じである．

ら，これよりなりたつ [16)]．また，(1) の左辺は 1 を n 個足すという意味だから［⇨ 注意 3.8］，等号の成立は明らか．したがって，(2), (3), (4) を示せばよい [17)]．((4) は例題 3.3 とする．)

(2) を示す．左辺は，

$$\sum_{k=1}^{n} k = 1 + 2 + 3 + \cdots + n \tag{3.35}$$

のことであるが，これは逆順に，

$$\sum_{k=1}^{n} k = n + (n-1) + (n-2) + \cdots + 1 \tag{3.36}$$

としても同じである．この 2 つの式の両辺を足すと，右辺は第 i 項目どうしを足すことで，

$$\begin{aligned} 2\sum_{k=1}^{n} k &= (1+n) + (2+(n-1)) + (3+(n-2)) + \cdots + (n+1) \\ &= (n+1) + (n+1) + (n+1) + \cdots + (n+1) \end{aligned} \tag{3.37}$$

とできるが，この 2 行目の右辺は $n+1$ を n 個足しているので，$n(n+1)$ である．したがって，整理すれば，

$$\sum_{k=1}^{n} k = \frac{1}{2}n(n+1) \tag{3.38}$$

がいえる．

次に (3) を示す．

$$(k+1)^3 - k^3 = 3k^2 + 3k + 1 \tag{3.39}$$

がなりたつ（✍）ことを利用する．

---

16) (5) は (5.24) を示した後に示した方がスマートであるが，記号（や語句）の違いだけで (5.24) と同じ方法で証明できる．手を動かしてみよう（✍）．

17) (2) は例題 2.3 で数学的帰納法を使って証明したものと同じである．(3), (4) も同様に数学的帰納法で示せる（✍）が，ここでは数学的帰納法を使わない方法で示してみよう．

この左辺に対し，$k=1$ から $k=n$ まで和をとると，

$$\begin{aligned}
&\sum_{k=1}^{n}((k+1)^3-k^3)\\
&=(2^3-1^3)+(3^3-2^3)+(4^3-3^3)+\cdots+((n+1)^3-n^3)\\
&=-1^3+(n+1)^3\\
&=n(n^2+3n+3) \qquad (3.40)
\end{aligned}$$

となる．一方，右辺に対し，$k=1$ から $k=n$ まで和をとると，

$$\begin{aligned}
\sum_{k=1}^{n}(3k^2+3k+1) &= 3\sum_{k=1}^{n}k^2+3\sum_{k=1}^{n}k+\sum_{k=1}^{n}1\\
&\overset{☺(2)}{=} 3\sum_{k=1}^{n}k^2+3\times\frac{1}{2}n(n+1)+n\\
&= 3\sum_{k=1}^{n}k^2+\frac{1}{2}n(3n+5) \qquad (3.41)
\end{aligned}$$

となる．したがって，(3.39), (3.40), (3.41) より，

$$n(n^2+3n+3)=3\sum_{k=1}^{n}k^2+\frac{1}{2}n(3n+5) \qquad (3.42)$$

がなりたつため，これを整理すれば，

$$\sum_{k=1}^{n}k^2=\frac{1}{6}n(n+1)(2n+1) \qquad (3.43)$$

がいえる． ◇

例題 3.3 定理 3.5 (4) を数学的帰納法は使わずに示せ．（ヒント：(3) と同様の議論を行う） □□□ ✍

解

$$(k+1)^4-k^4=4k^3+6k^2+4k+1 \qquad (3.44)$$

がなりたつ（✍）ことを利用し，(3) と同様の議論を行う．

この左辺に対し，$k=1$ から $k=n$ まで和をとると，

$$\begin{aligned}
&\sum_{k=1}^{n}((k+1)^4-k^4)\\
&=(2^4-1^4)+(3^4-2^4)+(4^4-3^4)+\cdots+((n+1)^4-n^4)\\
&=-1^4+(n+1)^4\\
&=n(n^3+4n^2+6n+4) \qquad (3.45)
\end{aligned}$$

となる．一方，右辺に対し，$k=1$ から $k=n$ まで和をとると，

$$\begin{aligned}
&\sum_{k=1}^{n}(4k^3+6k^2+4k+1)\\
&= 4\sum_{k=1}^{n}k^3+6\sum_{k=1}^{n}k^2+4\sum_{k=1}^{n}k+\sum_{k=1}^{n}1\\
&\overset{\because \text{定理 } 3.5\ (2),\ (3)}{=} 4\sum_{k=1}^{n}k^3+6\times\frac{1}{6}n(n+1)(2n+1)+4\times\frac{1}{2}n(n+1)+n\\
&= 4\sum_{k=1}^{n}k^3+n(2n^2+5n+4) \qquad (3.46)
\end{aligned}$$

となる．したがって，(3.44), (3.45), (3.46) より，

$$n(n^3+4n^2+6n+4)=4\sum_{k=1}^{n}k^3+n(2n^2+5n+4) \qquad (3.47)$$

がなりたつため，これを整理すれば，

$$\sum_{k=1}^{n}k^3=\frac{1}{4}n^2(n+1)^2=\left(\frac{1}{2}n(n+1)\right)^2 \qquad (3.48)$$

がいえる．　◇

例 3.9　定理 3.4 と定理 3.5 (1), (2) より，$\sum_{k=1}^{5}(2k-1)=2\sum_{k=1}^{5}k-\sum_{k=1}^{5}1=2\times\frac{1}{2}\times5\times(5+1)-5=25$.　◆

3・6　複素数

2乗すると -1 になる数を**虚数単位**といい，i で表す[18]．つまり，$i=\sqrt{-1}$ である．複素数は実数 a, b と虚数単位を用いて，$a+ib$ と表せるが[19]，このときの a を**実部**，b を**虚部**という．また，$a+ib$ に対し，虚部の符号を逆にした $a-ib$ を**共役**な複素数といい，$\overline{a+ib}$ で表す．共役な複素数を作る操作を**複素共役**をとるという．

複素数 $a+ib$ と $c+id$ に対し，$a=c$ と $b=d$ が両方ともなりたつとき，$a+ib$ と $c+id$ は**等しい**といい，$a+ib=c+id$ と書く．また，和・差・積・商をそれぞれ次で定義する．

定義 3.7（複素数の四則演算）

和：$(a+ib)+(c+id)=(a+c)+i(b+d)$　(3.49)

差：$(a+ib)-(c+id)=(a-c)+i(b-d)$　(3.50)

積：$(a+ib)(c+id)=(ac-bd)+i(ad+bc)$　(3.51)

商：$\dfrac{a+ib}{c+id}=\dfrac{ac+bd}{c^2+d^2}+i\dfrac{bc-ad}{c^2+d^2}$　(3.52)

ただし，商は $c=d=0$ のときは除く．

注意 3.9　定義 3.7 では，複素数の和・差・積・商をすべて定義したが，実は和と積の定義だけで十分である[20]．差は (3.49) で c と d の符号を逆にする（c と d に -1 をかけたものでそれぞれ置き換える）ことで得られるし，商は左辺の分母・分子に $c-id$ をかけて整理することで得られるからである（✍）．

実数 a の絶対値 $|a|$ は，数直線上にとった点 a と原点 O との距離とみること

---

18)　工学などでは，虚数単位に j を使うことも多いようであるが，数学では普通，i を使う．

19)　ib は bi と書いてもよいが，通常，b が数の場合は，$2i$ のように i を数の後に書く．

20)　**1・1** で述べたように，定義は決め事である．他から証明できることを決め事としても問題はない．決め事（定義）は少ない方がよいが，ここではわかりやすさを重視し，差と商も定義に含めた．

ができた（**図 3.2** の左）．つまり，a が正（または0）ならば，$|a|=a$，a が負ならば，$|a|=-a$ と書ける．しかし，複素数は数直線上にとることはできず，平面上にとる必要がある．この平面を**複素平面**，または，**ガウス平面**といい，複素平面の横軸を**実軸**（じつじく），縦軸を**虚軸**（きょじく）という．これは xy 平面の x 軸と y 軸に対応すると考えればよく，複素数 $a+ib$ の場合，a を複素平面の実軸に，b を虚軸にとる．つまり，$x=a,\ y=b$ としてとった点 (a,b) が $a+ib$ に対応するのである．

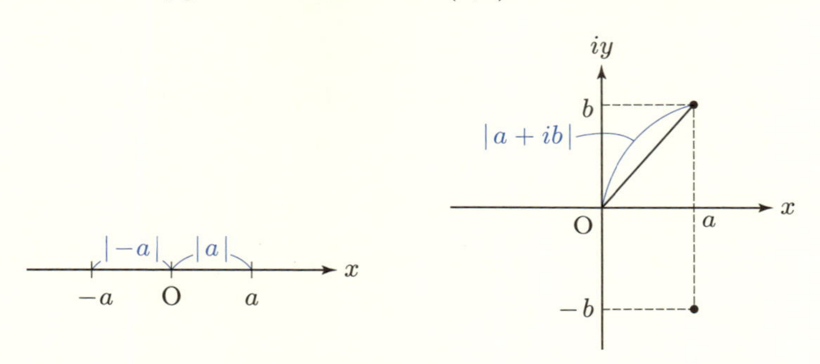

図 3.2　複素数の絶対値

複素数を複素平面上にとれば，原点との距離も考えることができるため（**図 3.2** の右），複素数 $a+ib$ の絶対値 $|a+ib|$ は $|a+ib|=\sqrt{a^2+b^2}$ で定義できる．

また，複素平面上で見れば，共役（きょうやく）な複素数とは実軸に対して対称な複素数であることもわかる．そして，複素数の積より，$(a+ib)(a-ib)=a^2+b^2$ がいえるため，$|a+ib|=\sqrt{(a+ib)(a-ib)}$ とも表せることもわかる．

四則演算の定義より，次がいえる．

定理 3.6（共役な複素数の公式）

複素数 $a+ib$ と $c+id$ に対し，次がなりたつ．

(1)　$$\overline{(a+ib)+(c+id)}=\overline{a+ib}+\overline{c+id} \tag{3.53}$$

(2)　$$\overline{(a+ib)-(c+id)}=\overline{a+ib}-\overline{c+id} \tag{3.54}$$

(3)　$$\overline{(a+ib)(c+id)}=\overline{a+ib}\cdot\overline{c+id} \tag{3.55}$$

(4) $$\overline{\left(\frac{a+ib}{c+id}\right)} = \frac{\overline{a+ib}}{\overline{c+id}} \tag{3.56}$$

証明 まず，符号を複号同順として，(1) と (2) を同時に示す．

$$\begin{aligned}\overline{(a+ib)\pm(c+id)} &= \overline{(a\pm c)+i(b\pm d)} \\ &= (a\pm c)-i(b\pm d) \\ &= (a-ib)\pm(c-id) \\ &= \overline{a+ib}\pm\overline{c+id}\end{aligned} \tag{3.57}$$

より示せた．

次に，(3) を示す．

$$\begin{aligned}\overline{(a+ib)(c+id)} &= \overline{(ac-bd)+i(ad+bc)} \\ &= (ac-bd)-i(ad+bc)\end{aligned} \tag{3.58}$$

である．一方，

$$\begin{aligned}\overline{a+ib}\cdot\overline{c+id} &= (a-ib)(c-id) \\ &= (ac-bd)+i(-ad-bc) \\ &= (ac-bd)-i(ad+bc)\end{aligned} \tag{3.59}$$

だから，

$$\overline{(a+ib)(c+id)} = \overline{a+ib}\cdot\overline{c+id} \tag{3.60}$$

がいえる．

最後に (4) を示す．

$$\overline{\left(\frac{a+ib}{c+id}\right)} = \overline{\frac{ac+bd}{c^2+d^2}+i\frac{bc-ad}{c^2+d^2}} = \frac{ac+bd}{c^2+d^2}-i\frac{bc-ad}{c^2+d^2} \tag{3.61}$$

である．一方，

$$\frac{\overline{a+ib}}{\overline{c+id}} = \frac{a-ib}{c-id} = \frac{(a-ib)(c+id)}{(c-id)(c+id)}$$

$$= \frac{ac+bd}{c^2+d^2} + i\frac{-bc-(-ad)}{c^2+d^2} = \frac{ac+bd}{c^2+d^2} - i\frac{bc-ad}{c^2+d^2} \quad (3.62)$$

だから,

$$\overline{\left(\frac{a+ib}{c+id}\right)} = \frac{\overline{a+ib}}{\overline{c+id}} \quad (3.63)$$

がいえる.

§3の問題

確認問題

問 3.1　次の式を単項式と多項式に分類せよ．また，それぞれの式の次数を答えよ．

$2ab+1,\ x^2y,\ -1,\ 2a^2b^3c+3a^2b^2,\ -x^2y^2+y^2z^2,\ 5y+zx-1,\ -3x+1$

□□□ [⇨ 3・1]

問 3.2　次の式を展開せよ．

(1)　$(x+1)(x-2)$　　(2)　$(x+3)(x+5)$　　(3)　$(-x+1)(2x+3)$

(4)　$(2x+3)(3x-1)$　　(5)　$(-3x+2)(4x+5)$　　(6)　$(x+3)^2$

(7)　$(3x-2)^2$　　(8)　$(x+3)^3$　　(9)　$(2x+1)(2x-1)$

(10)　$(2x+3)^3$　　(11)　$(4x-1)^3$

□□□ [⇨ 3・2]

問 3.3　次の式を（整数の範囲で）因数分解せよ．

(1)　x^2+2x+1　　(2)　x^2+3x-4　　(3)　$2x^2-5x-3$

(4)　$-x^2-x+2$　　(5)　$6x^2+13x-5$　　(6)　$4x^2+4x-3$

(7)　$4x^2-9$　　(8)　$-9x^2+1$　　(9)　$3x^2+16x+13$

□□□ [⇨ 3・2 3・3]

問 3.4　次の値を求めよ．

(1) $\displaystyle\sum_{k=1}^{50}(2k+1)$　(2) $\displaystyle\sum_{k=1}^{100}(2k^2-k+1)$　(3) $\displaystyle\sum_{k=1}^{10}2^k$

(4) $\displaystyle\prod_{k=1}^{5}(2k)$

□□□ [⇨ 3・4 3・5]

問 3.5 次の式を計算し，$a+ib$ の形で表せ．ただし，i は虚数単位とする．

(1) $(2+3i)+(1+6i)$　(2) $(1+2i)+(-2+4i)$

(3) $(-1+3i)-(-1-2i)$　(4) $\overline{1+i}+(2-i)$　(5) $(2+i)(1-i)$

(6) $(2-3i)(3+2i)$　(7) $\dfrac{1-i}{1+i}$　(8) $\dfrac{2+2i}{3-i}$　(9) $\dfrac{2-i}{\overline{2+3i}}$

(10) $\dfrac{4+3i}{1-2i}+\dfrac{2}{3i}$

□□□ [⇨ 3・6]

基本問題

問 3.6 次の式を展開せよ．

(1) $(x+1)(x+2)(x+3)$　(2) $(2x-1)(x+2)(-x+2)$

(3) $(x^2+x+1)(x+2)$　(4) $(x^2+2x+2)(x^2-2x+2)$

□□□ [⇨ 3・2]

問 3.7 次の式を（整数の範囲で）因数分解せよ．

(1) $x^3+6x^2+12x+8$　(2) x^3+x^2+x+1　(3) x^3-x^2-x+1

(4) x^3-3x-2　(5) $4x^3+12x^2-x-3$

(6) $2x^3+3x^2-23x-12$　(7) $x^4-6x^3+7x^2+6x-8$

(8) x^4-1

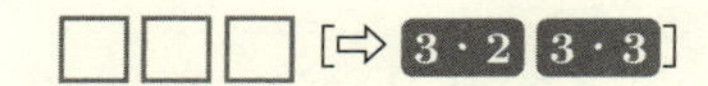
□□□ [⇨ 3・2 3・3]

§4 組合せ

§4のポイント

- ものの選び方には，選ぶ順番も考慮する**順列**と，選ぶ順番は考慮しない**組合せ**がある．
- n から 1 までのすべての自然数の積を**階乗**という．

4・1 選び方の話

ある有限集合 A から，A の要素を選ぶ選び方を考える．

例えば，$A = \{a, b, c\}$ として，A の要素を 2 つ選ぶとする．ただし，(a, a) のように同じ要素を 2 回選ばない場合を考える．

このとき，選ぶ順番も考慮するならば，

$$(a, b), (a, c), (b, a), (b, c), (c, a), (c, b) \tag{4.1}$$

の 6 通りがある．一方，選ぶ順番を考えなければ，

$$(a, b), (a, c), (b, c) \tag{4.2}$$

の 3 通りである．

いま，これらの選び方が何通りあるか数えるために，その組を具体的にすべて書き下した．いまは要素の数が少なく，選ぶ要素も少ないため，書き下してもさほど大変ではないが，要素の数や選ぶ要素が多くなるほど大変であるし，ミスも出てくる[1]．そこで，これを計算で得る方法を知りたい．

---

[1] 例えば，10 個の要素から 4 個の要素を取り出す場合を考えてみよう（✍）．選ぶ順番を考慮する場合は 5040 通り，考慮しない場合でも 210 通りの選び方がある．この数字を見ただけでも，具体的にすべての組を書き下すなんてことはしたくないと思うのではないだろうか．

4・2　順列

まず，選ぶ順番も考慮する方から考えてみる．このときは選ぶ過程に注目し，選んだ要素に順番がついていると考えればよい．

1 番目に選ばれる要素は 3 個のうちのどれかであるから，1 番目の選び方は 3 通りである．同じ要素を 2 回選ばないから，2 番目に選ばれる要素は 1 つ減って 2 個のうちのどちらかになるため，2 番目の選び方は 2 通りになる．したがって，$3 \times 2 = 6$ で 6 通りの選び方があるとわかる．

要素の数が多くなっても同じ考え方ができることは容易にわかるだろう．つまり，n 個の要素の中から 2 個を選ぶとき，$n \times (n-1)$ 通りの選び方がある．

選ぶ要素が多くなっても同様で，n 個の要素の中から m 個を選ぶとき，$n \times (n-1) \times (n-2) \times \cdots \times (n-(m-1))$ 通りの選び方がある [2]．

選び方が何通りあるかはわかったが，この式はやや見にくい形をしている．そこで，新しい記号を導入しよう．

定義 4.1（階乗）（重要）

自然数 n に対し，n から 1 までのすべての自然数の積

$$n \times (n-1) \times (n-2) \times \cdots \times 2 \times 1 \tag{4.3}$$

を $n!$ で表し，n の**階乗**（かいじょう）という．ただし，$0! = 1$ とする [3]．

例題 4.1　6! を求めよ．

解　$6! = 6 \times 5 \times 4 \times 3 \times 2 \times 1 = 720.$　◇

2) m 個の，1 ずつ減っていく数のかけ算である．

3) $0! = 1$ と定義したのは計算の都合で，このように定義することで階乗を含む計算が矛盾なくやりやすくなる．また，記号で感嘆符（!）を使うのは，階乗の発見者が，少し大きい n で計算するとその結果がすごく大きい数になり驚いたからだとか．

注意 4.1　(3.22) より，$n! = \prod_{k=1}^{n} k$ と表すこともできる．

階乗を用いると，n 個の要素の中から m 個を選ぶときの計算（かけ算）は，

$$\begin{aligned}
&n \times (n-1) \times (n-2) \times \cdots \times (n-(m-1)) \\
&= \frac{n \times (n-1) \times \cdots \times (n-(m-1)) \times (n-m) \times (n-(m+1)) \times \cdots \times 1}{(n-m) \times (n-(m+1)) \times \cdots \times 1} \\
&= \frac{n!}{(n-m)!} \qquad (4.4)
\end{aligned}$$

と表すことができる．

この結果より，さらに新しい記号を導入する．

定義 4.2（順列記号）

0 以上の整数 m, n が $n \geq m$ をみたすとき，記号 ${}_nP_m$ を

$$ {}_nP_m = \frac{n!}{(n-m)!} \qquad (4.5)$$

で定義する．

この記号を用いれば，

$$n \times (n-1) \times (n-2) \times \cdots \times (n-(m-1)) = {}_nP_m \qquad (4.6)$$

と表すことができる．

この例のように，ある集合の要素が n 個のとき，この中から m 個の要素を，選ぶ順番を考慮して取り出したものを**順列**（じゅんれつ）という．これは ${}_nP_m$ 通りの取り出し方がある [4)]．

注意 4.2　定義 4.2 より，${}_nP_0 = \frac{n!}{n!} = 1$ である．これは n 個の中から 0 個を

---

4)　${}_nP_m$ の P は permutation の P である．${}_nP_m$ の読み方は「n（エヌ） p（ピー） m（エム）」と順にそのままで読むことが多いが，「p（ピー）の n（エヌ） m（エム）」と p を先に読むこともある．定義式だけ見れば難しいようにも見えるが，m と n が具体的な数の場合は，P の左下の数から，右下の数の分だけ 1 ずつ引いた自然数をかければよいだけである．

選ぶ選び方は一通りという意味になり，違和感があるかもしれないが，何も選ばない場合は一通りだと理解すればよい．

例題 4.2　12 個の要素の中から 5 個の要素を取り出す場合，選ぶ順番を考慮すると選び方は全部で何通りあるか．　□□□

解　順列 ${}_{12}P_5$ を計算すればよいので，${}_{12}P_5 = \dfrac{12!}{(12-5)!} = 12 \times 11 \times 10 \times 9 \times 8 = 95040$ より，95040 通りある．　◇

4・3　組合せ

次に，選ぶ順番は考えない方を考える．これは，順列として取り出したもの（選ぶ順番も考慮する方）のうちから，並べ替えると同じになる組それぞれで，1 つ残して残りをすべて取り除けばよい．

例えば，(a, b) と (b, a) は並べ替えると同じになるため，a と b の組は 1 つ除かれる．残りの a と c，b と c の組もそれぞれ同様に 1 つずつ除かれるので，全部で 3 つ除かれることになる．

しかし，この引き算の考え方では，n 個中 m 個取り出すという一般の場合に難しい．そこで，組の個数が何倍になるか（どんな数で割ればよいか）を考える．

いまの例のように 2 個取り出したとき，その 2 個の要素の並べ方は 2 通りあるため，$\dfrac{1}{2}$ 倍すれば，1 つ残して残りをすべて取り除いたことと同じになる．

注意しないといけないのは，これは常に半分になるという意味ではない点である．3 個取り出す場合を考えてみると，

$$(a, b, c), (a, c, b), (b, a, c), (b, c, a), (c, a, b), (c, b, a) \tag{4.7}$$

の 6 つの組が並べ替えで同じになる．これは 3 個の要素の並べ方を考えるので，1 番目は 3 通り，2 番目は 1 つ減るので 2 通り，3 番目はもう 1 つ減るので 1 通

り，つまり全部で，$3 \times 2 \times 1 = 3!$ だから $3! = 6$ 通りとなる．したがって，順列の取り出し方を $\dfrac{1}{6}$ 倍すればよいことがわかる．

同様に考えれば，m 個取り出す場合，1番目は m 通り，2番目は1つ減るので $m-1$ 通り，3番目はもう1つ減るので $m-2$ 通り，$\cdots$ となるから，全部で $m \times (m-1) \times (m-2) \times \cdots \times 2 \times 1 = m!$ 通りある．したがって，順列の取り出し方の $\dfrac{1}{m!}$ 倍になる．

まとめると，n 個中 m 個を順番を考えないで取り出す取り出し方は ${}_nP_m \times \dfrac{1}{m!}$ 通りである．ここで，次の記号を定義する．

定義 4.3（組合せ記号）（重要）

0以上の整数 m, n が $n \geq m$ をみたすとき，記号 ${}_nC_m$ を

$$ {}_nC_m = \frac{n!}{m!(n-m)!} \tag{4.8} $$

で定義する．

この記号を用いれば，${}_nP_m \times \dfrac{1}{m!} = {}_nC_m$ であるから，n 個中 m 個を順番を考えないで取り出す取り出し方は ${}_nC_m$ 通りと表せる．このときの取り出したものを**組合せ**(くみあわ)という[5)]．

例題 4.3　12個の要素の中から5個の要素を取り出す場合，選ぶ順番は考えないことにすると選び方は全部で何通りあるか．　□□□

---

5)　${}_nC_m$ の C は combination の C である．${}_nC_m$ の読み方は ${}_nP_m$ と同様，「n(エヌ) c(シー) m(エム)」と順にそのままである．「c(シー)の n(エヌ) m(エム)」と c を先に読むこともある．これも定義式だけ見れば難しいようにも見えるが，m と n が具体的な数の場合は，C の右下の数から1までの自然数をかけたものが分母，左下の数から右下の数の分だけ1ずつ引いた自然数をかけたものが分子の分数を作ればよいだけである．例えば，${}_5C_3 = \frac{5 \cdot 4 \cdot 3}{3 \cdot 2 \cdot 1}$ である．分母・分子のかけ算を計算する前に，できるものは約分した方が計算しやすい．

解 組合せ ${}_{12}C_5$ を計算すればよいので，

$${}_{12}C_5 = \frac{12!}{5! \times (12-5)!} = \frac{12 \times 11 \times 10 \times 9 \times 8}{5 \times 4 \times 3 \times 2 \times 1} = 792$$

より，792 通りある． ◇

注意 4.3 定義 4.3 より，${}_nC_0 = \dfrac{n!}{0! \times n!} = 1$ である．順列のとき［⇨ 注意 4.2］と同様，これは n 個の中から何も選ばない場合は一通りだと理解すればよい．

${}_nC_m$ について，いくつか公式が知られている．とくに，次の公式はよく使う[6]．

定理 4.1（組合せ記号の性質）（重要）

0 以上の整数 m, n が $n \geq m$ をみたすとき，

$${}_nC_m = {}_nC_{n-m} \tag{4.9}$$

がなりたつ[7]．

証明 定義 4.3 より，

$$\begin{aligned} {}_nC_{n-m} &= \frac{n!}{(n-m)!(n-(n-m))!} \\ &= \frac{n!}{(n-m)!m!} \\ &= {}_nC_m. \end{aligned} \tag{4.10}$$

◇

また，次の公式もなりたつ．

---

6) この公式は，${}_nC_m$ の意味からもなりたつことがわかるだろう．${}_nC_m$ は n 個の中から m 個を選ぶ選び方であったが，このとき，選ばなかった方を考えても選び方としては同じである．そして，この選ばなかった方の選び方は，n 個の中から $n-m$ 個を選ぶことと同じだからである．

7) たまに，等号（=）を，左辺から右辺の向きでしかなりたたないと誤解している人を見かける．等号は，左辺と右辺が等しいという意味なので，当然，右辺から左辺の向きで使うこともできる．

定理 4.2（組合せ記号の和の公式）

$$ {}_nC_m = {}_{n-1}C_m + {}_{n-1}C_{m-1} \tag{4.11} $$

がなりたつ.

証明　定義 4.3 より,

$$
\begin{aligned}
{}_{n-1}C_m + {}_{n-1}C_{m-1} &= \frac{(n-1)!}{m!((n-1)-m)!} + \frac{(n-1)!}{(m-1)!((n-1)-(m-1))!} \\
&= \frac{(n-1)!}{m!(n-m-1)!} + \frac{(n-1)!}{(m-1)!(n-m)!} \\
&= \frac{(n-1)!}{m!(n-m)!} \cdot ((n-m)+m) \\
&= \frac{n!}{m!(n-m)!} \\
&= {}_nC_m. \qquad (4.12)
\end{aligned}
$$

◇

4・4　組合せと式の展開

式の展開をする際，項の組み合わせを考えることで簡単に計算できることがある．このとき，組合せ記号 ${}_nC_k$ が数式の計算に登場する．

定理 3.1 (2), (3) の一般化で，次の二項（にこう）定理を考える．

定理 4.3（二項定理）（重要）

任意の数 a, b と，自然数 n に対し，

$$ (a+b)^n = \sum_{k=0}^{n} {}_nC_k a^{n-k} b^k \tag{4.13} $$

がなりたつ．

証明は例題 4.4.

注意 4.4　二項定理で，数 a, b は式であってもなりたつ．

例題 4.4　二項定理（定理 4.3）を証明せよ．

解　数学的帰納法で示す．

$n=1$ のとき，${}_1C_0 = {}_1C_1 = 1$ だから，

$$\sum_{k=0}^{1} {}_1C_k a^{1-k} b^k = {}_1C_0 a^1 b^0 + {}_1C_1 a^0 b^1 = a+b \tag{4.14}$$

であるので，(4.13) はなりたつ．

任意の自然数 $l>1$ に対し，$n=l$ のときに (4.13) がなりたつと仮定すると，$n=l+1$ のとき，

$$\begin{aligned}
&\sum_{k=0}^{l+1} {}_{l+1}C_k a^{(l+1)-k} b^k \\
&= {}_{l+1}C_0 a^{l+1} b^0 + \sum_{k=1}^{l} {}_{l+1}C_k a^{(l+1)-k} b^k + {}_{l+1}C_{l+1} a^{(l+1)-(l+1)} b^{l+1} \\
&\overset{\text{定理 4.2}}{=} a^{l+1} + \sum_{k=1}^{l} ({}_lC_k + {}_lC_{k-1}) a^{(l+1)-k} b^k + b^{l+1} \\
&= a \cdot {}_lC_0 a^l b^0 + a \sum_{k=1}^{l} {}_lC_k a^{l-k} b^k \\
&\qquad + b \sum_{k=1}^{l} {}_lC_{k-1} a^{l-(k-1)} b^{k-1} + b \cdot {}_lC_l a^0 b^l \\
&= a \left({}_lC_0 a^l b^0 + \sum_{k=1}^{l} {}_lC_k a^{l-k} b^k \right) + b \left(\sum_{k=0}^{l-1} {}_lC_k a^{l-k} b^k + {}_lC_l a^0 b^l \right) \\
&= a \sum_{k=0}^{l} {}_lC_k a^{l-k} b^k + b \sum_{k=0}^{l} {}_lC_k a^{l-k} b^k \\
&= a(a+b)^l + b(a+b)^l \\
&= (a+b)^{l+1}
\end{aligned} \tag{4.15}$$

となるから，(4.13) はなりたつ．

以上より，すべての自然数 n について (4.13) はなりたつことがいえるため，定理が示せた．　◇

組合せの記号 ${}_nC_k$ は，この二項定理から**二項係数**とよばれることもある．

注意 4.5　二項係数として，$\begin{pmatrix} n \\ k \end{pmatrix}$ という記号を使うこともある[8)]．

また，定理 3.1 (2) の別の一般化をした次の公式は，主に展開を計算するときに役立つことが多い．

定理 4.4（二乗の展開公式）

任意の数 $a_1, a_2, a_3, \cdots, a_n$ に対し，次がなりたつ．

$$\begin{aligned}(a_1 + a_2 + a_3 + \cdots + a_n)^2 = a_1^2 + a_2^2 + a_3^2 + \cdots + a_n^2 \\ + 2a_1a_2 + 2a_1a_3 + \cdots + 2a_1a_n \\ + 2a_2a_3 + 2a_2a_4 + \cdots + 2a_2a_n \\ + 2a_3a_4 + 2a_3a_5 + \cdots + 2a_3a_n \\ + \cdots + 2a_{n-1}a_n \end{aligned} \tag{4.16}$$

証明は数学的帰納法を用いればよい (✍)．

注意 4.6　二乗の展開公式でも，二項定理と同様，数 $a_1, a_2, a_3, \cdots, a_n$ は式でもなりたつ．

この公式は複雑な形をしているように見えるが，よく見ればわかるように，「左辺の括弧内の各項の 2 乗と，2 つの項の積の 2 倍をすべて足したものになる」ということをいっているため，見た目より単純である．

---

8) この記号は，**12・5** でまなぶ縦ベクトルと同じなので，間違えないように注意すること．

§4の問題

確認問題

問 4.1　次の値を求めよ．

(1)　3!　(2)　5!　(3)　10!　(4)　${}_3P_2$　(5)　${}_8P_3$　(6)　${}_{11}P_5$

(7)　${}_5C_2$　(8)　${}_6C_4$　(9)　${}_{12}C_3$

□□□ [⇨ 4・2 4・3]

基本問題

問 4.2　1から8の数字の書かれたカードが1枚ずつある．この中から3つのカードを選び，並べて3桁の数を作るとき，何通りの数が作れるか．

□□□ [⇨ 4・2]

問 4.3　40人のクラスで，クラスの代表として3人を選びたい．選び方は何通りあるか．

□□□ [⇨ 4・3]

問 4.4　二項定理（または，二乗の展開公式）を用いて，次の式を展開せよ．

(1)　$(x+2y)^4$　(2)　$(a+b+c)^2$　(3)　$(a+b+c)^3$

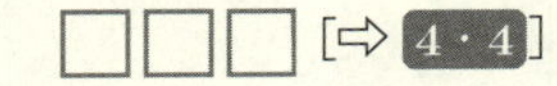

チャレンジ問題

問 4.5　二項定理（または，二乗の展開公式）を用いて，次の式を因数分解せよ．

(1)　$x^3-9x^2y+27xy^2-27y^3$　(2)　$a^2+b^2+4c^2-2ab-4bc+4ca$

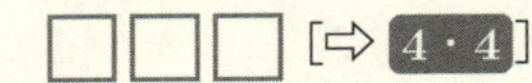

第1章のまとめ

集合 [⇨ 1・2 1・3]

- ある集合 B の要素の一部からなる集合 A を，B の**部分集合**といい，$A \subset B$ と表す．
- $A \subset B$ かつ $B \subset A$ ならば，$A = B$ である．
- 集合 A, B の要素のうち，共通しているすべての要素だけからなる集合を**共通部分**といい，$A \cap B$ と表す．
- 集合 A, B の両方の要素をすべて合わせた要素からなる集合を**和集合**といい，$A \cup B$ と表す．
- 要素が 0 個の集合を**空集合**といい，$\emptyset$，または，$\{\ \}$ で表す．
- 集合は要素に集合をもつこともできる．

因数分解 [⇨ 3・2]

- どのような式を展開しても得られない多項式を**因数**という．どの数の範囲（自然数や実数など）で考えているかによって，因数であるかは変わる．
- 多項式を因数だけの積で表すことを**因数分解**するという．

総和 [⇨ 3・5]

- $\displaystyle\sum_{k=1}^{n} 1 = n$
- $\displaystyle\sum_{k=1}^{n} k = \frac{1}{2}n(n+1)$
- $\displaystyle\sum_{k=1}^{n} k^2 = \frac{1}{6}n(n+1)(2n+1)$
- $\displaystyle\sum_{k=1}^{n} k^3 = \left(\frac{1}{2}n(n+1)\right)^2$

○ $\displaystyle\sum_{k=1}^{n} a^{k-1} = \frac{1-a^n}{1-a}$ （ただし，a は 0 と 1 以外の定数）

順列・組合せ ［⇨ 4・2 4・3 4・4］

○ $n! = n \times (n-1) \times (n-2) \times \cdots 2 \times 1$

○ ${}_nP_m = \dfrac{n!}{(n-m)!}$

○ ${}_nC_m = \dfrac{n!}{m!(n-m)!} = {}_nC_{n-m}$

○ 二項定理：$(a+b)^n = \displaystyle\sum_{k=0}^{n} {}_nC_k a^{n-k} b^k$

漸化式と方程式

§5 数列

§5のポイント

- 項が同じ**数ずつ**一定に増える（減る）数列を**等差数列**という．
- 項が同じ**倍数で**一定に増える（減る）数列を**等比数列**という．
- 無限数列のすべての項の和を**級数**という．

5・1 漸化式

定義 5.1（列・数列）

(1) 要素の順序が決まっている集合を**列**（れつ）という．とくに，列が有限集合の場合，**有限列**といい，無限集合の場合，**無限列**という．

(2) 要素が数の列を**数列**（すうれつ）という．

$a_1, a_2, a_3, \cdots, a_n$ が数列のとき，各 a_i（ただし，$i = 1, 2, 3, \cdots, n$）を**項**（こう）とい

い[1]，a_i を**第 i 項**という．とくに，a_1 を**初項**（しょこう），a_n を**末項**（まっこう）という．ただし，$i=0$ から始まる場合は a_0 が初項であり，a_{n-1} が末項である．数列の項が無限個ある場合，つまり無限列の数列（**無限数列**）である場合は，末項は存在しない．また，k の式で表されていて，$k=1,2,3,\cdots,n$ を代入したときに $a_1,a_2,a_3,\cdots,a_n$ が得られる式 a_k を**一般項**という．一般項を用いると，数列は $\{a_k\}$ や $\{a_k\}_{k=1}^{n}$ で表すことができる．

定義 5.2（漸化式）

数列 $\{a_k\}$ に対し，どの i 番目の項も，$i-1$ 番目までの項の全部，または，いくつかと定数を使って同じ形の式で表せるとき，その式を**漸化式**（ぜんかしき）という．

例 5.1　次の (1)〜(5) はどれも漸化式である[2]．

(1)　$a_k = a_{k-1} + 3$　　(2)　$a_k = 2a_{k-1}$　　(3)　$a_k = a_{k-1} + k$

(4)　$a_k = 2a_{k-1} + 3$　　(5)　$a_k = a_{k-1} + a_{k-2}$　◆

注意 5.1　漸化式を解くことで，数列の一般項を求めることができるが，このとき，漸化式に現れる $i-1$ 番目までの項の値がわかっている必要がある．

例えば，例 5.1 の漸化式で一般項 a_k を求めるためには，(1)〜(4) は初項 a_1 の値がわかっていればよいが，(5) では初項 a_1 の他，第 2 項 a_2 の値もわかっていなければならない．

5・2　等差数列

例 5.1 (1) の漸化式

$$a_k = a_{k-1} + 3 \tag{5.1}$$

---

1)　このときの i を**添え字**（そえじ）という．$i=0,1,2,\cdots,n-1$ とする場合もある．

2)　5・2 で (1) を，5・3 で (2) を考えるが，(3) 以降はウェブ上の付録 §20 で扱う［⇨ **序文**］．

を考えよう．これは，前の項の値に3を足したものが次の項の値になることをいっている．つまり，3ずつ増える数列である．

定義 5.3（等差数列）

数 d に対し，各項が d ずつ増える数列を，**公差**（こうさ） d の**等差数列**（とうさ）という[3]．

注意 5.2　等差数列の公差 d は負の数でもよく，その場合は $|d|$ ずつ減る数列ともいえる．

例 5.1 (1) の漸化式 $a_k = a_{k-1} + 3$ の初項が $a_1 = 2$ のとき，この漸化式が表す数列は，

$$a_1 = 2, \quad a_2 = 5, \quad a_3 = 8, \quad a_4 = 11, \quad a_5 = 14, \quad \cdots \tag{5.2}$$

である．

例題 5.1　例 5.1 (1) の漸化式 $a_k = a_{k-1} + 3$ の初項が $a_1 = 2$ のとき，この漸化式が表す数列の第10項を求めよ．　□□□

解　第 i 項 a_i は順に，

$$2, 5, 8, 11, 14, 17, 20, 23, 26, 29 \tag{5.3}$$

となるから，$a_{10} = 29$ である．　◇

一般項 a_k は，2から3ずつ増えるときの k 番目を求めればよいので，

$$a_k = 2 + 3(k-1) \tag{5.4}$$

と書けることがわかる．

この例からわかるように，公差 d の等差数列の一般項 a_k は，

$$a_k = a_1 + d \times (k-1) \tag{5.5}$$

3) 公差で d を使うのは，公差の英語 (common difference) の difference からである．

で求めることができる．

定理 5.1（等差数列の一般項の公式）

初項 a_1，公差 d の等差数列の一般項 a_k は，

$$a_k = a_1 + (k-1)d \tag{5.6}$$

である．

5・3 等比数列

次に，例 5.1 (2) の漸化式

$$a_k = 2a_{k-1} \tag{5.7}$$

を考えよう．これは，前の項の値を 2 倍したものが次の項の値になることをいっている．つまり，2 倍ずつ増える数列である．

定義 5.4（等比数列）

数 r に対し，各項が r 倍ずつ増える数列を，**公比**（こうひ） r の**等比数列**（とうひ）という[4]．

等比数列の公比 r は分数でもよく，1 より小さい正の分数の場合は r 倍ずつ減る数列ともいえる．また，r は負の数でもよく，この場合は正負の数が交互に現れる数列になる．

例 5.1 (2) の漸化式 $a_k = 2a_{k-1}$ の初項が $a_1 = 2$ のとき，この漸化式が表す数列は，

$$a_1 = 2, \quad a_2 = 4, \quad a_3 = 8, \quad a_4 = 16, \quad a_5 = 32, \quad \cdots \tag{5.8}$$

である．

例題 5.2 例 5.1 (2) の漸化式 $a_k = 2a_{k-1}$ の初項が $a_1 = 2$ のとき，この

---

4) 公比で r を使うのは，公比の英語（common ratio）の ratio からである．

漸化式が表す数列の第 10 項を求めよ．

解　第 i 項 a_i は順に，

$$2, 4, 8, 16, 32, 64, 128, 256, 512, 1024 \tag{5.9}$$

となるから，$a_{10} = 1024$ である．　◇

一般項 a_k は，2 から 2 倍ずつ増えるときの k 番目を求めればよいので，

$$a_k = 2 \times 2^{k-1} \tag{5.10}$$

と書けることがわかる．

この例からわかるように，公比 r の等比数列の一般項 a_k は，

$$a_k = a_1 \times r^{k-1} \tag{5.11}$$

で求めることができる．

定理 5.2（等比数列の一般項の公式）

初項 a_1，公比 r の等比数列の一般項 a_k は，

$$a_k = a_1 r^{k-1} \tag{5.12}$$

である．

5・4　数列の和

数列を考えるときは，漸化式から具体的に列を書いたり，一般項を求めたりするだけでなく，初項から第 n 項までの和を求めることも多い．

定理 5.3（等差数列の和の公式）（重要）

初項 a_1，公差 d の等差数列 $\{a_k\}$ の，初項から第 n 項までの和 S_n は，

$$S_n = \frac{1}{2} n(2a_1 + (n-1)d) \tag{5.13}$$

で得られる．

また，第 n 項 a_n がわかっているときは，

$$S_n = \frac{1}{2}n(a_1 + a_n) \tag{5.14}$$

とできる．

証明 もし，(5.14) が示せれば，(5.6) で $k = n$ としたものを a_n に代入することで，(5.13) が得られるので，(5.14) を示す．

(5.6) より，

$$\begin{aligned} S_n &= a_1 + a_2 + a_3 + \cdots + a_n \\ &= a_1 + (a_1 + d(2-1)) + (a_1 + d(3-1)) + \cdots + (a_1 + d(n-1)) \\ &= na_1 + d + 2d + \cdots + (n-1)d \end{aligned} \tag{5.15}$$

がいえる．

一方，等差数列の各項は，末項から d ずつ減っていると見ることもできるので，一般項は $a_k = a_n - (n-k)d$ と表すこともできる．したがって，

$$\begin{aligned} S_n &= a_n + a_{n-1} + a_{n-2} + \cdots + a_1 \\ &= a_n + (a_n - d(n-(n-1))) \\ &\quad +(a_n - d(n-(n-2))) + \cdots + (a_n - d(n-1)) \\ &= na_n - d - 2d - \cdots - (n-1)d \end{aligned} \tag{5.16}$$

もいえる．

よって，(5.15) と (5.16) の両辺を足すと，

$$2S_n = na_1 + na_n \tag{5.17}$$

がいえるから，整理すれば，

$$S_n = \frac{1}{2}n(a_1 + a_n) \tag{5.18}$$

が得られる． ◇

例題 5.3　初項 -1，公差 3 の等差数列の，初項から第 15 項までの和 S_{15} を求めよ．　□□□

解　定理 5.3 より，$S_{15} \overset{(5.13)}{=} \dfrac{1}{2} \times 15 \times (2 \times (-1) + 14 \times 3) = 300.$　◇

定理 5.4（等比数列の和の公式）（重要）

初項 a_1，公比 d の等比数列 $\{a_k\}$ の第 n 項までの和 S_n は，$r = 1$ のときは，

$$S_n = na_1 \tag{5.19}$$

で，$r \neq 1$ のときは，

$$S_n = \frac{a_1(1 - r^n)}{1 - r} \tag{5.20}$$

で得られる．

証明　**$r = 1$ のとき**　等比数列は，初項 a_1 を 1 倍したものが n 個並んだ列だから，

$$S_n = a_1 + a_1 + a_1 + \cdots + a_1 = na_1. \tag{5.21}$$

$r \neq 1$ のとき　数列とは関係なく，一般に，$r \neq 1$ に対し，

$$\begin{aligned}(1 - r)(1 + r + r^2 + r^3 + \cdots + r^{n-1}) &= (1 + r + r^2 + r^3 + \cdots + r^{n-1}) \\ &\quad -(r + r^2 + r^3 + r^4 + \cdots + r^n) \\ &= 1 - r^n \end{aligned} \tag{5.22}$$

がなりたつ．この両辺を $1 - r (\neq 0)$ で割ると，

$$1 + r + r^2 + r^3 + \cdots + r^{n-1} = \frac{1 - r^n}{1 - r} \tag{5.23}$$

がいえる．これを用いると，

$$\begin{aligned} S_n &= a_1 + a_1 r + a_1 r^2 + a_1 r^3 + \cdots + a_1 r^{n-1} \\ &= a_1(1 + r + r^2 + r^3 + \cdots + r^{n-1}) \end{aligned}$$

$$= \frac{a_1(1-r^n)}{1-r}. \tag{5.24}$$

◇

例題 5.4 初項 3，公比 −2 の等比数列の，初項から第 10 項までの和 S_{10} を求めよ． □□□

解 定理 5.4 より，$S_{10} = \dfrac{3 \times (1-(-2)^{10})}{1-(-2)} = -1023.$ ◇

5・5 級数

定義 5.5（収束・発散）

(1) 数列 $\{a_n\}$ が無限数列のとき，n を限りなく大きくするにつれて a_n がある値 α に限りなく近づくとき，$\{a_n\}$ は α に**収束する**（しゅうそく）といい，$\lim_{n\to\infty} a_n = \alpha$ と表す[5]（**図 5.1** の左図）．

(2) 数列 $\{a_n\}$ が収束しないときは**発散する**（はっさん）という．とくに，n を限りなく大きくするにつれて a_n が限りなく大きくなるときは**正に発散する**といい（**図 5.1** の中図），$\lim_{n\to\infty} a_n = \infty$ と表し，限りなく小さくなるときは**負に発散する**といい，$\lim_{n\to\infty} a_n = -\infty$ と表す．そのどちらでもないときは**振動する**（しんどう）という（**図 5.1** の右図）．

この定義内に現れる ∞ は**無限大**（むげんだい）という記号で，「限りなく大きい数」を表す[6]．

---

5) 収束は収斂（しゅうれん）ということもある．

6) ∞ は計算中に現れることもあり，数のように扱われることも多いが，数ではない．数として扱ってしまうと不都合が生じることもあるため，注意が必要である．例えば，$\infty - \infty$ は値が定まらず，計算できない．定義の「限りなく大きい数」というのが具体的にどんな数なのかわからないからである．

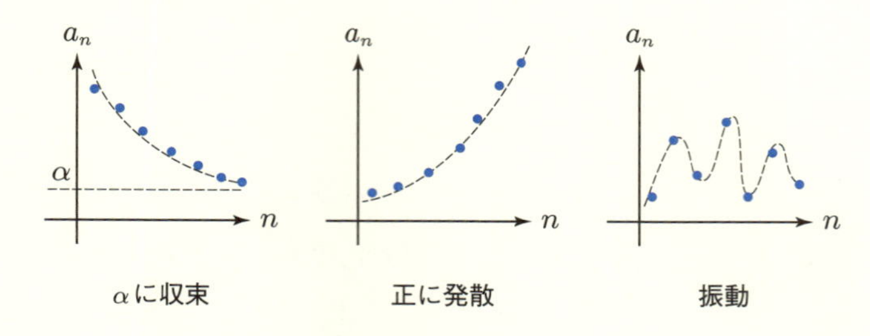

図 5.1　a_n の収束・発散のイメージ

また，$\lim_{n\to a}$ は **極限**（きょくげん）を表し[7]，n を限りなく a に近づけることを意味する．

例 5.2　無限数列 $\{a_n\}$ の一般項 a_n が次の場合を考える．

(1)　$a_n = \dfrac{1}{n}$ のとき，n を大きくするにつれて a_n は 0 に近づいていくので，$\{a_n\}$ は 0 に収束する $\left(\lim_{n\to\infty} a_n = 0\right)$．

(2)　$a_n = n$ のとき，n を大きくするにつれて a_n はどんどん大きくなっていくので，$\{a_n\}$ は正に発散する $\left(\lim_{n\to\infty} a_n = \infty\right)$．

(3)　$a_n = -n$ のとき，n を大きくするにつれて a_n はどんどん小さくなっていくので，$\{a_n\}$ は負に発散する $\left(\lim_{n\to\infty} a_n = -\infty\right)$．

(4)　$a_n = (-1)^n n$ のとき，n を大きくするにつれて a_n は正負の符号を交互にとりながら，その絶対値が大きくなっていくので，$\{a_n\}$ は収束しないし，正に発散するとも負に発散するともいえない．つまり，$\{a_n\}$ は振動する．　◆

定義 5.6（級数）（重要）

無限数列 $\{a_n\}$ のすべての項の和 $a_1 + a_2 + a_3 + \cdots$ を **級数**（きゅうすう），または，無限級数という．

級数は $\displaystyle\sum_{n=1}^{\infty} a_n$ や $\displaystyle\lim_{n\to\infty}\sum_{i=1}^{n} a_i$ と表すことも多い．

---

[7] lim の記号は極限の英語 (limit) からである．

定理 5.5（等比級数の和の公式）（重要）

無限数列 $\{a_n\}$ が公比 r の等比数列のとき，$|r| < 1$ ならば，$\displaystyle\sum_{n=1}^{\infty} a_n = \frac{a_1}{1-r}$ がなりたつ．

証明　定理 5.4 より，初項から第 n 項までの和 S_n は

$$S_n = \frac{a_1(1-r^n)}{1-r} \tag{5.25}$$

だから，

$$\lim_{n\to\infty} S_n \tag{5.26}$$

を求めればよい．いま，$|r| < 1$ だから，n を大きくするにつれて r^n は 0 に近づくので，

$$\lim_{n\to\infty} r^n = 0. \tag{5.27}$$

よって，

$$\lim_{n\to\infty} S_n = \lim_{n\to\infty} \frac{a_1(1-r^n)}{1-r} = \frac{a_1}{1-r}. \tag{5.28}$$

◇

数列が収束するからといって，その級数が収束するとは限らない．実際，例 5.2 (1) の漸化式による数列は収束するが，その級数は発散することが知られている．

級数が収束するか発散するかを確認するために，いくつかの方法が知られている．例えば，簡単なものとして，ダランベールの判定法がある．

定理 5.6（ダランベールの判定法）

無限数列 $\{a_n\}$ による級数は，

(1)
$$\lim_{n\to\infty} \left| \frac{a_{n+1}}{a_n} \right| < 1 \tag{5.29}$$

をみたすとき，収束する．

(2)
$$\lim_{n\to\infty}\left|\frac{a_{n+1}}{a_n}\right| > 1 \tag{5.30}$$
をみたすとき，発散する．

(3)
$$\lim_{n\to\infty}\left|\frac{a_{n+1}}{a_n}\right| = 1 \tag{5.31}$$
のとき，この方法では判別できない．

証明は本書の内容を超える数学の知識が必要なので，省略する［⇨［藤岡 4］**定理 8.8**[8)]］．

例 5.3 $a_n = \dfrac{n}{2^n}$ のとき，

$$\lim_{n\to\infty}\left|\frac{a_{n+1}}{a_n}\right| = \lim_{n\to\infty}\left|\frac{\frac{n+1}{2^{n+1}}}{\frac{n}{2^n}}\right| = \lim_{n\to\infty}\left|\frac{2^n(n+1)}{2^{n+1}n}\right|$$
$$= \lim_{n\to\infty}\frac{1}{2}\left(1+\frac{1}{n}\right) = \frac{1}{2}(1+0) = \frac{1}{2} < 1 \tag{5.32}$$

だから，ダランベールの判定法より，$\displaystyle\sum_{n=1}^{\infty} a_n$ は収束する． ◆

§5の問題

確認問題

問 5.1 次の (1)〜(6) の数列は，等差数列か等比数列のどちらかである．このとき，次の問に答えよ．

---

8) ［藤岡 4］の定理 8.8 では，すべての項が正の値の級数を扱っているが，すべてが負の値でも，正負の値が交ざっていても同様になりたつ．級数は和なので，すべてが負の値ならば，結果はその値が正の値だったときの -1 倍になるだけであるし，正負が交ざっているときはすべてが正の値，あるいは，すべてが負の値のときより，絶対値が小さな値になるため，収束するか発散するかの判断には影響しないからである．

(1)　$3, 5, 7, 9, \cdots$　(2)　$1, 2, 4, 8, \cdots$　(3)　$-3, 6, -12, 24, \cdots$

(4)　$3, 1, -1, -3, \cdots$　(5)　$8, 4, 2, 1, \cdots$　(6)　$0, 2, 4, 6, \cdots$

(i)　等差数列と等比数列のどちらであるか答えよ．

(ii)　その数列を表す漸化式を作れ．

(iii)　一般項 a_k を求めよ．

(iv)　初項から第 n 項までの和 S_n を求めよ．

□□□ [⇨ 5・1 5・2 5・3 5・4]

問 5.2　次の a_n は無限数列の一般項である．その無限数列 $\{a_n\}_{n=1}^{\infty}$ による級数は収束するか，発散するか，答えよ．また，収束する場合は，その級数を求めよ．

(1)　$a_n = 3^n + 1$　(2)　$a_n = \left(\dfrac{1}{5}\right)^n$　(3)　$a_n = \dfrac{3^n}{2n^2}$

(4)　$a_n = (-2)^{-n}$　(5)　$a_n = \left(\dfrac{1}{2}\right)^n - \left(\dfrac{1}{3}\right)^n$

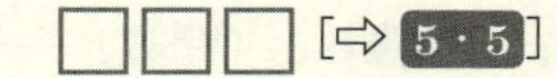

§6 関数と方程式

§6のポイント

- n 次方程式の解は，重複を含めて n 個の複素数解が存在する．
- **多項式関数**，**有理関数**，**無理関数**をまとめて**代数関数**という．
- 代数関数，**三角関数**，**対数関数**，**指数関数**などは**初等関数**の仲間である．

6・1 n 次関数と方程式

定義1.13で定義した通り，関数とは，数の集合への写像である．注意してほしいのは，「数の集合からの写像」や「数の集合から数の集合への写像」ではない点である．しかし，本書では「数の集合から数の集合への写像」の関数しか扱わないので，関数を次のように定義し直す[1]．

定義 6.1（関数）

数の集合 X から数の集合 Y への写像を f とするとき，この写像 f を**関数**という．関数 f により $x \in X$ が $y \in Y$ に写されるとき，$y = f(x)$ と表す．

このとき，X を f の**定義域**（ていぎいき）といい，変数 $x \in X$ を**独立変数**（どくりつへんすう）という．また，$f(X) \subset Y$ を f の**値域**（ちいき）といい，変数 $y = f(x) \in f(X)$ を**従属変数**（じゅうぞくへんすう）という．

従属変数は独立変数のとる値によって，関数により値が決まる．一方，独立変数は，定義域内の要素であれば好きに選ぶことができる．

定義 6.2（1次関数）

数 a, b（ただし，$a \neq 0$）と変数 x に対し，関数 $f(x) = ax + b$ を x に関す

---

1) これは，「ある規則により，数を別の数に写す」という，中学校でまなんだ関数の定義と同じである．

る **1 次関数**という．

定義 6.3（2 次関数）

数 a, b, c（ただし，$a \neq 0$）と変数 x に対し，関数 $f(x) = ax^2 + bx + c$ を x に関する **2 次関数**という．

定義 6.4（定数関数）

数 a に対し，関数 $f(x) = a$ を**定数関数**という．

定数関数の右辺には変数 x は書かれていない．これは，どのような x をとっても，$f(x)$ は a をとるという意味である（**図 6.1**）．また，定数項は x^0 の項と考えることができるため，定数関数は **0 次関数**と見ることもできる．

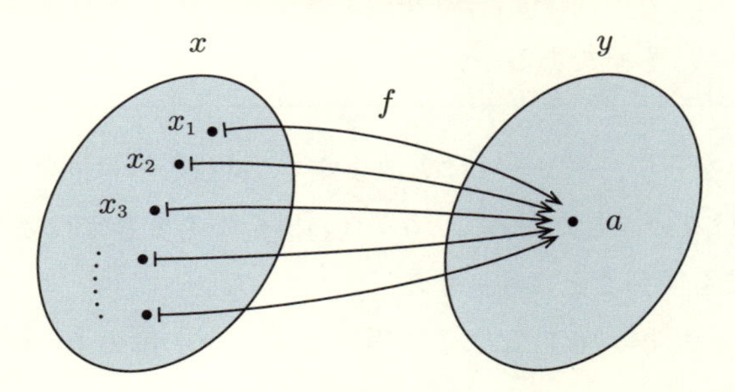

図 6.1　定数関数で各 x が写る先

1 次関数や 2 次関数は，より一般に n 次関数として，次のように定義できる．

定義 6.5（n 次関数）

自然数 n と数 $a_n, a_{n-1}, a_{n-2}, \cdots, a_1, a_0$（ただし，$a_n \neq 0$）と変数 x に対し，関数

$$f(x) = a_n x^n + a_{n-1} x^{n-1} + a_{n-2} x^{n-2} + \cdots + a_1 x + a_0 \qquad (6.1)$$

を x に関する **n 次関数**という．

定義 6.6（n 次方程式）

n 次関数 $f(x)$ に対し，$f(x)=0$ を **n 次方程式**という．

n 次方程式について，次の定理がなりたつことが知られている．

定理 6.1（代数学の基本定理）（重要）

n 次方程式の解は，重複（ちょうふく）を含めて n 個の複素数解が存在する．

重要な定理であるが，証明は本書の内容を超える数学の知識が必要なので，省略する．

次の定理もいえる．

定理 6.2（n 次方程式の複素数解の性質）

実数係数の n 次方程式 $f(x)=0$ が複素数解 $x=a+ib$ をもつとき，共役な複素数 $a-ib$ も解である [2]．

証明　$b=0$ ならば，解 $x=a$ は実数なので，共役な解は同じ $x=a$ であるから，示す必要はない．したがって，$b\neq 0$ の場合のみを考えればよい．ただし，$a=0$ であってもよいことに注意する．

実数係数の n 次関数 (6.1) による方程式 $f(x)=0$ の解の 1 つが $x=a+ib$ であるとすると，

$$\begin{aligned} f(a+ib) &= a_n(a+ib)^n + a_{n-1}(a+ib)^{n-1} + \cdots + a_1(a+ib) + a_0 \\ &= 0 \end{aligned} \tag{6.2}$$

がなりたつ．ただし，$a_n, a_{n-1}, \cdots, a_0$ は実数である．

(6.2) の 1 行目から 2 行目の等号で，両辺の複素共役をとると，

$$\begin{aligned} \overline{a_n(a+ib)^n + a_{n-1}(a+ib)^{n-1} + \cdots + a_1(a+ib) + a_0} &= \overline{0} \\ &= 0 \end{aligned} \tag{6.3}$$

[2] 実数係数（すべての係数が実数）の方程式でも，複素数解をもつことはある．例えば，$x^2+1=0$ の係数はすべて実数であるが，解は $x=\pm i$ で複素数である．

であるが，この左辺は，

$$
\begin{aligned}
&\overline{a_n(a+ib)^n + a_{n-1}(a+ib)^{n-1} + \cdots + a_1(a+ib) + a_0} \\
&\overset{\because 定理 3.6(1)}{=} \overline{a_n(a+ib)^n} + \overline{a_{n-1}(a+ib)^{n-1}} + \cdots + \overline{a_1(a+ib)} + \overline{a_0} \\
&\overset{\because 定理 3.6(3)}{=} \overline{a_n}\,\overline{(a+ib)^n} + \overline{a_{n-1}}\,\overline{(a+ib)^{n-1}} + \cdots + \overline{a_1}\,\overline{a+ib} + \overline{a_0} \\
&= a_n\left(\overline{a+ib}\right)^n + a_{n-1}\left(\overline{a+ib}\right)^{n-1} + \cdots + a_1\overline{a+ib} + a_0 \\
&\overset{\because (6.1)}{=} f\left(\overline{a+ib}\right) \qquad (6.4)
\end{aligned}
$$

となるため，

$$
f\left(\overline{a+ib}\right) = 0 \qquad (6.5)
$$

がいえる．$\overline{a+ib} = a - ib$ であるため，これは $x = a - ib$ が $f(x) = 0$ の解の1つであることを意味する．

したがって，$a + ib$ が実数係数の n 次方程式 $f(x) = 0$ の解の1つのとき，$a - ib$ も解となる． ◇

注意 6.1 この証明からわかるように，方程式の係数が実数であることを使っているため，この定理は係数が複素数の場合にはなりたたない．しかし，複素数係数のときは共役な複素数が解にならないといっているわけではなく，方程式によって解になる場合とならない場合があるという意味である．

注意 6.2 代数学の基本定理（定理 6.1）と合わせて考えれば，実数係数の奇数次方程式は，実数解を奇数個もつこと，とくに，少なくとも1つは実数解をもつことがわかる．なぜなら，実数係数の n 次方程式の複素数解は必ず共役な複素数も解になるため，複素数解をもてば偶数個あるからである．方程式が n 次ならば，複素数の範囲で解を n 個もつので，n が奇数で複素数解が偶数個ならば，1つは実数解でないとつじつまが合わない．

ところで，1次方程式を解くのは容易であるし，2次方程式の解も解の公式からすぐに得られる．しかし，3次以上の方程式の場合は解くのが難しいことが多い．3次と4次の方程式の場合，解の公式は存在するが，複雑な形をしていて使いにくいし，5次以上の場合は，そもそも（代数的な）解の公式は存在しない[3)]．したがって，3次以上の方程式の解を求めようとする際は，通常は**因数分解ができるか否か**を考えることになる．

6・2　方程式の解と係数の関係

方程式を考える際，解と係数の関係が役立つこともある[4)]．解と係数の関係は n 次方程式でいえる関係であるが，4次以上の場合は複雑な形になる．そこで，2次と3次の場合を見てみよう．

定理 6.3（2次方程式の解と係数の関係）

2次方程式 $ax^2+bx+c=0$ の重解（じゅうかい）を含めた2個の複素数解を α, β とする．このとき，

$$-\frac{b}{a}=\alpha+\beta, \qquad \frac{c}{a}=\alpha\beta \tag{6.6}$$

がなりたつ．

証明　α, β は2次方程式

$$ax^2+bx+c=0 \tag{6.7}$$

の解だから，

$$a(x-\alpha)(x-\beta)=0 \tag{6.8}$$

がなりたつ．(6.8) の左辺を展開すれば，

$$ax^2-a(\alpha+\beta)x+a\alpha\beta=0 \tag{6.9}$$

となるから，これと (6.7) を比べれば，(6.6) がいえる．　◇

---

3) 解自体が存在しないわけではないし，すべての5次以上の方程式が代数的に解けないわけでもない．

4) ウェブ上の付録の 20・3 で三項間漸化式を解くときに用いた定理である．

定理 6.4（3 次方程式の解と係数の関係）

3 次方程式 $ax^3+bx^2+cx+d=0$ の重解を含めた 3 個の複素数解を α, β, γ とする．このとき，

$$-\frac{b}{a}=\alpha+\beta+\gamma, \quad \frac{c}{a}=\alpha\beta+\beta\gamma+\gamma\alpha, \quad -\frac{d}{a}=\alpha\beta\gamma \tag{6.10}$$

がなりたつ．

証明は例題 6.1 で手を動かしてみよう．

例題 6.1　3 次方程式の解と係数の関係を示せ．（ヒント：2 次方程式の解と係数の関係と同様に考えればよい）　□□□

解　α, β, γ は 3 次方程式

$$ax^3+bx^2+cx+d=0 \tag{6.11}$$

の解だから，

$$a(x-\alpha)(x-\beta)(x-\gamma)=0 \tag{6.12}$$

がなりたつ．(6.12) の左辺を展開すれば，

$$ax^3-a(\alpha+\beta+\gamma)x^2+a(\alpha\beta+\beta\gamma+\gamma\alpha)x-a\alpha\beta\gamma=0 \tag{6.13}$$

となるから，これと (6.11) を比べれば，(6.10) がいえる．　◇

3 次方程式の解と係数の関係でも複雑だと感じたかもしれない．しかし，よく見ると法則があることに気づくのではないだろうか．2 次のときと 3 次のときの解と係数の関係も見比べてみると，この間にも法則がありそうである[5]．これらの法則は，それぞれの証明も一緒に見るとわかりやすい．そして，その

5)　どんな法則があるか考えてみよう ().

法則が n 次方程式の解と係数の関係につながる [6].

6・3 方程式の解と関数のグラフの関係

以下，本書では，**実関数**（$A \subset \mathbf{R}$, $B \subset \mathbf{R}$ のときの関数 $f: A \to B$）のみを考えるため，とくに断らない限り，実関数を関数とよぶことにする．また，とくに混乱のない限り，独立変数も従属変数も変数とよぶ．

関数は写像の一種であったことを思い出すと，n 次関数 $y = f(x)$ のグラフは，各 x が写る先の y の値を xy 平面上にプロットしたものだとわかる．したがって，グラフが x 軸と交わる（接する）点は，n 次方程式 $f(x) = 0$ の解と一致することもわかるだろう（**図 6.2**）．

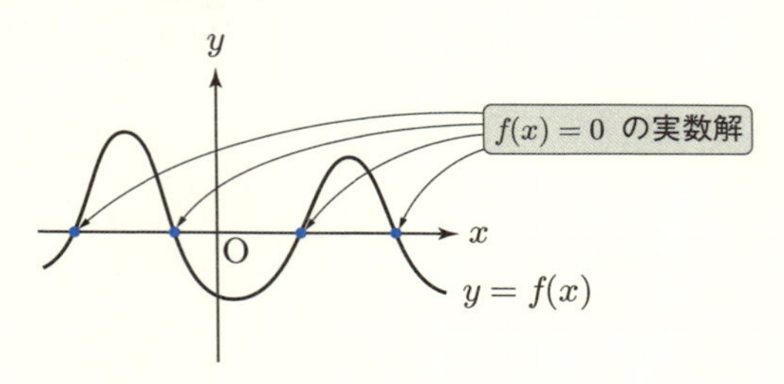

図 6.2 $f(x) = 0$ の解のプロット

代数学の基本定理（定理 6.1）より，$f(x) = 0$ は n 個の解をもつが，それらの解がすべて実数ならば，$y = f(x)$ のグラフは x 軸と n 個の交点をもつことがいえる [7].

また，関数 f が全単射［⇨ **定義 1.14**］のとき，逆写像も考えることができる．これを**逆関数**といい，f^{-1} で表す [8]．関数が全単射かどうかは，その関数

---

6) n 次方程式の解と係数の関係については，ウェブ上の付録の §21 を参照のこと．

7) いくつかの同じ値が解となる（重解をもつ）可能性があるため，正確には「n 個の解がすべて異なる実数ならば」である．

8) 逆写像［⇨ **定義 1.15**］同様，「エフ　インバース」と読む．これは $\frac{1}{f}$ とはまったく別物である．

のグラフを見れば視覚的に判断できる．1つの y に対し，x が1つだけ対応しているグラフならば，その関数は全単射だからである．

つまり，実数全域を定義域とする場合，1次関数は全単射の関数であるが，2次関数や定数関数は全単射の関数ではないことがわかる（**図6.3**）．ただし，定義域や値域に条件をつければ，2次関数でも全単射となり得る．例えば，$f(x)=x^2$ は定義域と値域を正の実数に制限すれば全単射である．

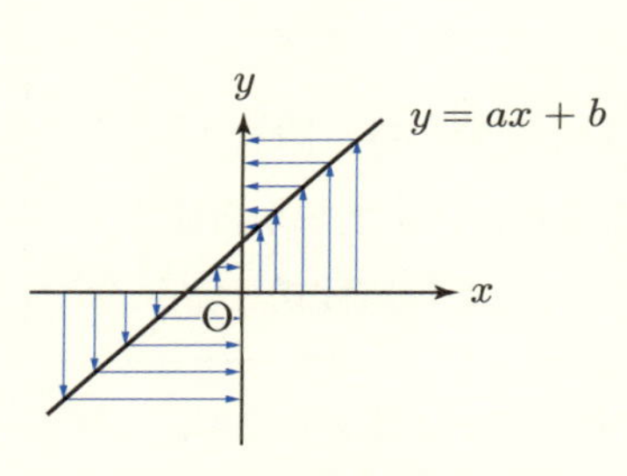

すべての x で，1つの x が1つの y と対応し，y の中に x と対応づいていないものがない．

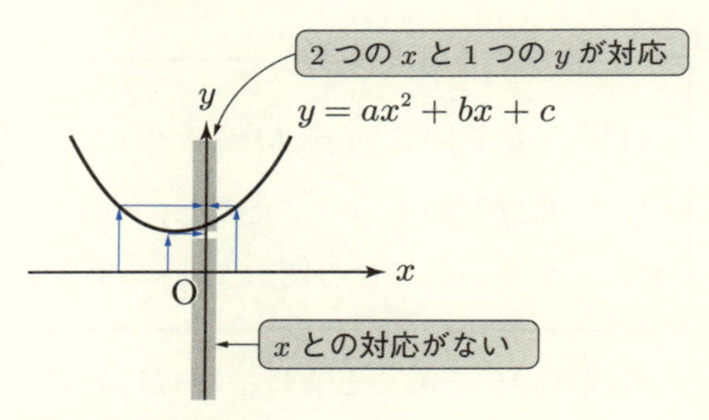

頂点の1点を除き，2つの x が1つの y と対応している．
また，y の中に x と対応づいていないものがある．

図6.3 1次関数のグラフ（左）と2次関数のグラフ（右）

また，ある関数とその逆関数のグラフは，$y=x$ の直線に対して対称の形になる（軸として回転させれば一致する）ことも知られている（**図6.4**）．

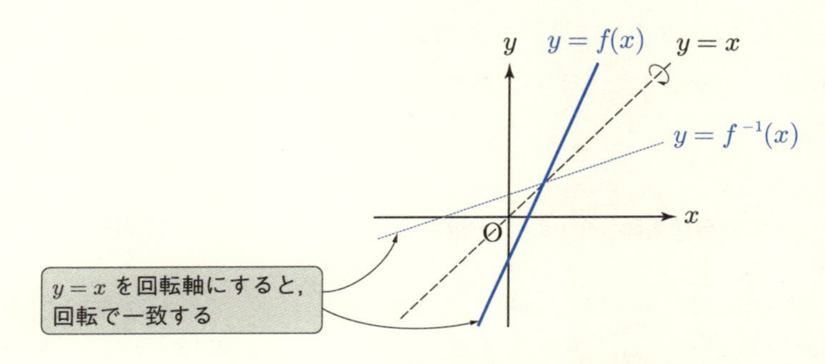

図6.4 $y=f(x)$ とその逆関数のグラフ

6・4 有理関数・無理関数と方程式

関数は n 次関数以外にも存在する．n 次関数のように，多項式で書ける関数を**多項式関数**というが，他にも，多項式と分数で書ける**有理関数**[9]や，多項式と根号（と分数）で書ける**無理関数**がある[10]．これらはまとめて**代数関数**とよばれるが，これは**初等関数**とよばれる関数の仲間である．

また，各関数に対して，方程式を考えることもできる．

定義 6.7（有理関数）

(1)　多項式関数 $g(x), h(x)$ を用いて，$\dfrac{g(x)}{h(x)}$ の形で表される関数 $f(x)$ を**有理関数**という．ただし，$h(x)=0$ となる点 x は定義域から除く．

(2)　有理関数を含む関数 $f(x)$ に対し，$f(x)=0$ を**有理方程式**という．

有理方程式を解くときは，両辺に分母の関数をかけて分母を払えば，n 次方程式の形にすることができる．方程式の解は定義域に含まれる必要があるため，**定義域に注意して**，その n 次方程式を解けばよい．

例 6.1　(1)　$\dfrac{x-2}{x+3}=0$ の定義域は $x=-3$ を除くすべての実数である．両辺に $x+3$ をかけると $x-2=0$ となるから，解は $x=2$．これは定義域に含まれる．

(2)　$\dfrac{x^2-6x+9}{x^2-5x+6}=0$ は，$\dfrac{x^2-6x+9}{x^2-5x+6}=\dfrac{(x-3)^2}{(x-2)(x-3)}=\dfrac{x-3}{x-2}$ とできるから，定義域は $x=2$ を除くすべての実数である．$\dfrac{x-3}{x-2}=0$ の両辺に $x-2$ をかけると $x-3=0$ となるから，解は $x=3$．これは定義域に含まれる．◆

---

9)　式の場合は**有理式**とよぶ．また，分母が定数でない有理関数を**分数関数**とよぶこともある．

10)　根号は平方根（ルート）に限らず，n 乗根も含む．また，式の場合は**無理式**とよぶが，通常，$\sqrt{x^2}$ のように，整理すれば根号が外れる場合は無理関数とか無理式とはいわない．

注意 6.3　有理関数は通常の分数と同様，約分や通分も可能である．分母・分子の多項式関数を因数分解することで，共通因数を約分できる場合もある．このような場合，約分や通分で分母が0になる点が消えれば，その点は定義域に含まれることになるため，注意が必要である．

例題 6.2　次の方程式について，定義域を答えよ．また，解を求めよ．

(1)　$\dfrac{1}{x-1}+\dfrac{1}{x+1}=0$　　(2)　$\dfrac{x^2+2x+1}{x^2+3x+2}=0$　□□□

解　(1)　$\dfrac{1}{x-1}+\dfrac{1}{x+1}=\dfrac{x+1}{(x-1)(x+1)}+\dfrac{x-1}{(x-1)(x+1)}=\dfrac{2x}{(x-1)(x+1)}$

だから，この定義域は $x=\pm 1$ を除くすべての実数である．$\dfrac{2x}{(x-1)(x+1)}=0$ の両辺に $(x-1)(x+1)$ をかけると $2x=0$ となるから，解は $x=0$．これは定義域に含まれる．

(2)　$\dfrac{x^2+2x+1}{x^2+3x+2}=\dfrac{(x+1)^2}{(x+1)(x+2)}=\dfrac{x+1}{x+2}$ だから，この定義域は $x=-2$ を除くすべての実数である．$\dfrac{x+1}{x+2}=0$ の両辺に $x+2$ をかけると $x+1=0$ となるから，解は $x=-1$．これは定義域に含まれる．◇

定義 6.8（無理関数）

(1)　有理関数 $g(x)$ を用いて，$\sqrt[n]{g(x)}$ の形で表される関数で，他の形では表せない[11] 関数 $f(x)$ を**無理関数**という．ただし，n は2以上の自然数であるが，$n=2$ のときは $\sqrt{g(x)}$ と表す．また，$g(x)$ で定義域から除かれる点は定義域から除く．

(2)　無理関数を含む関数 $f(x)$ に対し，$f(x)=0$ を**無理方程式**という．

無理方程式を解くときは，両辺を n 乗することで根号を消し，有理関数の形

11)　整理すれば根号を外せる場合は除くという意味．

にすればよい．ただし，定義域に注意する必要がある．

例 6.2　(1)　$\sqrt{x-2}=0$ の定義域は $x \geq 2$ の実数である．両辺を2乗すると $x-2=0$ となるから，解は $x=2$．これは定義域に含まれる．

(2)　$\sqrt[3]{\dfrac{x+3}{x-2}}=0$ の定義域は $x \leq -3$，または，$x>2$ の実数である．両辺を3乗すると $\dfrac{x+3}{x-2}=0$ となるから，この両辺に $x-2$ をかけて，$x+3=0$．よって，解は $x=-3$．これは定義域に含まれる．

(3)　$\sqrt{x-1}+1=0$ の定義域は $x \geq 1$ の実数であるが，式を整理すると $\sqrt{x-1}=-1$ となり，$\sqrt{x-1}$ が常に非負の値をとることから，解なし．◆

注意 6.4　根号を含まない項がある場合，それらの項を n 乗する前に移項する必要がある．移項せずに n 乗してしまうと，根号が残ってしまうためである[12)]．

例題 6.3　次の方程式について，定義域を答えよ．また，解を求めよ．

(1)　$\sqrt{x-1}-1=0$　　(2)　$\sqrt{x-1}-\sqrt{x+2}+1=0$　□□□

解　(1)　$\sqrt{x-1}-1=0$ の定義域は $x \geq 1$ の実数である．移項することで $\sqrt{x-1}=1$ とできるので，この両辺を2乗すると，$x-1=1$ となるから，$x=2$．これは定義域に含まれる．

(2)　$\sqrt{x-1}$ の定義域が $x \geq 1$，$\sqrt{x+2}$ の定義域が $x \geq -2$ より，$\sqrt{x-1}-\sqrt{x+2}+1=0$ の定義域は $x \geq 1$ である．移項することで $\sqrt{x-1}+1=\sqrt{x+2}$ とできるので，この両辺を2乗すると，$(x-1)+2\sqrt{x-1}+1=x+2$．整理して，$2\sqrt{x-1}=2$．よって，$\sqrt{x-1}=1$．この両辺を2乗すると，$x-1=1$ だから，解は $x=2$．これは定義域に含まれる．◇

12)　複数回，移項と n 乗を行う必要がある場合もある．

6・5 指数関数・対数関数

初等関数とよばれる関数には，代数関数の他に指数関数，対数関数，三角関数などがある．ここでは，このうち指数関数と対数関数について説明する．三角関数については，まなぶことが多いため，§7 で扱う．

まず，指数関数や対数関数で重要になる数を導入する．

定義 6.9（ネピアの数）（重要）

自然数 n に対し，一般項が

$$a_n = \left(1 + \frac{1}{n}\right)^n \tag{6.14}$$

であたえられる無限数列 $\{a_n\}$ の $n \to \infty$ での極限の値，すなわち，

$$\lim_{n\to\infty} \left(1 + \frac{1}{n}\right)^n \tag{6.15}$$

の値として得られる実数を**ネピアの数**，または，**ネイピア数**といい，e で表す[13]．

ネピアの数は $e = 2.7182\cdots$ と無限に続く数であり，円周率 π と同様，**超越数**とよばれる無理数の 1 つである．

よりみち 6.1 ネピアの数は数自体にどのような意味があるのか見ただけではわからないし，その定義も非常に作為的に思える形をしている．

実は，ネピアの数の定義は，お金を貸し借りするときなどの利子の複利計算が基になっている．複利で利子をつけるタイミングを細かくしていくと，その金額がネピアの数に（正確には，元金にネピアの数をかけた金額に）近づくのである．

しかし，ネピアの数は複利計算以外に，数学でも数学以外でもさまざまなところで登場する．例えば，指数関数や対数関数の微分を計算するときには基本と

---

13) e はネイピア数とよばれることが多いが，本書では［藤岡 2］に合わせ，ネピアの数とよぶ．

なるし，統計学で重要な正規分布［⇨ 19・4］とよばれるものにも登場する．オイラーの公式とよばれる公式［⇨ 定理 7.2］では三角関数との関係性も見ることができるが，これは例えば，電気工学をまなぶ際にも重要になる．

定義 6.10（指数関数）

1 でない正の定数 a に対し，関数 $f(x)=a^x$ を，a を**底**とする**指数関数**という（**図 6.5**）．

指数関数 $f(x)=a^x$ は，$f:\mathbf{R}\to\mathbf{R}_{>0}$ の関数であり[14]，これは全単射である（✍）．

等式 $\alpha=\beta$ がなりたつとき，定義 6.10 より，任意の底 a に対し，$a^\alpha=a^\beta$ がなりたつことは明らかであるが，このように等式を指数で成立させる操作を**指数をとる**という．逆に $a^\alpha=a^\beta$ がなりたつとき，$\alpha=\beta$ であることもいえる．

指数関数では，底 a をネピアの数 e とすることが多い．これは，定理 9.9 でまなぶように，$f(x)=e^x$ の微分が $f'(x)=e^x$ となる，つまり，e^x は x で微分しても変わらないという性質があるためである．

注意 6.5　実はネピアの数の定義は複数存在する［⇨ 定理 9.9 の脚注］が，どの定義を採用しても，定義 6.9 を定義とした場合と結果は変わらない．

指数関数は全単射であるため，逆関数が存在するが，それは多項式関数や有理関数，無理関数，指数関数では表せない．そこで $y=a^x$ の逆関数を $x=\log_a y$ で表す．これが対数関数である．

定義 6.11（対数関数）

a を底とする指数関数 $y=a^x$ の逆関数を $x=\log_a y$ で表すとき，関数 $f(x)=\log_a x$ を，a を**底**とする**対数関数**という（**図 6.5**）．

---

14)　$\mathbf{R}_{>0}$ は正の実数全体からなる集合を表す．

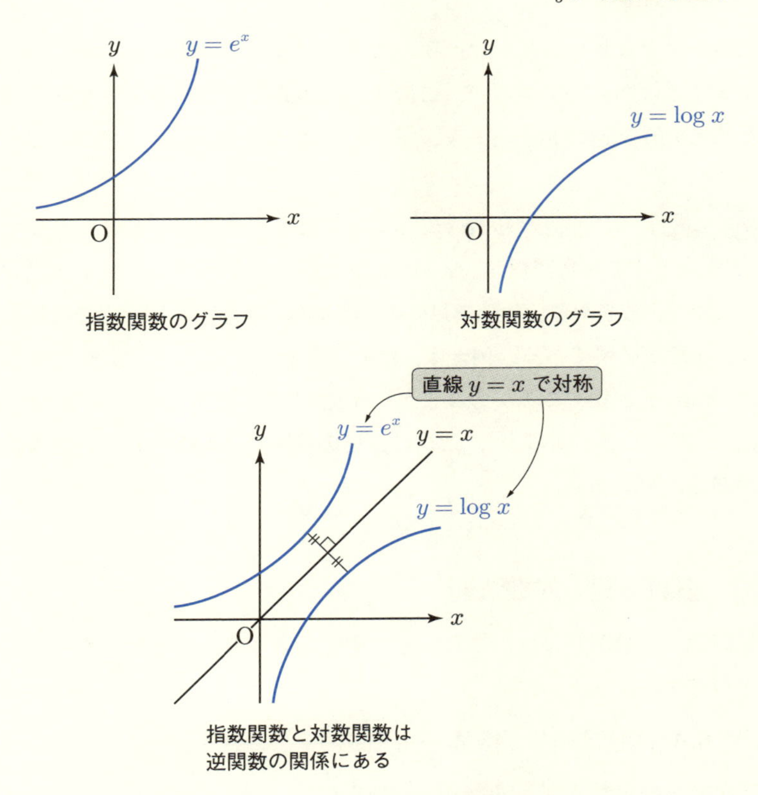

図 6.5　指数関数，対数関数のグラフ

注意 6.6　$\log_a x$ を $\log_a \times x$ だと誤解して計算などをする人がいるが，これはかけ算の記号が省略されているわけではない [15]．

定義 6.11 より，対数関数の底 a は，指数関数と同様，1 ではない正の定数である．また，$x > 0$ のときのみ定義されることもわかる．ただし，y は負の値も取り得る．つまり，対数関数 $f(x) = \log_a x$ は $f : \mathbf{R}_{>0} \to \mathbf{R}$ の関数であり，これは全単射である（✍）．

---

15) log は対数の英語 (logarithm) の頭文字（3 文字）で，$\log_a x$ は "logarithm of x to base a" を記号で書いたものである．

等式 $\alpha = \beta$ がなりたつとき，定義より，任意の底 a に対し，$\log_a \alpha = \log_a \beta$ がなりたつことは明らかであるが，このように等式を対数で成立させる操作を**対数をとる**という．逆に $\log_a \alpha = \log_a \beta$ がなりたつとき，$\alpha = \beta$ であることもいえる．

よりみち 6.2　対数関数の底 a は，$a = e$ のときに省略されることが多い．つまり，e を底とする対数関数 $\log_e x$ は $\log x$ と書かれるが [16]，これを**自然対数**という．ただし，数学や理論物理学以外の分野では，省略する底が異なる場合があるので，注意が必要である．例えば，化学や工学などでは**常用対数**（じょうよう）とよばれる $\log_{10} x$ を $\log x$ と表すことがあるし [17]，情報学では**二進対数**（にしん）とよばれる $\log_2 x$ を $\log x$ と表すことがある [18]．これは，**その分野でよく使われる底を省略する慣習がある**ためである．

6・6　指数法則・対数法則

指数関数や対数関数には，これらを利用する際に必要不可欠となる公式がいくつか存在する．

定理 6.5（指数法則）（重要）

1 でない正の定数 a, b と実数 m, n について，次がなりたつ．

(1)　$a^m \times a^n = a^{m+n}$　(6.16)

(2)　$a^m \div a^n = \dfrac{a^m}{a^n} = a^{m-n}$　(6.17)

---

16) $\log x$ は $\ln x$ と表すことも多い．

17) 常用対数は対数が発明された要因と関係があり，これを使えば大きい数を小さな数で表すことができる．例えば，10^{50} という数を扱うとき，常用対数を使うと，定理 6.6 (1) と定理 6.7 (3) より，$\log_{10} 10^{50} = 50$ と計算できるため，小さな数で計算ができるようになる．そして，計算後は指数関数を使えば元の数のまま計算した結果を得られる．

18) 情報学では**二進数**を扱うことが多いからである．

(3) $(ab)^n = a^n b^n$ (6.18)

(4) $(a^m)^n = a^{mn}$ (6.19)

指数法則は m, n が実数の場合になりたつが，この証明はまず自然数の場合を示し，整数，有理数，実数の場合と拡張していくことになる．とくに実数の場合は難しい．しかし，自然数の場合は，a^n の意味を考えればほぼ自明であるので，ここでは自然数の場合の証明を例題として考えてみよう．

例題 6.4 m, n を自然数とするとき，指数法則の (1)〜(4) を示せ．

解 (1) a^m は a を m 個かけたものであり，a^n は a を n 個かけたものであるから，$a^m \times a^n$ は a を $m+n$ 個かけたものである．したがって，$a^m \times a^n = a^{m+n}$ がなりたつ．

(2) $a^m \div a^n = \dfrac{a^m}{a^n}$ であることに注意して，(1) と同様に考える．

$m = n$ のとき 分母と分子に同じ数だけ a があるから，すべて約分されて $a^m \div a^n = 1$ がいえる．

$m > n$ のとき 分子の方が分母より a が $m - n$ 個多いため，約分すれば $a^m \div a^n = a^{m-n}$ がいえる．

$m < n$ のとき 分母の方が分子より a が $n - m$ 個多いため，約分すれば $a^m \div a^n = \dfrac{1}{a^{n-m}}$ となるが，$\dfrac{1}{a^{n-m}} = a^{-(n-m)} = a^{m-n}$ であるため，$a^m \div a^n = a^{m-n}$ がいえる．

以上より，m, n の大小関係にかかわらず，$a^m \div a^n = a^{m-n}$ がいえる．

(3) $(ab)^n$ は ab を n 個かけたものであるが，これは a を n 個かけたものと b を n 個かけたものをかけたものと等しい．したがって，$(ab)^n = a^n b^n$ がいえる．

(4) $(a^m)^n$ は a を m 個かけたものを n 個かけたものであるため，全部で a は mn 個かけられる．したがって，$(a^m)^n = a^{mn}$ がなりたつ． ◇

定理 6.6（対数の性質）

1 でない正の定数 a に対し，次がなりたつ．

(1)　$\log_a a = 1$　(6.20)

(2)　$\log_a 1 = 0$　(6.21)

証明　$y = a^x$ がなりたつとき，対数関数の定義（定義 6.11）より，$x = \log_a y$ である．

(1)　$x = 1$ のとき，$y = a^1 = a$ だから，$1 = \log_a a$ がいえる．

(2)　$x = 0$ のとき，$y = a^0 = 1$ だから，$0 = \log_a 1$ がいえる．　◇

定理 6.7（対数法則）（重要）

1 でない正の定数 a, b と，正の実数 n, m について，次がなりたつ．

(1)　$\log_a(nm) = \log_a n + \log_a m$　(6.22)

(2)　$\log_a \dfrac{n}{m} = \log_a n - \log_a m$　(6.23)

(3)　$\log_a n^m = m \log_a n$　(6.24)

(4)　$\log_a n = \dfrac{\log_b n}{\log_b a}$　（**底の変換公式**）　(6.25)

(4) の証明は例題 6.5 として，(1)〜(3) を示す．

証明　指数法則（定理 6.5）と対数関数の定義（定義 6.11）を用いる．

(1)　$n = a^{x_1}$, $m = a^{x_2}$ とおくと，対数関数の定義より，$x_1 = \log_a n$, $x_2 = \log_a m$ である．

一方，指数法則より，$a^{x_1+x_2} = a^{x_1}a^{x_2}$ がなりたつから，$a^{x_1+x_2} = nm$ と表せるが，対数関数の定義より，$x_1 + x_2 = \log_a(nm)$ である．

よって，$\log_a n + \log_a m = \log_a(nm)$ がいえる．

(2)　(1) でおいた文字を用いると，指数法則より $a^{x_1-x_2} = \dfrac{a^{x_1}}{a^{x_2}}$ がなりたつから，$a^{x_1-x_2} = \dfrac{n}{m}$ と表せるが，対数関数の定義より，$x_1 - x_2 = \log_a \dfrac{n}{m}$ である．

よって，$\log_a n - \log_a m = \log_a \dfrac{n}{m}$ がいえる．

(3)　$n = a^x$ とおくと，対数関数の定義より，$x = \log_a n$ である．

一方，指数法則より，$n^m = a^{mx}$ がなりたつから，対数関数の定義より，$mx = \log_a n^m$ である．

よって，$m \log_a n = \log_a n^m$ がいえる．◇

例題 6.5　底の変換公式（定理 6.7 (4)）を示せ．

解　$\log_a n$ は実数だから，$y = a^{\log_a n}$ とおくと，対数関数の定義より，

$$\log_a y = \log_a n \tag{6.26}$$

がなりたつが，これがなりたつのは $y = n$ のときに限られるため，$n = a^{\log_a n}$ がいえる．

この両辺の対数をとると，底を b とすれば，$\log_b n = \log_b a^{\log_a n}$ がなりたつが，この右辺は定理 6.7 (3) より，$\log_b a^{\log_a n} = \log_a n \cdot \log_b a$ とできる．

したがって，整理すれば，$\log_a n = \dfrac{\log_b n}{\log_b a}$ がいえる．◇

注意 6.7　定理 6.7 (3) と定理 6.6 (1) より，$\boldsymbol{a^{\log_a b} = b}$ がいえるが，これはほぼ自明である[19]．しかしながら，非常に重要な等式である．知らないと思いつくことも難しいので，よく注意すること．直近では，対数方程式を解く際 [⇨ 例 6.4] に利用する．

6・7　指数方程式・対数方程式

指数関数と対数関数も方程式を考えることができる．

---

19)　なりたつことがわからない読者は，両辺の対数をとってみるとよい．$\log_a$ をつけてみよう（✍）．あるいは，指数関数と対数関数が互いに逆関数の関係にあることからも明らかである．

定義 6.12（指数方程式）

いくつかの指数関数と定数項の和と積でできた関数 $f(x)$ に対し，$f(x)=0$ を**指数方程式**という．

指数方程式を解くときは，底をそろえて対数をとる，指数の項を文字におくことで n 次方程式の形にする，など状況に応じて工夫する必要がある．また，値域に注意する必要がある．

例 6.3　(1)　指数方程式 $2^x-16=0$ を解く．$16=2^4$ より，$2^x=2^4$ とできる．この両辺の対数をとって，$\log_2 2^x=\log_2 2^4$．指数法則（定理 6.5）の (3) と定理 6.6 (1) より，$x=4$．

(2)　指数方程式 $4^x-2^x-2=0$ を解く．$4^x=(2^2)^x=2^{2x}$ より，$2^{2x}-2^x-2=0$ とできる．

ここで，$t=2^x$ とおくと，$t^2-t-2=0$．これを解くと，$(t-2)(t+1)=0$ より $t=2,-1$ だから，$2^x=2,-1$．

$2^x=2$ を解くと，定理 6.6 (1) より，$x=1$．一方，$2^x>0$ だから $2^x=-1$ は不適切．

したがって，解は $x=1$．◆

定義 6.13（対数方程式）

いくつかの対数関数と定数項の和と積でできた関数 $f(x)$ に対し，$f(x)=0$ を**対数方程式**という．

対数方程式を解くときも，基本的には指数方程式のときと同様で，底をそろえて指数をとる，対数の項を文字におくことで n 次方程式の形にする，などの工夫が必要になる．また，定義域に注意する必要がある．

例 6.4　(1)　対数方程式 $\log_2 x-\log_4(x+2)=0$ を解く．$\log_2 x$ の定義域は $x>0$，$\log_4(x+2)$ の定義域は $x>-2$ だから，全体の定義域は $x>0$．

底の変換公式 [⇨ **定理 6.7** (4)] を用いて，底を 2 にそろえると，$\log_4(x+2)=$

$\dfrac{\log_2(x+2)}{\log_2 4}=\dfrac{\log_2(x+2)}{\log_2 2^2}=\dfrac{\log_2(x+2)}{2}$ より，$\log_2 x=\dfrac{1}{2}\log_2(x+2)$.

整理して，$2\log_2 x=\log_2(x+2)$．よって，$\log_2 x^2=\log_2(x+2)$ だから，$x^2=x+2$.

これを解くと，$x^2-x-2=0$ より $(x-2)(x+1)=0$ だから，$x=2,-1$.

ここで，定義域は $x>0$ であったから，$x=-1$ は不適切．したがって，解は $x=2$.

(2)　対数方程式 $(\log_2 x)^2-5\log_2 x+6=0$ を解く．定義域は $x>0$ である．

$t=\log_2 x$ とおくと，$t^2-5t+6=0$ とできる．これを解くと，$(t-2)(t-3)=0$ より，$t=2,3$.

よって，$\log_2 x=2,3$ だから，指数をとって，$2^{\log_2 x}=2^2,2^3$．したがって，$x=2^2,2^3=4,8$.

これはどちらも $x>0$ をみたすから，解は $x=4,8$.　◆

§6の問題

確認問題

問 6.1　次の方程式を（実数の範囲で）解け．

(1)　$x^3-8=0$　　(2)　$x^3-6x^2+11x-6=0$　　(3)　$x^3-2x^2-x+2=0$

(4)　$2x^3+3x^2-18x+8=0$　　(5)　$x^4-5x^2+4=0$

(6)　$x^5-13x^3+36x=0$　　(7)　$x^6-14x^4+49x^2-36=0$

□□□ [⇨ 6・1]

問 6.2　2 次方程式 $x^2+13x-21=0$ の 2 つの解を α,β とおくとき，次の値を求めよ．

(1)　$\alpha+\beta$　　(2)　$\alpha^2+\beta^2$　　(3)　$\alpha^3+\beta^3$

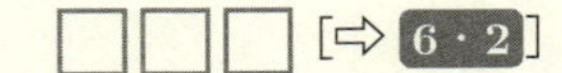

問 6.3　次の数を整数で答えよ．

(1)　$\log_2 8$　　(2)　$\log_3 9 - \log_3 27$　　(3)　$\log_3 6 \log_6 \dfrac{1}{32} + \log_2 32 \log_3 2$

□□□ [⇨ 6・6]

基本問題

問 6.4　次の方程式を（実数の範囲で）解け．

(1)　$\dfrac{1}{x-2} + \dfrac{2}{x+3} = 0$　　(2)　$\dfrac{2x+1}{x-3} + \dfrac{x+3}{x-1} = 0$　　(3)　$\dfrac{3x-2}{x-3} = 1$

(4)　$\sqrt{x^2+5x-6} = 0$　　(5)　$\sqrt{x-1} = \sqrt{x^2-3}$　　(6)　$\sqrt{x} = \sqrt{\dfrac{2x+1}{x-2}}$

(7)　$3^x - 81 = 0$　　(8)　$2^{2x} - 3 \cdot 2^x = 0$　　(9)　$16^x - 16 = 6 \cdot 4^x$

(10)　$\log_4(x^2+1) - \log_4(x+1) = 0$　　(11)　$\log_9 x = \log_3(x-2)$

(12)　$\log_2(x+1)^2 - (\log_2(x+1))^2 + 3 = 0$

□□□ [⇨ 6・4 6・7]

§7 三角関数と三角方程式

§7のポイント

- 三角関数は**直角三角形の辺の比**と関係がある.
- 三角関数に関する公式の多くは，**加法定理**で簡単に証明できる.
- 公式を覚えるのではなく，**自分で導出できるようになる**とよい.

7・1 直角三角形の話

三角関数の説明の前に，唐突ではあるが，直角三角形を考えよう．直角三角形に関する定理として，次のピタゴラスの定理は有名であろう．

定理 7.1（ピタゴラスの定理）

角 ACB が直角である直角三角形 ABC に対し，各辺の長さを $\mathrm{BC} = a$, $\mathrm{AC} = b$, $\mathrm{AB} = c$ とする（**図 7.1**）．このとき，

$$c^2 = a^2 + b^2 \tag{7.1}$$

がなりたつ．

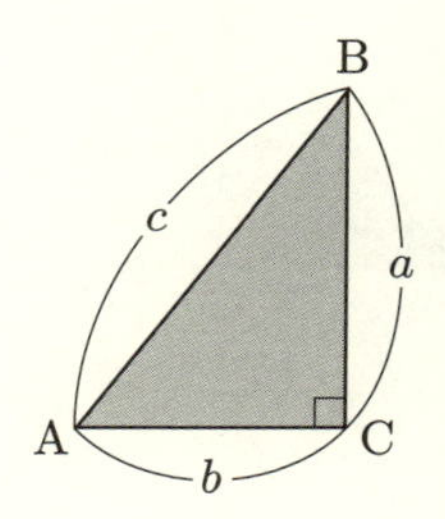

図 7.1　直角三角形 ABC

証明は省略するが，いくつも知られている．例えば，［森下］では著者が発

見したという証明も含めて100通り以上の証明が紹介されている[1)].

注意 7.1　日本では，ピタゴラスの定理は**三平方の定理**という名前でも知られている．しかし，三平方の定理という名前は世界的には通用しない名前であるため[2)]，本書では**ピタゴラスの定理**とよぶ．ちなみに，$c^2 = a^2 + b^2$ をみたす自然数の組 (a, b, c) を**ピタゴラス数**（すう）というが，この点からもピタゴラスの定理とよんだ方がしっくりくると思う．

ピタゴラスの定理は，直角三角形の辺の長さに注目した定理であるが，ここでは角度に注目して直角三角形を見てみよう．

三角形の内角の和は180°であり，直角三角形は直角，すなわち，90°の角を1つもつため，残りの2つの角のうち，1つの角の角度 θ がわかれば，残りの角の角度は $90° - \theta$ とわかる．

また，角度が等しい直角三角形は相似である（**図 7.2**）．

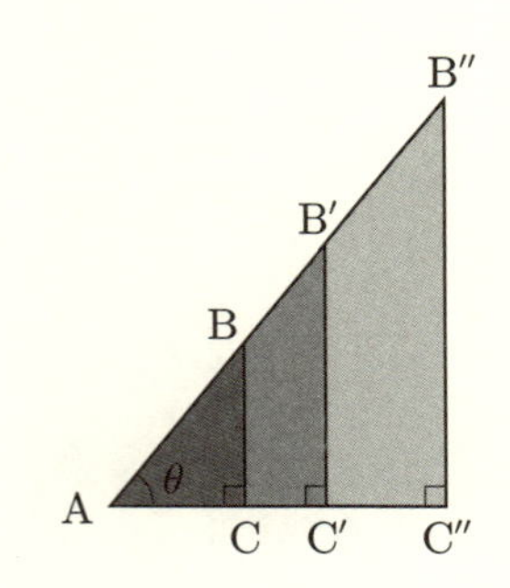

$$\triangle \mathrm{ABC} \backsim \triangle \mathrm{AB'C'} \backsim \triangle \mathrm{AB''C''}$$
$$\angle \mathrm{BAC} = \angle \mathrm{B'AC'} = \angle \mathrm{B''AC''} = \theta$$

図 7.2　相似な直角三角形

---

1) ピタゴラスの定理は古代バビロニアとも関係があるが，古代バビロニアの数学に関しては［室中］が詳しい．

2) この辺りの事情は，例えば，中村滋，「定理にはどのように名前がつくのでしょうか？」，雑誌「数学セミナー」2021年6月号（日本評論社）で説明されている．

したがって，大きさの違いを無視すれば，つまり，相似な関係にある直角三角形は1種類とみなせば，直角三角形は直角ではない角のうちの1つの角度 θ に依存して，すべて得られる．そしてこの角度 θ は，次のように定義する3種類の各辺の比のどれを用いても，その値に応じて1つだけ得ることができる[3)]．

定義 7.1（サイン・コサイン・タンジェント）（重要）

三辺の長さと角度が**図 7.3** のようにあたえられた直角三角形ABCに対し，各辺の長さの比を次のように定義する．

$$\sin\theta = \frac{a}{c} \tag{7.2}$$

$$\cos\theta = \frac{b}{c} \tag{7.3}$$

$$\tan\theta = \frac{a}{b} \tag{7.4}$$

このとき，$\sin\theta$ を角 θ の**正弦**（せいげん）（**サイン**），$\cos\theta$ を角 θ の**余弦**（よげん）（**コサイン**），$\tan\theta$ を角 θ の**正接**（せいせつ）（**タンジェント**）という．

また，サイン，コサイン，タンジェントをまとめて**三角比**という[4)]．

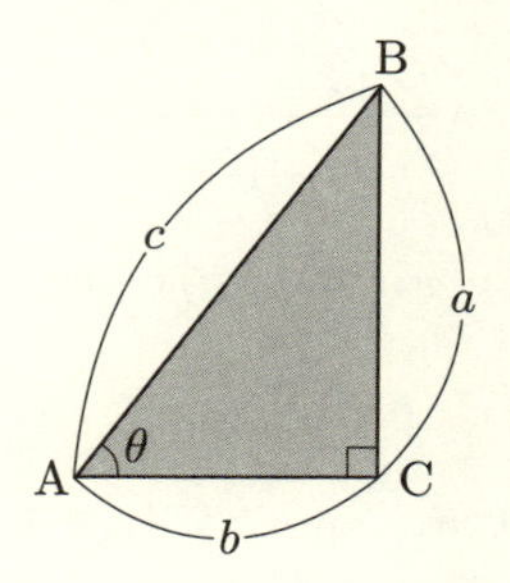

図 7.3　直角三角形ABC

3)　角度と辺の長さが結びついた！

注意 7.2　$\sin x, \cos x, \tan x$ をそれぞれ $\sin \times x$, $\cos \times x$, $\tan \times x$ だと誤解して計算などをする人がいるが，これも $\log_a x$ と同様，かけ算の記号が省略されているわけではない[5]．

7・2　三角比の具体例

サイン，コサイン，タンジェントはどれも辺の比であるから，θ の大きさが変わらなければ，辺の長さによって変わることはない．そこで，$b=1$ として考えてみよう．

例 7.1　図 7.3 の直角三角形 ABC で，$\theta=45^\circ, b=1$ のとき（**図 7.4**），角 B も 45° となるため，直角三角形 ABC は直角二等辺三角形である．

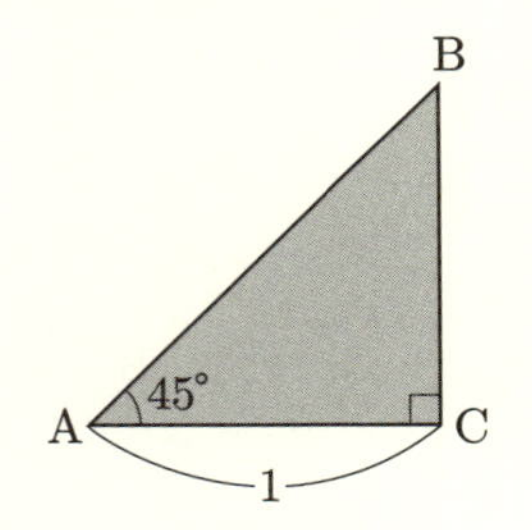

図 7.4　$\theta=45^\circ$ の直角三角形 ABC

---

4) 教科書などではよく，$\sin\theta, \cos\theta, \tan\theta$ と記号のまま表されるが，角度を θ で表さなければならないわけではないし，かといって，正弦，余弦，正接と漢字で表すことも少ない．定理の名前で使うことはあるが，それ以外ではまずいわない（というか，筆者だけかもしれないが，それ以外の場合に「正弦は・・・」なんていわれても一瞬何のことかわからず，戸惑うし，「正弦＝サイン」と結びつけるまでに時差が生まれる）．そこで本書では，口頭で表現するときのように，サイン，コサイン，タンジェントとカタカナで表記することにする．

5) それぞれの英語 (sine, cosine, tangent) の頭文字（3文字）を用いて，sine of x, cosine of x, tangent of x を記号で書いたものである．

このとき，AC = BC だから，AC = b = 1 より BC = 1 がいえ，ピタゴラスの定理（定理 7.1）から AB = $\sqrt{2}$ がいえる．したがって，

$$\sin 45^\circ = \frac{1}{\sqrt{2}}, \qquad \cos 45^\circ = \frac{1}{\sqrt{2}}, \qquad \tan 45^\circ = 1 \tag{7.5}$$

がいえる． ◆

例題 7.1 (1) 図 7.3 の直角三角形 ABC で，$\theta = 60^\circ, b = 1$ のとき，$\sin 60^\circ, \cos 60^\circ, \tan 60^\circ$ を求めよ．

(2) 図 7.3 の直角三角形 ABC で，$\theta = 30^\circ, b = 1$ のとき，$\sin 30^\circ, \cos 30^\circ, \tan 30^\circ$ を求めよ．

解 (1) $\theta = 60^\circ$ のとき，角 B は 30° となるため，直角三角形 ABC は BC を垂直二等分線とする正三角形の "半分" である（**図 7.5**）．この正三角形の一辺の長さは AB と等しいが，AC の 2 倍とも等しいから，AC = b = 1 より，AB = 2 である．よって，ピタゴラスの定理（定理 7.1）より，BC = $\sqrt{3}$ がいえる．したがって，

$$\sin 60^\circ = \frac{\mathrm{BC}}{\mathrm{AB}} = \frac{\sqrt{3}}{2}, \qquad \cos 60^\circ = \frac{\mathrm{AC}}{\mathrm{AB}} = \frac{1}{2}, \qquad \tan 60^\circ = \frac{\mathrm{BC}}{\mathrm{AC}} = \sqrt{3} \tag{7.6}$$

がいえる．

(2) $\theta = 30^\circ$ のとき，これは $\theta = 60^\circ$ のときの θ が角 B と入れ替わったものと

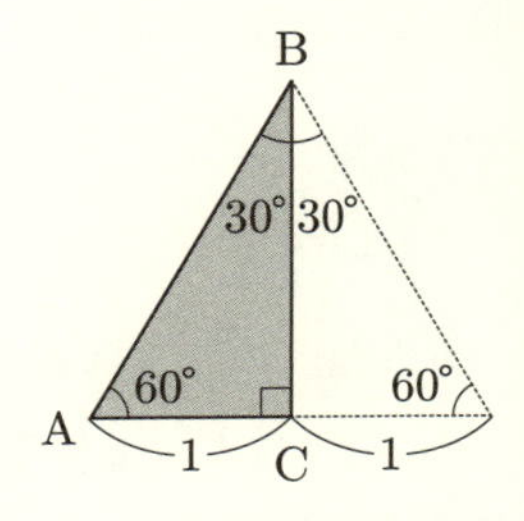

図 7.5 $\theta = 60^\circ$ の直角三角形 ABC

同じ（つまり，2つの三角形は相似）だから，対応する辺の長さの比は同じである．$\theta = 60^\circ$ のときの各辺の長さは (1) で求めたので，この長さをそのまま比として使えば，$\theta = 30^\circ$ のときの各辺の長さの比は，$\mathrm{AC} : \mathrm{AB} : \mathrm{BC} = \sqrt{3} : 2 : 1$ である（**図 7.6**）．

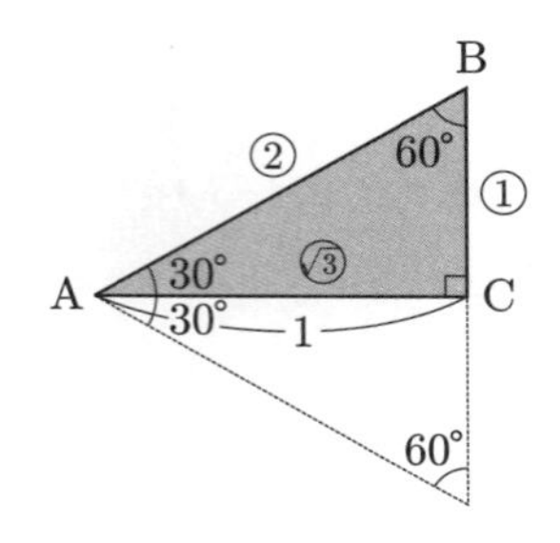

図 7.6　$\theta = 30^\circ$ の直角三角形 ABC

よって，$\mathrm{BC} : \mathrm{AC} = 1 : \sqrt{3}$, $\mathrm{AC} = 1$ より，$\mathrm{BC} = \dfrac{1}{\sqrt{3}}$．また，$\mathrm{AB} : \mathrm{AC} = 2 : \sqrt{3}$, $\mathrm{AC} = 1$ より，$\mathrm{AB} = \dfrac{2}{\sqrt{3}}$．したがって，

$$\sin 30^\circ = \frac{\mathrm{BC}}{\mathrm{AB}} = \frac{1}{2}, \qquad \cos 30^\circ = \frac{\mathrm{AC}}{\mathrm{AB}} = \frac{\sqrt{3}}{2}, \qquad \tan 30^\circ = \frac{\mathrm{BC}}{\mathrm{AC}} = \frac{1}{\sqrt{3}} \tag{7.7}$$

がいえる．　◇

注意 7.3　例題 7.1 (2) は次のように考えてもよい．

$\theta = 30^\circ$ であれば，これは $\theta = 60^\circ$ のときの θ が角 B と入れ替わったものと同じだから，各辺の長さも適切に入れ替えればよく，その結果，

$$\sin 30^\circ = \frac{1}{2}, \qquad \cos 30^\circ = \frac{\sqrt{3}}{2}, \qquad \tan 30^\circ = \frac{1}{\sqrt{3}} \tag{7.8}$$

がいえる．

なお，このように考えると，$\theta = 30^\circ$ のときは b の長さが $\sqrt{3}$ になってしまうが，サイン，コサイン，タンジェントはどれも比を考えているため，結果的に $b = 1$ で考えた場合と同じ値になり，問題ない．

いま，例と例題で考えた $\theta = 30°, 45°, 60°$ の場合は，$0° < \theta < 90°$ の範囲の中では，サイン，コサイン，タンジェントの値が容易に求まる角度で，これらを扱う際には知っておくべき値である．ただし，必要になった際にその場で，いまのように直角三角形を描いて値が導出できればよいので，必ずしも値を暗記する必要はない．

7・3　三角関数に向けて

もはや直角三角形とはいえなくなるが，$\theta = 0°, 90°$ の場合もサイン，コサイン，タンジェントを考えることができる．このときの値も知っておくべきである．

$\boldsymbol{\theta = 0°}$ の場合

$b = 1$ としたまま b の長さは変えず，また直角三角形であることを保ちながら，θ を $0°$ に近づけていく場面を想像すればよい．そうすると，a と c の長さは変わっていき，a は 0 に，c は 1 に近づいていくことがわかるだろう（**図 7.7**）．

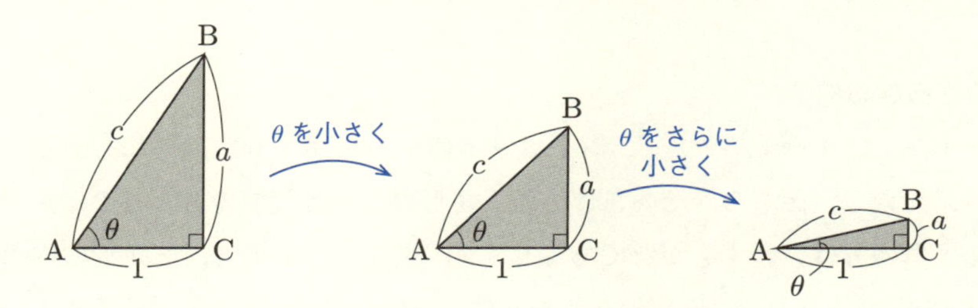

図 7.7　$\theta = 0°$ の直角三角形を作るイメージ

そして，極限的に $\theta = 0°$ となれば，$a = 0$, $c = 1$ となる．したがって，

$$\sin 0° = 0, \qquad \cos 0° = 1, \qquad \tan 0° = 0 \tag{7.9}$$

がいえる．

$\boldsymbol{\theta = 90°}$ の場合

$\theta = 60°$ と $\theta = 30°$ のときの関係と同じように考えればよい．あるいは，わ

かりにくければ，$a=1$ として，直角三角形であることを保ちながら，θ を 90° に近づけていく場面を想像すればよい．このとき b と c の長さは変わっていく（**図 7.8**）．

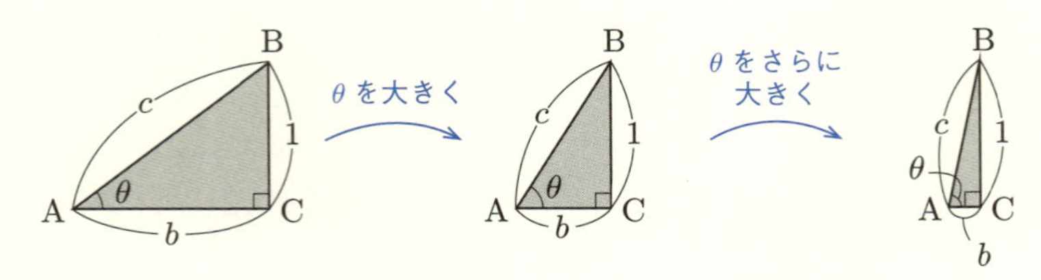

図 7.8　$\theta=90^\circ$ の直角三角形を作るイメージ

どちらの方法で考えても，極限的に $\theta=90^\circ$ となれば，$a=1$, $b=0$, $c=1$ となることがわかるため，

$$\sin 90^\circ=1, \qquad \cos 90^\circ=0, \qquad \tan 90^\circ=\text{定義できない} \tag{7.10}$$

がいえる．タンジェントに関しては，分母が0になってしまうことから，定義できない [6]．

θ のさらなる拡張

サイン，コサイン，タンジェントは θ の値を $0^\circ \leq \theta \leq 90^\circ$ の外にも拡張できる [7]．ただし，どちらもそのまま直角三角形の角度としての考え方では無理である．負の方はいわずもがなであるし，90° より大きい方も，三角形の内角の和は 180° であるため，直角の 90° を除けば，残りの2つの角度を合わせて 90° しかないからである．ではどう拡張すればよいだろうか．

角度の拡張を考えるため，$c=1$ として，θ の大きさを変えて，様子を観察し

---

6) 極限で考えれば $\tan 90^\circ=\infty$ とできる．しかし，今後 θ の値を $0^\circ \leq \theta \leq 90^\circ$ の外にも拡張するが，そうすると 90° に 0° の方から近づけるのか（左極限），180° の方から近づけるのか（右極限）によって，$+\infty$ になるか $-\infty$ になるかの違いが生じる．

7) この拡張は，90° より大きい方にも，0° より小さい方（負値）にも可能である．

てみよう[8]．しかし，底辺である b や a の大きさを固定する場合と違い，斜辺である c を固定したまま角度を変えるとイメージがしにくい．そこで，xy 座標を用意し，角 A を原点 O に，辺 AC を x 軸上（正の方）においてみる．このとき，点 B は第一象限にある[9]．いま，θ を $0° \leq \theta \leq 90°$ の範囲で動かすと，点 B は原点中心，半径 1 の円の円周上を動く[10]（**図 7.10**）．

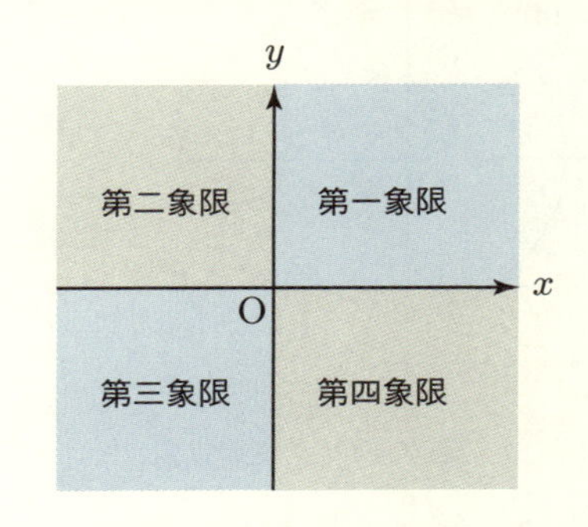

図 7.9　象限

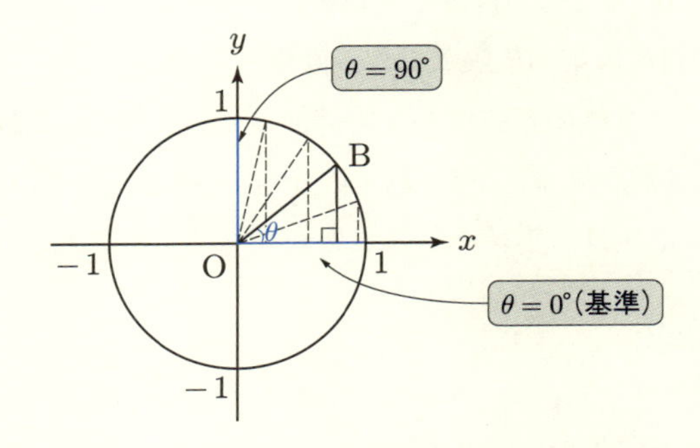

図 7.10　$c = 1$ として θ の大きさを変えたとき

点 B を，x 軸や y 軸を越えてこの円周上で動かして，点 B から x 軸に垂線を

---

8) サイン，コサイン，タンジェントは直角三角形の各辺の比なので，どの辺の長さを 1 にして考えてもよい．

9) **象限**は xy 座標上で，x と y の正負の組み合わせで決まる場所の名前である（**図 7.9**）．

10) 正確には，第一象限にある扇形の弧上を動く．

下ろせば，他の象限にも直角三角形を作ることができる．このとき，θ は x 軸の正の側から反時計回りの角度を表している（**図 7.11**）．これを角度の“拡張”と考える．

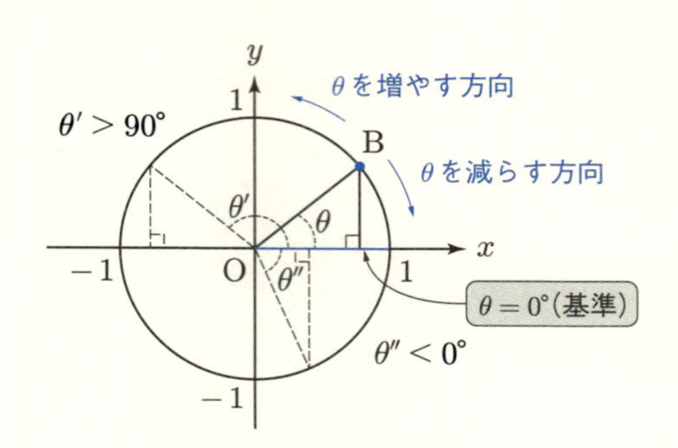

図 7.11　角度の拡張

これにより，90° から 180° までの角度は第二象限にできる直角三角形の“角度”，180° から 270° までの角度は第三象限にできる直角三角形の“角度”，270° から 360° までの角度は第四象限にできる直角三角形の“角度”とわかる．また，負の角度は逆回り（x 軸の正の側から時計回り）の“角度”とわかる．

点 B を 1 周以上動かせば，360° 以上の θ も，$-360°$ 以下の θ も考えることができるため，θ は任意の実数をとることができるようになった．

拡張した θ の三角比

残りの問題として，サイン，コサイン，タンジェントの値がある．点 B が円周上を 1 周する間に，合同な直角三角形が各象限に 1 つずつ，計 4 つできるが，これらは向きが異なる（**図 7.12**）．

これらは回転や反転（ひっくり返す）という移動を考えれば，一致させることはできるが，そのままでは別の直角三角形であるため，サイン，コサイン，タンジェントの値も区別したい．

そこで，合同な三角形である点は考慮しながら，区別する方法として，**比を作るときの長さに座標の値を使うことにする**．長さが負の値になってしまうが，

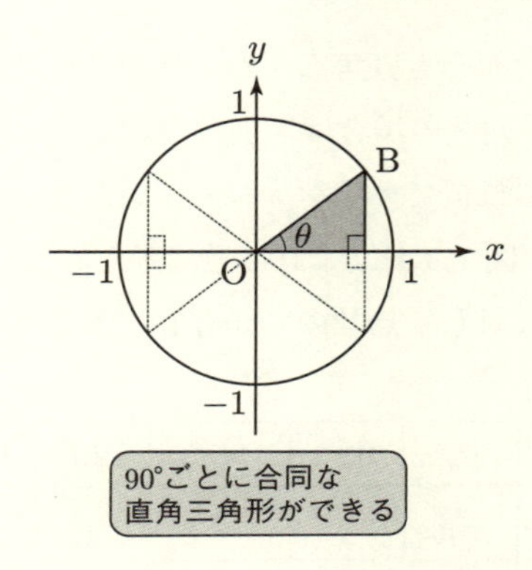

図 7.12 各象限にできる合同な直角三角形

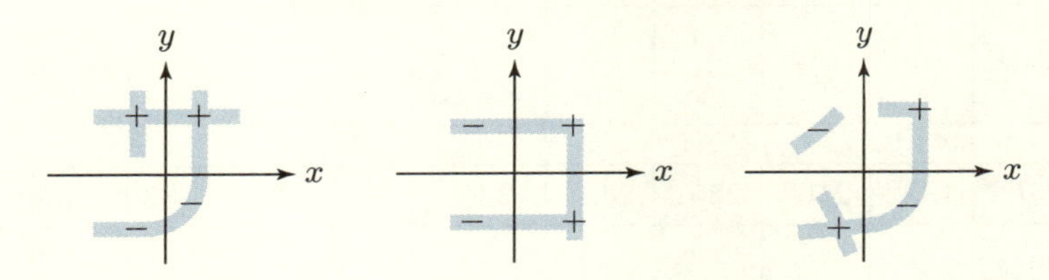

図 7.13 サイン，コサイン，タンジェントの値の正負の覚え方

これを許すことで区別することができる．ただし，例えばサインのみを比べるだけでは 2 つまでしか区別できない．サインは第一象限と第二象限にある場合は正で，第三象限と第四象限にある場合は負で同じ値になるからである．

コサインもタンジェントも同様で，2 つまでしか区別できない．しかし，それぞれ同じ値になる象限の組み合わせが異なるため，サイン，コサイン，タンジェントの 3 つの値を組にすれば，4 つの直角三角形を区別できるようになる [11)]．

注意 7.4 この値の区別は，円周の 1 周分しかできない．2 周目以降や逆向きでは同じ位置にできる直角三角形はサイン，コサイン，タンジェントの値で区

11) 偶然だが（かつ，やや無理やり感があるが），サイン，コサイン，タンジェントをカタカナで書いたときの頭文字の形で，正の値をとるか負の値をとるかがわかる．文字の線で，交点ができる，あるいは，カクッと曲がる部分がある象限が + で，そうでない象限が − になる（**図 7.13**）．

別できない．しかし，そもそも直角三角形自体がそのまま一致して区別できないため，2周目以降や逆向きの場合は区別しないことにする．つまり，あくまでも直角三角形ができる位置でサイン，コサイン，タンジェントの値を区別することにするのである（**図 7.14**）．これは逆に考えると，1つのサイン，コサイン，タンジェントの値に対し，無数の θ が存在することになる．

θ	$0°$	$30°$	$45°$	$60°$	$90°$	$120°$	$135°$	$150°$	$180°$
$\sin\theta$	0	$\frac{1}{2}$	$\frac{1}{\sqrt{2}}$	$\frac{\sqrt{3}}{2}$	1	$\frac{\sqrt{3}}{2}$	$\frac{1}{\sqrt{2}}$	$\frac{1}{2}$	0
$\cos\theta$	1	$\frac{\sqrt{3}}{2}$	$\frac{1}{\sqrt{2}}$	$\frac{1}{2}$	0	$-\frac{1}{2}$	$-\frac{1}{\sqrt{2}}$	$-\frac{\sqrt{3}}{2}$	-1
$\tan\theta$	0	$\frac{1}{\sqrt{3}}$	1	$\sqrt{3}$	∞ / $-\infty$	$-\sqrt{3}$	-1	$-\frac{1}{\sqrt{3}}$	0

θ	$180°$	$210°$	$225°$	$240°$	$270°$	$300°$	$315°$	$330°$	$360°$
$\sin\theta$	0	$-\frac{1}{2}$	$-\frac{1}{\sqrt{2}}$	$-\frac{\sqrt{3}}{2}$	-1	$-\frac{\sqrt{3}}{2}$	$-\frac{1}{\sqrt{2}}$	$-\frac{1}{2}$	0
$\cos\theta$	-1	$-\frac{\sqrt{3}}{2}$	$-\frac{1}{\sqrt{2}}$	$-\frac{1}{2}$	0	$\frac{1}{2}$	$\frac{1}{\sqrt{2}}$	$\frac{\sqrt{3}}{2}$	1
$\tan\theta$	0	$\frac{1}{\sqrt{3}}$	1	$\sqrt{3}$	∞ / $-\infty$	$-\sqrt{3}$	-1	$-\frac{1}{\sqrt{3}}$	0

図 7.14　サイン，コサイン，タンジェントの値

7・4　弧度法

ここまで，角度を表すのに，円の1周分を $360°$ とする**度数法**（どすうほう）を用いてきた．しかし，これはとても人工的な定義[12]であり，数学的には円の1周を $360°$ としなくても問題ない．

そこで，より自然な単位として，**ラジアン**というものを導入する．記号は rad であり，この表し方を**弧度法**（こどほう）という．ラジアンは半径が1の円（**単位円**という）

12） 360が多くの公約数をもつため，割り切れる数が多いという理由などによる．

の円周の長さ 2π を角度に対応させた単位である．つまり，$360^\circ = 2\pi$ rad である[13]．

注意 7.5　度数法では，サイン，コサイン，タンジェントの角度のところは ° の単位まで書いていたが，弧度法では単位の rad は省略する．つまり，例えば $\sin 45^\circ$ は $\sin \frac{\pi}{4}$ と書く．

度数法と弧度法の間の変換は，比で考えればよい．a° をラジアンで表したければ，

$$a : x = 360 : 2\pi \tag{7.11}$$

から $x = \frac{2\pi}{360} a$ とすればよい（**図 7.15**）．

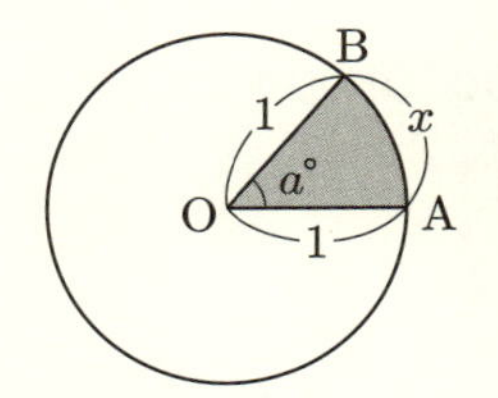

図 7.15　弧度法

例題 7.2　$0^\circ, 30^\circ, 60^\circ$ を弧度法で表せ．

解　(7.11) で $a = 0, 30, 60$ とすることで，それぞれ，$x = 0, \frac{\pi}{6}, \frac{\pi}{3}$．よって，$0^\circ = 0$ rad, $30^\circ = \frac{\pi}{6}$ rad, $60^\circ = \frac{\pi}{3}$ rad.　◇

また，逆に，b rad を度で表したければ，

$$y : b = 360 : 2\pi \tag{7.12}$$

---

13)　π も人工的だと感じる人もいるかもしれない．しかし，円周率に π という記号（文字）を使うことは人工的だが，円周率自体は円を描けば自然に決まる数値である．

から $y = \dfrac{360}{2\pi}b$ とすればよいこともわかるだろう．

例題 7.3　$\dfrac{\pi}{4}$ rad, $\dfrac{\pi}{2}$ rad を度数法で表せ．　□□□

解　(7.12) で $b = \dfrac{\pi}{4}, \dfrac{\pi}{2}$ とすることで，それぞれ，$y = 45, 90$．よって，$\dfrac{\pi}{4}$ rad $=$ $45°$，$\dfrac{\pi}{2}$ rad $= 90°$．　◇

弧度法は角度に円周率や分数が出てきてわかりにくいと感じるかもしれないが，計算をする際に便利なことが多い．例えば，**9・5** でまなぶサイン，コサイン，タンジェントの微分を計算するときは，度数法では余分な係数が必要になるため，非常に煩（わずら）わしいが，弧度法ならばその心配はない．

7・5　三角関数

前小節の最後で，「サイン，コサイン，タンジェントの微分」と述べたが，微分は関数の計算の一種である．つまり，サイン，コサイン，タンジェントも関数でなければならない．実際，これらは角度の範囲を定義域とする関数として扱うことができ，3つまとめて**三角関数**とよぶ．しかも，その角度は実数全域にまで拡張できることはすでに見た [⇨ **7・3**]．したがって，三角関数は定義域が実数全域となる関数である．ただし，$90° = \dfrac{\pi}{2}$ のときに定義されなかったタンジェントは，$\dfrac{\pi}{2}$ の奇数倍の点 $\left(\pm\dfrac{\pi}{2}, \pm\dfrac{3}{2}\pi, \pm\dfrac{5}{2}\pi, \cdots\right)$ だけが除かれる．

角度を拡張したことで，定義 7.1 はそのまま適用できなくなってしまった．ここで **7・3** の説明をまとめることで，拡張バージョンを定義しておこう [14]．

---

14)　定義 7.2 は難しく感じるかもしれないが，**7・3** の説明を数学的にまとめただけなので，**7・3** の説明が理解できていれば，定義 7.2 がわからなくても問題ない．

定義 7.2（三角関数）

xy 座標上に原点 O 中心，半径 r の円 C を書き，この円の x 軸の正の位置との交点に点 $\mathrm{P} = \mathrm{P}(r, 0)$ をとる．

点 P を円 C の円周上で動かし，線分 OP の x 軸の正の方向からの角度を θ，このときの P の座標を (a, b) とする [15)]．ただし，角度は反時計回りを正，時計回りを負として，P が円周上を 1 周以上することも許し，θ の値で点 P がどちら回りに何周したかがわかるようにする [16)]（**図 7.16**）．

このとき，

$$\sin\theta = \frac{b}{r} = \frac{b}{\sqrt{a^2 + b^2}} \tag{7.13}$$

$$\cos\theta = \frac{a}{r} = \frac{a}{\sqrt{a^2 + b^2}} \tag{7.14}$$

$$\tan\theta = \frac{b}{a} \tag{7.15}$$

と定義する．

これらの θ の関数をまとめて，**三角関数**という．

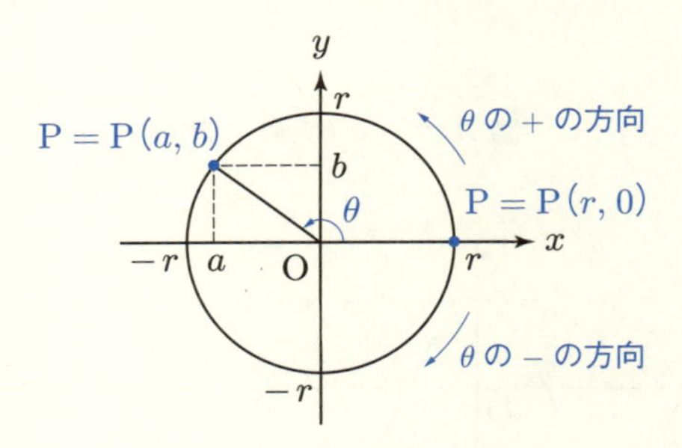

図 7.16 三角関数の定義のための図

三角関数の各値は，どれも $0^\circ \leq \theta \leq 360^\circ$，すなわち，$0 \leq \theta \leq 2\pi$ での値が繰り返される形になる．直角三角形が重なって一致するときは同じ値として角度を拡

15) 点 P は原点中心，半径 r の円周上の点なので，$r = \sqrt{a^2 + b^2}$ をみたす．

16) 点 P の座標 (a, b) ではわからないため．

張したからである．このように，一定の間隔でくり返し同じ値をとる関数を**周期**(しゅうき)**関数**といい，その間隔を**周期**という．三角関数の周期は，サインとコサインは 2π，タンジェントは π である．周期はグラフを描くとわかりやすいだろう[17]．グラフからもわかるように，サインとコサインは $-1 \leq \sin x \leq 1$, $-1 \leq \cos x \leq 1$ をみたす範囲しかとらない．

注意 7.6　タンジェントのグラフ（**図 7.19**）で，$\tan x$ が定義できない $x = \pm\dfrac{\pi}{2}, \pm\dfrac{3}{2}\pi, \cdots$ の位置に点線が描いてあるが，この直線を漸近線(ぜんきんせん)［⇨ **9・10**］という．一方，サインのグラフ（**図 7.17**）とコサインのグラフ（**図 7.18**）の $y = \pm 1$ の点線は漸近線ではない．

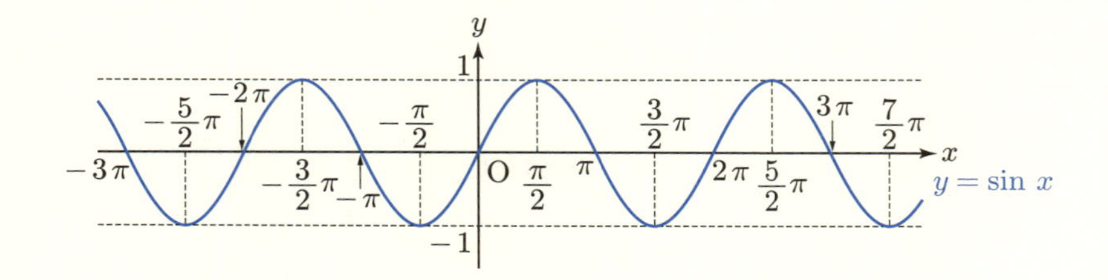

図 7.17　サインのグラフ

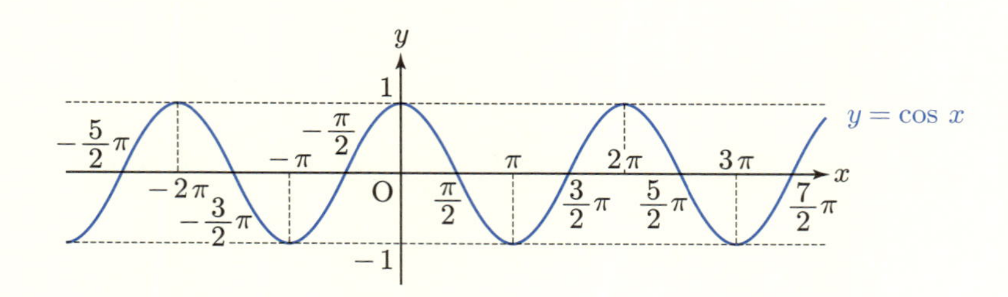

図 7.18　コサインのグラフ

---

17)　サインとコサインのグラフは，平行移動で一致する．このグラフの曲線を**サインカーブ**とよぶ．

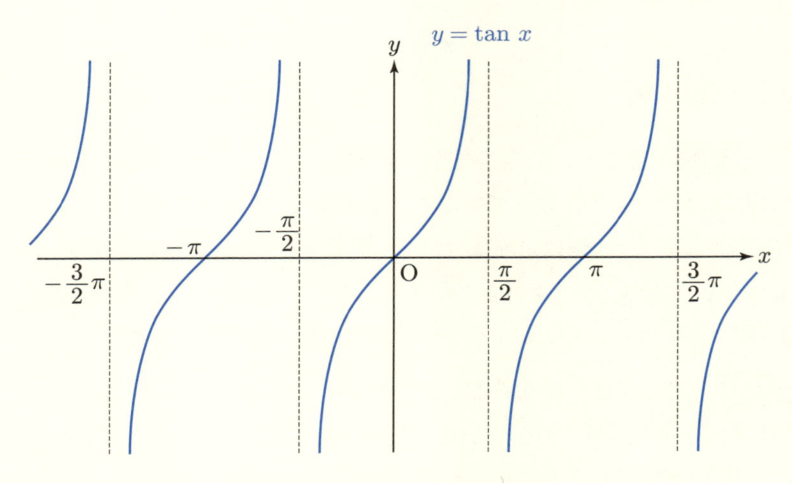

図 7.19 タンジェントのグラフ

7・6 三角関数の公式

三角関数は直角三角形の角度と各辺の比の話から定義されたが，不思議なことに三角形とは関係ないテーマでもよく登場する．例えば，家庭用コンセントで使われる交流電流の理論には不可欠であるし，雑音を消すノイズキャンセラーの仕組みにも三角関数が関係している．音では，音楽の和音や音色なども三角関数と関係がある．数学でも，関数を三角関数の和の形に展開するフーリエ展開という計算があるし，指数関数を三角関数と虚数単位で書くことができるオイラーの公式もある[18]．

定理 7.2（オイラーの公式）

$$e^{i\theta} = \cos\theta + i\sin\theta \tag{7.16}$$

がなりたつ．

なお，オイラーの公式で，$\theta = \pi$ を代入すれば，世界一美しい数式として有名な**オイラーの等式**

18) オイラーの名前がついた定理や公式はたくさんあるので，注意してほしい．

$$e^{i\pi} = -1 \tag{7.17}$$

を導くことができる．

よりみち 7.1　オイラーの等式を「世界一美しい数式として有名」と紹介したが，これは筆者が勝手にいっていることではなく，昔，数学者へのアンケート（Wells 氏が選んだ 24 個の定理について，美しさを 10 点満点でつける）による「美しいと思う定理」のランキングがあり，その 1 位（最高点）がオイラーの等式だった．ちなみに，2 位もオイラーの定理（多面体定理）である [19]．

注意 7.7　三角関数を扱う際に知っておくべき公式がいくつかある．一般的な教科書を見ると，多くの公式が覚えるべきものとして載っているが，実は間違えずに覚えておくべき公式はそれほど多くなく，この小節で紹介する定理 [20] と，次の小節で紹介する加法定理（定理 7.15）くらいで十分である．他は主に加法定理から容易に導出できるため，おおよその形や導出方法を知っていれば，無理に暗記する必要はない．

定理 7.3（三角関数の基本公式）（重要）

任意の θ に対し，

(1)　$$\sin^2\theta + \cos^2\theta = 1 \tag{7.18}$$

(2)　$$\tan\theta = \frac{\sin\theta}{\cos\theta} \tag{7.19}$$

がなりたつ．

どちらも θ はすべての実数でなりたつが，証明は簡単な $0 < \theta < \dfrac{\pi}{2}$ の場合のみを考えることにする．

---

[19] D. Wells, "Which Is the Most Beautiful?", The Mathematical Intelligencer, vol.10, no.4, 30–31 (1988), D. Wells, "Are These the Most Beautiful?", The Mathematical Intelligencer, vol.12, no.3, 37–41 (1990).

[20] ただし，定理 7.4 は定理 7.3 から容易に導けるので，おおよその形と導出方法だけでよい．

証明　(1)　図 7.3 のように角度と辺の長さがあたえられた直角三角形 ABC を考えると，サインとコサインの定義（定義 7.1）より，

$$\sin^2\theta + \cos^2\theta = \frac{a^2}{c^2} + \frac{b^2}{c^2} = \frac{a^2+b^2}{c^2} \tag{7.20}$$

となる．ここで，ピタゴラスの定理（定理 7.1）より，$c^2 = a^2 + b^2$ がなりたつから，

$$\frac{a^2+b^2}{c^2} = \frac{c^2}{c^2} = 1 \tag{7.21}$$

となり，$\sin^2\theta + \cos^2\theta = 1$ がなりたつことがいえた．

(2)　図 7.3 のように角度と辺の長さがあたえられた直角三角形 ABC を考えると，サイン，コサイン，タンジェントの定義（定義 7.1）より，

$$\frac{\sin\theta}{\cos\theta} = \frac{\frac{a}{c}}{\frac{b}{c}} = \frac{a}{b} = \tan\theta \tag{7.22}$$

より，なりたつことがいえた．◇

この定理より，式変形だけで次の公式もなりたつ．

定理 7.4（タンジェントの公式）（重要）

任意の θ に対し，

$$1 + \tan^2\theta = \frac{1}{\cos^2\theta} \tag{7.23}$$

がなりたつ．

証明

$$\begin{aligned} 1 + \tan^2\theta &\overset{\because \text{定理 7.3 (2)}}{=} 1 + \left(\frac{\sin\theta}{\cos\theta}\right)^2 \\ &= \frac{\cos^2\theta}{\cos^2\theta} + \frac{\sin^2\theta}{\cos^2\theta} \\ &= \frac{\cos^2\theta + \sin^2\theta}{\cos^2\theta} \\ &\overset{\because \text{定理 7.3 (1)}}{=} \frac{1}{\cos^2\theta}. \end{aligned} \tag{7.24}$$

◇

次の定理は，§12 でベクトルをまなぶ際にも重要になる．

定理 7.5（余弦定理）（重要）

図 7.20 のように各辺の長さと角度 θ をあたえた三角形 ABC に対し，

$$a^2 = b^2 + c^2 - 2bc\cos\theta \tag{7.25}$$

がなりたつ．

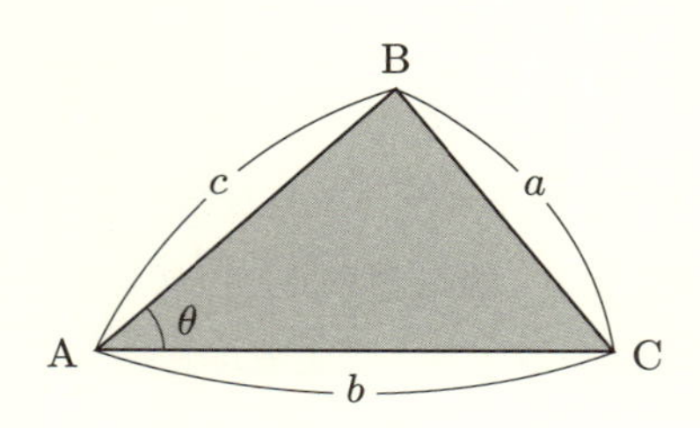

図 7.20　余弦定理のための図

θ が鋭角の場合を示す．θ が鈍角でも同様の方法で示せる．

証明　**図 7.21** のように頂点 B から辺 AC に垂線を下ろし，その足（あし）[21] を D とすると，ピタゴラスの定理（定理 7.1）より，

$$\mathrm{AB}^2 = \mathrm{AD}^2 + \mathrm{BD}^2, \qquad \mathrm{BC}^2 = \mathrm{CD}^2 + \mathrm{BD}^2 \tag{7.26}$$

がなりたち，これらより，

$$\mathrm{BC}^2 = \mathrm{CD}^2 + \mathrm{AB}^2 - \mathrm{AD}^2 \tag{7.27}$$

がいえる．また，

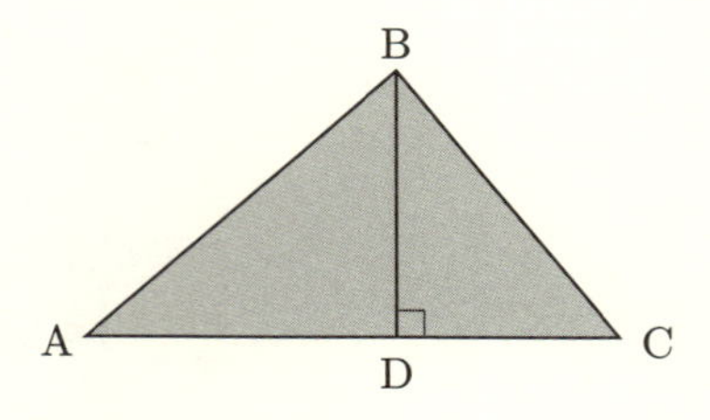

図 7.21　余弦定理，正弦定理の証明のための図

21)　ある直線（や平面）と，その垂線との交点を**足**（あし）という．

$$\mathrm{CD} = \mathrm{AC} - \mathrm{AD} \tag{7.28}$$

である．コサインの定義（定義 7.1）より，

$$\cos\theta = \frac{\mathrm{AD}}{\mathrm{AB}} \tag{7.29}$$

だから，

$$\mathrm{AD} = \mathrm{AB} \times \cos\theta \tag{7.30}$$

もいえる．(7.28), (7.30) と，$\mathrm{BC} = a$, $\mathrm{AC} = b$, $\mathrm{AB} = c$ を (7.27) に代入すると，

$$\begin{aligned} a^2 &= (b - c\cos\theta)^2 + c^2 - (c\cos\theta)^2 \\ &= b^2 + c^2 - 2bc\cos\theta \end{aligned} \tag{7.31}$$

となる．◇

余弦定理より覚える優先度は下がるが，次の定理も重要である．

定理 7.6（正弦定理）（重要）

図 7.22 のように各辺の長さと角度をあたえた三角形 ABC に対し，

$$\frac{\sin A}{a} = \frac{\sin B}{b} = \frac{\sin C}{c} \tag{7.32}$$

がなりたつ．

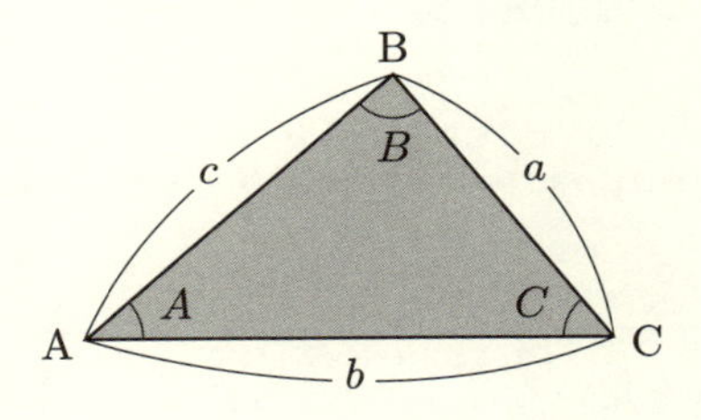

図 7.22　正弦定理のための図

証明　まず，$\dfrac{\sin A}{a} = \dfrac{\sin C}{c}$ を示す．**図 7.21** のように頂点 B から辺 AC に垂線を下ろし，その足を D とすると，三角形 ABD について，サインの定義（定義 7.1）より，

$$\sin\theta = \frac{\mathrm{BD}}{\mathrm{AB}} \tag{7.33}$$

だから，

$$\mathrm{BD} = \mathrm{AB} \times \sin A = c\sin A \tag{7.34}$$

がなりたつ．同様に，三角形 CBD について，

$$\mathrm{BD} = \mathrm{BC} \times \sin C = a\sin C \tag{7.35}$$

がなりたつ．したがって，

$$c\sin A = a\sin C \tag{7.36}$$

がいえるため，整理すれば，$\dfrac{\sin A}{a} = \dfrac{\sin C}{c}$ がなりたつ．

頂点 A から辺 BC に垂線を下ろし，同様に考えれば，$\dfrac{\sin B}{b} = \dfrac{\sin C}{c}$ がなりたつこともいえる．◇

7・7　三角関数の加法定理

次の定理は，三角関数を扱う際によく利用するうえ，三角関数の公式の多くで証明の基本となる定理である［⇨ 証明は 問 7.7］．

定理 7.7（コサインの加法定理）

任意の α, β について，

$$\cos(\alpha - \beta) = \cos\alpha\cos\beta + \sin\alpha\sin\beta \tag{7.37}$$

がなりたつ．

コサインの加法定理を用いると，次がなりたつことが容易にわかる．

定理 7.8（コサインの性質・サインの性質）

任意の θ に対し，次の 5 つがなりたつ．

(1)　$\cos(-\theta) = \cos\theta$　(7.38)

(2)　$\cos\left(\dfrac{\pi}{2} - \theta\right) = \sin\theta$　(7.39)

(3)　$\cos(\pi - \theta) = -\cos\theta$　(7.40)

(4)　$\sin\left(\frac{\pi}{2} - \theta\right) = \cos\theta$　(7.41)

(5)　$\sin(\pi - \theta) = \sin\theta$　(7.42)

証明　コサインの加法定理（定理 7.7）で $\beta = \theta$ とする．このとき，$\alpha = 0$ とすると，(1) がなりたつ．$\alpha = \frac{\pi}{2}$ とすると，(2) がなりたつ．$\alpha = \pi$ とすると，(3) がなりたつ．

(4) と (5) の証明は例題 7.4.　◇

例題 7.4　定理 7.8 の (4) と (5) を示せ．　

解　(2) で，θ を $\frac{\pi}{2} - \theta$ とおくと，

$$\sin\left(\frac{\pi}{2} - \theta\right) = \cos\left(\frac{\pi}{2} - \left(\frac{\pi}{2} - \theta\right)\right) = \cos\theta \tag{7.43}$$

とできるから，(4) がなりたつ．

また，(2) で，θ を $\pi - \theta$ とおくと，

$$\begin{aligned}\sin(\pi - \theta) &= \cos\left(\frac{\pi}{2} - (\pi - \theta)\right) = \cos\left(\theta - \frac{\pi}{2}\right) \\ &\overset{\because \text{定理 } 7.7}{=} \cos\theta\cos\frac{\pi}{2} + \sin\theta\sin\frac{\pi}{2} = \sin\theta \end{aligned}\tag{7.44}$$

とできるから，(5) もなりたつ．　◇

これより，サインの加法定理もいえる[22]．

定理 7.9（サインの加法定理）

任意の α, β について，

$$\sin(\alpha + \beta) = \sin\alpha\cos\beta + \cos\alpha\sin\beta \tag{7.45}$$

[22] 以降，本小節の定理の証明は読者への演習問題とする（）．

がなりたつ．

サインの加法定理を用いると，次がなりたつことが容易にわかる．

定理 7.10（サインの性質）

任意の θ に対し，次がなりたつ．

$$\sin(-\theta) = -\sin\theta \tag{7.46}$$

この公式を用いると，コサインの加法定理（定理 7.7）とサインの加法定理（定理 7.9）の β の符号が逆のバージョンがいえる．

定理 7.11（コサインの加法定理）

任意の α, β について，

$$\cos(\alpha+\beta) = \cos\alpha\cos\beta - \sin\alpha\sin\beta \tag{7.47}$$

がなりたつ．

定理 7.12（サインの加法定理）

任意の α, β について，

$$\sin(\alpha-\beta) = \sin\alpha\cos\beta - \cos\alpha\sin\beta \tag{7.48}$$

がなりたつ．

さらに，コサインの加法定理とサインの加法定理を用いると，タンジェントの加法定理がいえる．

定理 7.13（タンジェントの加法定理）

タンジェントが定義できる任意の角度 α, β について，

(1)　$$\tan(\alpha+\beta) = \frac{\tan\alpha + \tan\beta}{1 - \tan\alpha\tan\beta} \tag{7.49}$$

(2)　$$\tan(\alpha-\beta) = \frac{\tan\alpha - \tan\beta}{1 + \tan\alpha\tan\beta} \tag{7.50}$$

がなりたつ．ただし，$\alpha+\beta$, $\alpha-\beta$ はタンジェントが定義できる値をとるとする．

注意 7.8 タンジェントの加法定理の「$\alpha, \beta, \alpha+\beta, \alpha-\beta$ はタンジェントが定義できる」という条件は，極限の操作を認めれば必要ない．これはタンジェントを扱う際は同様であるため，以下では，とくに混乱のない限り，この条件を省略する．

また，タンジェントに関して，次がなりたつことも容易に示せる．

定理 7.14（タンジェントの性質）

任意の θ に関して，次の 3 つがなりたつ．

(1) $$\tan(-\theta) = -\tan\theta \tag{7.51}$$

(2) $$\tan\left(\frac{\pi}{2} - \theta\right) = \frac{1}{\tan\theta} \tag{7.52}$$

(3) $$\tan(\pi - \theta) = -\tan\theta \tag{7.53}$$

加法定理はまとめて覚えておいた方がよい公式であるが，導出の関係でバラバラに書かざるをえなかったため，ここでまとめておく．

定理 7.15（加法定理（再掲））（重要）

任意の α, β について，

(1) $$\cos(\alpha \pm \beta) = \cos\alpha\cos\beta \mp \sin\alpha\sin\beta \tag{7.54}$$

(2) $$\sin(\alpha \pm \beta) = \sin\alpha\cos\beta \pm \cos\alpha\sin\beta \tag{7.55}$$

(3) $$\tan(\alpha \pm \beta) = \frac{\tan\alpha \pm \tan\beta}{1 \mp \tan\alpha\tan\beta} \tag{7.56}$$

がなりたつ[23]．ただし，複号同順である．

7・8　三角関数の加法定理から導ける公式

以下，加法定理（定理 7.15）から導出できる三角関数に関する公式を紹介する．

定理 7.16（倍角の公式）

任意の θ について，

(1)　$$\sin(2\theta) = 2\sin\theta\cos\theta \tag{7.57}$$

(2)　$$\begin{aligned}\cos(2\theta) &= \cos^2\theta - \sin^2\theta \\ &= 1 - 2\sin^2\theta \\ &= 2\cos^2\theta - 1\end{aligned} \tag{7.58}$$

(3)　$$\tan(2\theta) = \frac{2\tan\theta}{1-\tan^2\theta} \tag{7.59}$$

がなりたつ．

証明　各加法定理で，$\alpha = \beta = \theta$ のときを考えれば，(1) と，(2) の 1 行目と，(3) については明らかである．(2) の 2 行目と 3 行目は，(2) の 1 行目で $\sin^2\theta + \cos^2\theta = 1$（定理 7.3）を使い，$\cos^2\theta$ を消去すれば 2 行目，$\sin^2\theta$ を消去すれば 3 行目が得られる（✍）．　◇

次の半角の公式は，三角関数の積分の計算のときに必要となる場合がある．

---

23) 語呂合わせでの覚え方もいろいろ知られている．筆者は，左辺のプラスの方を基準に，コサインは「コスモスコスモスー，咲いた咲いた」，サインは「咲いたコスモスだ，コスモス咲いた」，タンジェントは（分母から分子へ）「1弦タン・タン，タン・タ・タン」で，左辺がマイナスのときは右辺に書かれている符号をすべて逆にすればよいと教わった．ちなみに，コサインでの「ー」は長音記号（音をのばす棒）で，タンジェントでの「弦」がマイナスに対応するのは，ギターやバイオリンの弦からのイメージである．

定理 7.17（半角の公式）

任意の θ について，

(1)　$$\sin^2\frac{\theta}{2}=\frac{1-\cos\theta}{2} \tag{7.60}$$

(2)　$$\cos^2\frac{\theta}{2}=\frac{1+\cos\theta}{2} \tag{7.61}$$

(3)　$$\tan^2\frac{\theta}{2}=\frac{1-\cos\theta}{1+\cos\theta} \tag{7.62}$$

がなりたつ．

証明　コサインの倍角の公式（定理 7.16 (2)）で，θ を $\frac{\theta}{2}$ とおくと，2 行目から (1) が，3 行目から (2) が得られる．(3) は，$\tan\frac{\theta}{2}=\frac{\sin\frac{\theta}{2}}{\cos\frac{\theta}{2}}$ より得られる (✍)．　◇

定理 7.18（積和の公式）

任意の α, β について，

(1)　$$\sin\alpha\sin\beta=-\frac{1}{2}(\cos(\alpha+\beta)-\cos(\alpha-\beta)) \tag{7.63}$$

(2)　$$\cos\alpha\cos\beta=\frac{1}{2}(\cos(\alpha+\beta)+\cos(\alpha-\beta)) \tag{7.64}$$

(3)　$$\sin\alpha\cos\beta=\frac{1}{2}(\sin(\alpha+\beta)+\sin(\alpha-\beta)) \tag{7.65}$$

(4)　$$\cos\alpha\sin\beta=\frac{1}{2}(\sin(\alpha+\beta)-\sin(\alpha-\beta)) \tag{7.66}$$

がなりたつ．

証明　コサインの加法定理より，

$$\cos(\alpha+\beta)+\cos(\alpha-\beta)=2\cos\alpha\cos\beta \tag{7.67}$$

がいえるから，これを整理すれば (2) がなりたつことがいえる．

また，コサインの加法定理より，

$$\cos(\alpha+\beta)-\cos(\alpha-\beta)=-2\sin\alpha\sin\beta \tag{7.68}$$

もいえるから，これを整理すれば (1) がなりたつことがいえる．

サインの加法定理より，

$$\sin(\alpha+\beta)+\sin(\alpha-\beta)=2\sin\alpha\cos\beta \tag{7.69}$$

がいえるから，これを整理すれば (3) がなりたつことがいえる．

また，サインの加法定理より，

$$\sin(\alpha+\beta)-\sin(\alpha-\beta)=2\cos\alpha\sin\beta \tag{7.70}$$

がいえるから，これを整理すれば (4) がなりたつことがいえる．◇

定理 7.19（和積の公式）

任意の α, β について，

(1) $$\cos\alpha-\cos\beta=-2\sin\frac{\alpha+\beta}{2}\sin\frac{\alpha-\beta}{2} \tag{7.71}$$

(2) $$\cos\alpha+\cos\beta=2\cos\frac{\alpha+\beta}{2}\cos\frac{\alpha-\beta}{2} \tag{7.72}$$

(3) $$\sin\alpha+\sin\beta=2\sin\frac{\alpha+\beta}{2}\cos\frac{\alpha-\beta}{2} \tag{7.73}$$

(4) $$\sin\alpha-\sin\beta=2\sin\frac{\alpha-\beta}{2}\cos\frac{\alpha+\beta}{2} \tag{7.74}$$

がなりたつ．

証明　積和の公式で，α を $\dfrac{\alpha+\beta}{2}$，β を $\dfrac{\alpha-\beta}{2}$ とおいて，整理すると，それぞれが求まる (✍)．◇

7・9　三角方程式

三角関数でも方程式を考えることができる．

定義 7.3（三角方程式）

いくつかの三角関数と定数項の和と積でできた関数 $f(x)$ に対し，$f(x)=0$ を**三角方程式**という．

三角方程式はサイン，コサイン，タンジェントが交じる形になることもある．

また，三角方程式を考える際は，通常は定義域を実数全域とするが，円1周分（$0 \leq x < 2\pi$）に制限されることもあるので注意が必要である．本書では，とくに明記しない限り，実数全域を定義域とする．

例 7.2　$2\sin x - 1 = 0$ は，整理すると $\sin x = \frac{1}{2}$ となる．これをみたす x は，$0 \leq x < 2\pi$ のとき，$x = \frac{\pi}{6}, \frac{5}{6}\pi$ であるが，x の範囲が実数全域ならば，2π（1周）ごとに同じ値が得られるため，解は $x = \frac{\pi}{6} + 2n\pi,\ \frac{5}{6}\pi + 2n\pi$．ただし，$n$ は整数． ◆

注意 7.9　三角方程式を解くときは，加法定理を始めとする各公式を利用し，変数部分をサイン，コサイン，タンジェントのいずれかにそろえる必要がある．そして，そのときのサイン，コサイン，タンジェントに対し，円1周分（$0 \leq x < 2\pi$）のときの角度を求めて基本の解として，それを実数全域に拡張する．この際，角度部分に定数が含まれる場合は，まとめて考えることがコツである．また，三角関数は周期的に同じ値が得られるため，通常は無限個の解が存在することになる．

例題 7.5　三角方程式 $-2\cos^2 x + 3\sin x = 0$ を解け．□□□

解　$-2\cos^2 x + 3\sin x = -2(1 - \sin^2 x) + 3\sin x = 2\sin^2 x + 3\sin x - 2$ より，$2\sin^2 x + 3\sin x - 2 = 0$ がいえる．

$t = \sin x$ とおくと，$2t^2 + 3t - 2 = 0$ となるが，左辺を因数分解すれば，$(2t - 1)(t + 2) = 0$ となる．

よって，$t = \frac{1}{2}, -2$ であるが，$t = \sin x$ とおいているので，$-1 \leq \sin x \leq 1$ より，$-1 \leq t \leq 1$ であることに注意すれば，$t = -2$ は不適切なので，$t = \frac{1}{2}$．

よって，$\sin x = \frac{1}{2}$ より，$x = \frac{\pi}{6} + 2n\pi,\ \frac{5}{6}\pi + 2n\pi$．ただし，$n$ は整数． ◇

例 7.3　三角方程式 $\sin x + \cos x - 1 = 0$ を解く．

加法定理より $\sin\left(x + \dfrac{\pi}{4}\right) = \dfrac{1}{\sqrt{2}}\sin x + \dfrac{1}{\sqrt{2}}\cos x$ であることを利用すると，$\sin x + \cos x - 1 = 0$ は $\sin\left(x + \dfrac{\pi}{4}\right) = \dfrac{1}{\sqrt{2}}$ と変形できる．

これをみたす $x + \dfrac{\pi}{4}$ は，$0 \leq x + \dfrac{\pi}{4} < 2\pi$ のとき，$x + \dfrac{\pi}{4} = \dfrac{\pi}{4}, \dfrac{3}{4}\pi$ であるが，$x + \dfrac{\pi}{4}$ の範囲が実数全域ならば，2π ごとに同じ値が得られるため，解は $x + \dfrac{\pi}{4} = \dfrac{\pi}{4} + 2n\pi,\ \dfrac{3}{4}\pi + 2n\pi$．ただし，$n$ は整数．

よって，整理して，$x = 2n\pi,\ \dfrac{\pi}{2} + 2n\pi$．

（別解も存在する．例えば，$\sin x + \cos x = 1$ の両辺を2乗して考える方法があるが，この方法では2乗しているため $\sin x + \cos x = -1$ の解も一緒に求めていることに注意する必要がある．）　◆

この例では，導出過程で $\sin x + \cos x = \sqrt{2}\sin\left(x + \dfrac{\pi}{4}\right)$ という等式を利用している．このように，サインとコサインの和をサインだけ，あるいはコサインだけの式で表すことを，**三角関数の合成**という．

定理 7.20（三角関数の合成）（重要）

実数 θ と0でない実数 a, b に対し，

$$a\sin\theta + b\cos\theta = \sqrt{a^2 + b^2}\sin(\theta + \alpha) \tag{7.75}$$

がなりたつ．ただし，α は $\cos\alpha = \dfrac{a}{\sqrt{a^2 + b^2}},\ \sin\alpha = \dfrac{b}{\sqrt{a^2 + b^2}}$ をみたす実数である[24]．

証明　xy 平面上に $x = a, y = b$ となる点Pをとる．このとき，点Pから x 軸に垂線を下ろし，その足をHとすると，原点Oと点P, Hで直角三角形OPHが

---

[24]　α を $\tan\alpha = \dfrac{b}{a}$ をみたす実数と紹介している解説もあるようだが，これは不適切である．$0 < \alpha < \dfrac{\pi}{2}$ のときと $\pi < \alpha < \dfrac{3}{2}\pi$ のときが区別できないからである．

できる（**図 7.23**）．$\mathrm{OP} = \sqrt{a^2+b^2}$ であるから，角 O の大きさを α とおけば，

$$\cos\alpha = \frac{a}{\sqrt{a^2+b^2}}, \qquad \sin\alpha = \frac{b}{\sqrt{a^2+b^2}} \tag{7.76}$$

である．よって，

$$a = \sqrt{a^2+b^2}\cos\alpha, \qquad b = \sqrt{a^2+b^2}\sin\alpha \tag{7.77}$$

である．したがって，

$$\begin{aligned} a\sin\theta + b\cos\theta &= \sqrt{a^2+b^2}\cos\alpha\sin\theta + \sqrt{a^2+b^2}\sin\alpha\cos\theta \\ &= \sqrt{a^2+b^2}(\cos\alpha\sin\theta + \sin\alpha\cos\theta) \\ &= \sqrt{a^2+b^2}\sin(\theta+\alpha). \end{aligned} \tag{7.78}$$

ただし，最後の等号では加法定理（定理 7.15）を用いた．　◇

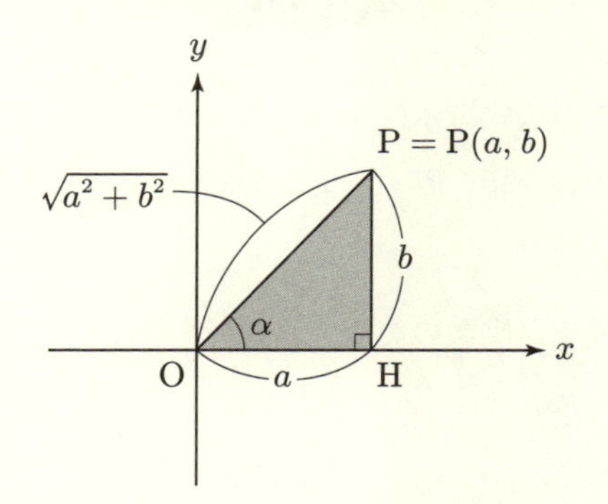

図 7.23　三角関数の合成

§7の問題

確認問題

問 7.1　次の角度について，弧度法は度数法で，度数法は弧度法で表せ．

(1)　120°　　(2)　π rad　　(3)　135°　　(4)　$\frac{2}{5}\pi$ rad　　(5)　110°

□□□ [⇨ **7・4**]

問 7.2　角 A $= 45°$，角 B $= 105°$，辺 AB $= 1$ の三角形 ABC に対し，辺 BC と辺 AC の長さを求めよ．

□□□ [⇨ 7・6]

問 7.3　次の値を求めよ．

(1)　$\sin 75°$　　(2)　$\tan 22.5°$　　(3)　$\cos 195°$　　(4)　$\sin(-135°)$

□□□ [⇨ 7・7 7・8]

問 7.4　次の三角関数を合成して，サイン（sin）で表せ．

(1)　$\sin\theta + \sqrt{3}\cos\theta$　　(2)　$-2\sin\theta + 2\cos\theta$　　(3)　$2\sin\theta - \cos\theta$

□□□ [⇨ 7・9]

基本問題

問 7.5　次の三倍角の公式を示せ．

(1)　$\sin(3\theta) = 3\sin\theta - 4\sin^3\theta$　　(2)　$\cos(3\theta) = 4\cos^3\theta - 3\cos\theta$

□□□ [⇨ 7・6 7・7]

問 7.6　次の方程式を（実数の範囲で）解け．

(1)　$\sin(3x) = \dfrac{1}{2}$　　(2)　$\cos\left(x + \dfrac{\pi}{5}\right) = 1$　　(3)　$\sin x + \sqrt{3}\cos x = 1$

(4)　$\sin^2 x + 2\cos x - 1 = 0$　　(5)　$\sin^3 x - \dfrac{1}{2}\sin x = 0$

(6)　$\sin^3 x - \sin x + \cos^2 x = 0$　　(7)　$\tan x + \tan(2x) = 0$

□□□ [⇨ 7・6 7・7 7・8 7・9]

チャレンジ問題

問 7.7　次の □ に当てはまる適切な語句，または，式を答えることで，**コサインの加法定理**（定理 7.7）の証明を完成させよ．

証明　**図 7.24** のように，原点中心，半径 1 の単位円を用意し，その円周上に点 P, Q をとり，x 軸と OQ との間の角を α，x 軸と OP との間の角を β と

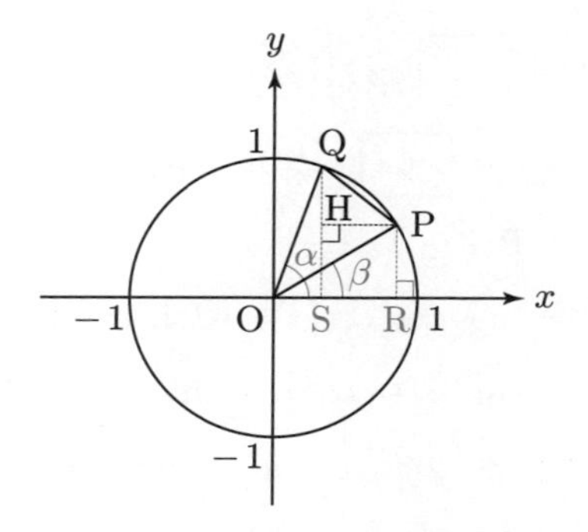

図 7.24　加法定理の証明のための図

する．ここでは点 P, Q がともに第一象限にあるときを示すが，その他の場合にも同様に示すことができる．

三角形 OPQ について，$\angle \mathrm{POQ} = \alpha - \beta$ であるから，余弦定理より，

$$\mathrm{PQ}^2 = \boxed{\text{①}} \tag{7.79}$$

がなりたつ．P, Q は単位円周上の点だから，$\mathrm{OP} = \mathrm{OQ} = 1$ である．よって，

$$\mathrm{PQ}^2 = 2 - 2\cos(\alpha - \beta) \tag{7.80}$$

がいえる．

一方，三角形 OPR について，

$$\boxed{\text{②}} = \mathrm{OP}\cos\beta = \cos\beta, \tag{7.81}$$

$$\boxed{\text{③}} = \mathrm{OP}\sin\beta = \sin\beta \tag{7.82}$$

がいえて，三角形 OQS について，

$$\boxed{\text{④}} = \mathrm{OQ}\cos\alpha = \cos\alpha, \tag{7.83}$$

$$\boxed{\text{⑤}} = \mathrm{OQ}\sin\alpha = \sin\alpha \tag{7.84}$$

がいえる．よって，三角形 PHQ について，

$$\mathrm{PH} = \boxed{\text{②}} - \boxed{\text{④}} = \cos\beta - \cos\alpha, \tag{7.85}$$

$$\mathrm{QH} = \boxed{\text{⑤}} - \boxed{\text{③}} = \sin\alpha - \sin\beta \tag{7.86}$$

がいえることに注意すると，$\boxed{\text{⑥}}$ の定理より，

$$\begin{aligned}
\mathrm{PQ}^2 &= \mathrm{PH}^2 + \mathrm{QH}^2 \\
&= (\cos\beta - \cos\alpha)^2 + (\sin\alpha - \sin\beta)^2 \\
&= \sin^2\alpha + \cos^2\alpha + \sin^2\beta + \cos^2\beta \\
&\qquad - 2(\cos\alpha\cos\beta + \sin\alpha\sin\beta) \\
&= 2 - 2(\cos\alpha\cos\beta + \sin\alpha\sin\beta)
\end{aligned} \tag{7.87}$$

となる．したがって，(7.80) と (7.87) より，

$$\cos(\alpha - \beta) = \cos\alpha\cos\beta + \sin\alpha\sin\beta \tag{7.88}$$

がいえる [25]．◇

□□□ [⇨ 7・7]

問 7.8 以下の設問に答えよ．

(1) $\displaystyle\prod_{k=0}^{n-1} \cos(2^k x) = \frac{\sin(2^n x)}{2^n \sin x}$ を示せ．

(2) $\cos 20^\circ \cdot \cos 40^\circ \cdot \cos 80^\circ$ の値を求めよ [26]．

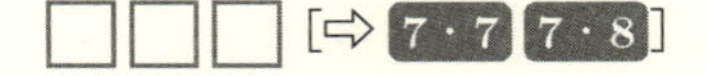

25) §12 でまなぶベクトルとベクトルの内積を使えば，より簡単な別証明ができる（✍）．

26) この答えによりできる等式をモリーの法則という．

第 2 章のまとめ

数列 [⇨ 5・2 5・3 5・4]

初項 a_1，公差 d の**等差数列**の

- 一般項：$a_k = a_1 + (k-1)d$
- 第 n 項までの和：$S_n = \dfrac{1}{2}n(2a_1 + (n-1)d) = \dfrac{1}{2}n(a_1 + a_n)$

初項 a_1，公比 r の**等比数列**の

- 一般項：$a_k = a_1 r^{k-1}$
- 第 n 項までの和：$S_n = \dfrac{a_1(1-r^n)}{1-r}$

n 次方程式 [⇨ 6・1]

n 次方程式の解は，重解を含めて n 個の複素数解が存在する．

係数がすべて実数（実数係数）の場合に，複素数解 $x = a + ib$ をもてば，共役な複素数 $a - ib$ も解である．

指数 [⇨ 6・6]

1 でない正の定数 a, b と実数 m, n について，

- $a^m \times a^n = a^{m+n}$
- $a^m \div a^n = \dfrac{a^m}{a^n} = a^{m-n}$
- $(ab)^n = a^n b^n$
- $(a^m)^n = a^{mn}$

対数 [⇨ 6・6]

1 でない正の定数 a, b と正の実数 n, m について，

- $\log_a a = 1$
- $\log_a 1 = 0$
- $\log_a (nm) = \log_a n + \log_a m$
- $\log_a \dfrac{n}{m} = \log_a n - \log_a m$

- $\log_a n^m = m \log_a n$
- $\log_a n = \dfrac{\log_b n}{\log_b a}$

三角関数 ［⇨ 7・4 7・6］

- a° と x rad の間の関係を比で表すと，$a : x = 360 : 2\pi$
- $\sin^2\theta + \cos^2\theta = 1$
- $\tan\theta = \dfrac{\sin\theta}{\cos\theta}$
- $1 + \tan^2\theta = \dfrac{1}{\cos^2\theta}$

三角関数の加法定理 ［⇨ 7・7］

- $\cos(\alpha \pm \beta) = \cos\alpha\cos\beta \mp \sin\alpha\sin\beta$
- $\sin(\alpha \pm \beta) = \sin\alpha\cos\beta \pm \cos\alpha\sin\beta$
- $\tan(\alpha \pm \beta) = \dfrac{\tan\alpha \pm \tan\beta}{1 \mp \tan\alpha\tan\beta}$

微分と積分

§8 微分とは

§8のポイント

- 関数の**微分**とは，関数の微小変化量のことである．
- 微分の考え方には，**極限**という「限りなく近づける」という概念が用いられる．
- 極限の計算は，基本的には近づける値を代入すればよいが，値が1つに定まらない**不定形**や，近づけ方によって値が変わる関数に注意する必要がある．

8・1 微分とは何か

関数の**微分**は，関数の微小変化量を表す．つまり，関数 $y=f(x)$ の場合，x をほんの少し動かしたときに，y がどのくらい変化したかを表す．

x の変化分は「ほんの少し」であるが，この「ほんの」が表すのは主観的な量であるため，この量がどのくらいかというのは人によって異なってしまう．そこで微分の定義では極限を導入し，「ほんの少し動かした点」がどこであっても，その点を動かす前の点にどんどん（無限に）近づけていく，という考え方をする．

この変化量は $\dfrac{y\text{の変化分}}{x\text{の変化分}}$ で表せるが，微分は上述のような定義をするため，グラフでいうと接線の傾きで表せるともいえる．

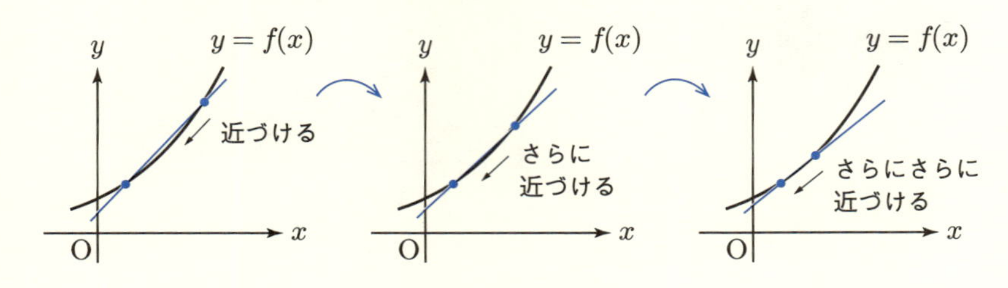

図 8.1　微分のイメージ

微分は日常生活の中でも見ることができて，その代表例は速度である．速度には，途中で加速や減速があるかどうかは無視して，平均してどのくらいであるかを表す**平均速度**（**図 8.1** の左のグラフのイメージ）と，その一瞬を表す**瞬間速度**（**図 8.1** の右のグラフのイメージ）の 2 種類があるが，微分が関係しているのは瞬間速度である．

例 8.1　平均速度　3 時間で 15 km 走ったときの速度

瞬間速度　自動車のスピードメーターが表示する速度　◆

8・2　極限

微分の考え方である「2 つの点を無限に近づける」を数学的に述べるためには，級数［⇨ 5・5］のところで考えた極限を用いる．そこで，関数における極限の話から始める．

定義 8.1（収束・発散）（重要）

(1)　関数 $f(x)$ に対し，x の値を限りなく a に近づけたとき，$f(x)$ の値が b に近づくとする．このとき，$f(x)$ は b に**収束する**といい，$\lim_{x \to a} f(x) = b$ と表す [1]．

(2)　x の値を限りなく a に近づけたとき，$f(x)$ の値が限りなく大きくなるならば，$f(x)$ は**（正に）発散する**といい，$\lim_{x \to a} f(x) = \infty$，または，$\lim_{x \to a} f(x) = +\infty$ と表す．

(3)　x の値を限りなく a に近づけたとき，$f(x)$ の値が限りなく小さくなるならば，$f(x)$ は**（負に）発散する**といい，$\lim_{x \to a} f(x) = -\infty$ と表す．

(4)　x の値を限りなく a に近づけたとき，$f(x)$ が収束も発散もしないならば，$f(x)$ は**振動する**という．

例 8.2　(1)　関数 $f(x) = x^3 + 2x + 1$ に対し，$\lim_{x \to 0} f(x) = \lim_{x \to 0}(x^3 + 2x + 1) = 1$ である．

(2)　関数 $f(x) = \log x$ に対し，$\lim_{x \to \infty} f(x) = \lim_{x \to \infty} \log x = \infty$ である［⇨ **図 6.5** の右上図］．

(3)　$\sin x$ は，x を大きくしていっても $-1 \leq \sin x \leq 1$ の間の値をくり返し，1 つの値に定まらない［⇨ **図 7.17**］．したがって，関数 $f(x) = \sin x$ は，$x \to \infty$ で収束も発散もしないので，振動する．◆

定義 8.1 で極限を考えているが，$\lim_{x \to 0} \dfrac{1}{x}$ のように，x を正の方から a に近づ

---

1)　多くの関数で，x を a に近づけたときの値と，$x = a$ を代入した値は一致する．しかし，極限値は限りなく近い値のことであるため，両者は等しい（完全に一致している）わけではなく，極限として等しいという意味になる．このコメントについて混乱した場合は，いまは無視してもよい．今後，より深く微分積分をまなんで，不連続な関数を扱ったり［⇨［佐々木］］，ε–δ 論法とよばれる手法で極限を定義したりすると理解できるだろう［⇨［藤岡 4］］．

けるのか，負の方から a に近づけるのかによって，正に発散するのか負に発散するのかが変わる関数も存在する（**図 8.2**）．

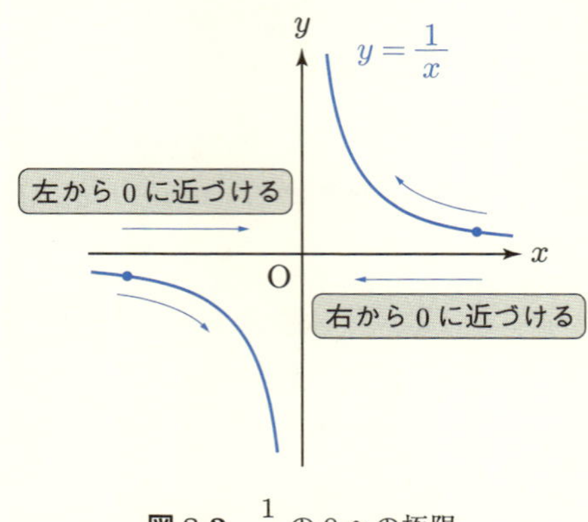

図 8.2　$\dfrac{1}{x}$ の 0 への極限

実はこれは，極限の定義をきちんとあたえていないことが原因で生じる問題である．そこで，極限を次のように定義する．

定義 8.2（極限）

(1)　関数 $f(x)$ に対し，x の値を a に，a より大きい方（x 軸の正の方）から近づけることを**右**(みぎ)**極限**をとるといい，$\displaystyle\lim_{x\to a+0} f(x)$ と書く．

(2)　x の値を a に，a より小さい方（x 軸の負の方）から近づけることを**左**(ひだり)**極限**をとるといい，$\displaystyle\lim_{x\to a-0} f(x)$ と書く．

(3)　右極限と左極限が一致するとき，**極限**といい，$\displaystyle\lim_{x\to a} f(x)$ と書く．

$a=0$ のときに限り，記号の a の部分の 0 を省略できて，右極限と左極限はそれぞれ，$\displaystyle\lim_{x\to +0} f(x)$, $\displaystyle\lim_{x\to -0} f(x)$ と書くことができる．

例 8.3　関数 $f(x)=\dfrac{1}{x}$ に対し，x の 0 への右極限は $\displaystyle\lim_{x\to +0}\frac{1}{x}=\infty$ であり，左極限は $\displaystyle\lim_{x\to -0}\frac{1}{x}=-\infty$ である［⇨ **図 8.2**］．◆

注意 8.1　右極限と左極限が一致しないときなど，極限を考える際にグラフを描くとわかりやすくなることもある．

極限をこのように定義することで，関数の連続性について考えることができる．

定義 8.3（連続）

関数 $f(x)$ が $\lim_{x \to a} f(x) = f(a)$ をみたすとき，$f(x)$ は $x = a$ で**連続**であるといい，（定義域の）すべての点 a で連続なとき，$f(x)$ を連続な関数という．

一方，連続でないときは**不連続**であるという [2]．

右極限と左極限が一致しないのは，発散する場合だけではなく，不連続な関数では収束する場合でも起こり得る．

例 8.4　関数 $f(x) = \begin{cases} 1, & (x \geq 0) \\ -1, & (x < 0) \end{cases}$ に対し，x の 0 への右極限は $\lim_{x \to +0} f(x) = 1$ であり，左極限は $\lim_{x \to -0} f(x) = -1$ である（**図 8.3**）．◆

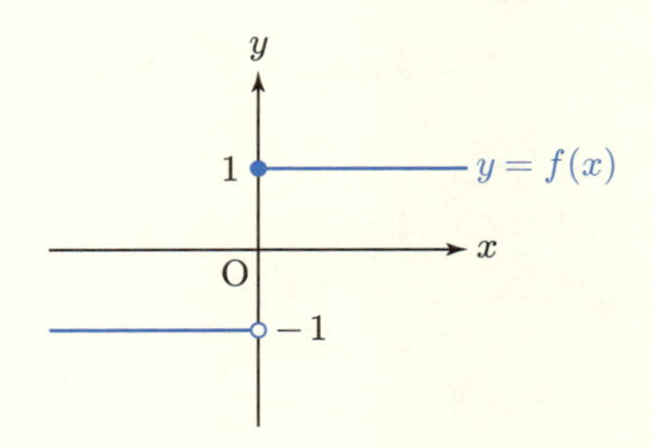

図 8.3　例 8.4 のグラフ

証明は省略するが，極限について，次がなりたつ．

2) 簡単にいうと，関数が連続であるとは，グラフを描いたときにつながっている状態のことで，不連続であるとは，グラフが途切れている状態のことである．

定理 8.1（極限の性質）

関数 $f(x), g(x)$ と定数 c について，次がなりたつ．

(1) $$\lim_{x\to a}(f(x)+g(x)) = \lim_{x\to a} f(x) + \lim_{x\to a} g(x) \tag{8.1}$$

(2) $$\lim_{x\to a}(cf(x)) = c\lim_{x\to a} f(x) \tag{8.2}$$

(3) $$\lim_{x\to a}(f(x)g(x)) = \left(\lim_{x\to a} f(x)\right)\cdot\left(\lim_{x\to a} g(x)\right) \tag{8.3}$$

(4) $$\lim_{x\to a}\frac{f(x)}{g(x)} = \frac{\lim_{x\to a} f(x)}{\lim_{x\to a} g(x)} \tag{8.4}$$

ただし，(4) では，$g(x)\neq 0$，かつ，$\lim_{x\to a} g(x)\neq 0$ とする．

注意 8.2　初等関数についても同様で，$\lim_{x\to a}\sin f(x) = \sin\left(\lim_{x\to a} f(x)\right)$ のように，通常，極限は関数の“中身”に作用する．

8・3　不定形になる極限

四則演算を含む関数の極限を計算する際，多くは単に各項に値を“代入”して計算すれば求めることができる．しかし，0 や ∞ が現れる場合は，$\dfrac{0}{0}$ や $\infty-\infty$ などの**不定形**（ふていけい）とよばれる形になっていないかに注意する必要がある．不定形が現れた場合，そのまま計算することはできない．

例 8.5　**そのまま計算できる例**　(1) $\lim_{x\to 0}(x^2+\cos x) = 0+\cos 0 = 1$.
(2) $\lim_{x\to\infty}((x-2)^3+x^2) = \infty+\infty = \infty$.

そのまま計算できない例　(1) $\lim_{x\to\infty}((x-2)^3-x^2) = \infty-\infty$ だから 0，**とはできない**[3]（$=\infty-\infty$ と書いてはいけない）．
(2) $\lim_{x\to 0}\dfrac{\sin x}{x} = \dfrac{0}{0}$ だから約分して 1，**とはできない**[4] $\Bigl(= \dfrac{0}{0}$ と書いてはいけ

---

3) この計算は最高次の x^3 でくくり，極限をとる（✍）．

4) この計算は定理 8.3 を使う．

ない$\Bigg)$. ◆

注意 8.3 不定形は極限をとったときの値が1つに定まらない形であり，

$$\frac{0}{0},\quad \frac{\infty}{\infty},\quad \infty-\infty,\quad 0\times\infty,\quad \infty^0,\quad 0^0,\quad 1^\infty \tag{8.5}$$

がある．

例えば，$\infty-\infty$ の不定形は，∞ が限りなく大きい数を表す記号であったことを思い出せば理解できる．「限りなく大きい数」が具体的にどんな数かがわからないため，限りなく大きい数から限りなく大きい数を引く場合（$\infty-\infty$）は限りなく大きい数のままなのか小さな数になるのか，正の数なのか負の数なのかわからない．

注意 8.4 限りなく大きい数と限りなく大きい数を足せば限りなく大きい数になる（$\infty+\infty=\infty$）ことはいえるため，$\infty+\infty$ は不定形ではない．同様に，$\infty\times\infty$ も不定形ではない．

不定形になる極限を考えたい場合は，工夫して計算する必要がある．例えば，関数が例題 8.1 のような $\dfrac{\text{多項式}}{\text{多項式}}$ の形であれば簡単で，分母・分子の多項式をそれぞれ因数分解し，約分すればよい．

例題 8.1 次の極限を求めよ．

(1) $\displaystyle\lim_{x\to1}\frac{x^3-3x^2+3x-1}{x^2-2x+1}$　　(2) $\displaystyle\lim_{x\to1+0}\frac{x^2-2x+1}{x^3-3x^2+3x-1}$

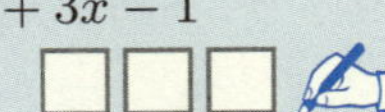

(1) $\displaystyle\lim_{x\to1}\frac{x^3-3x^2+3x-1}{x^2-2x+1}\overset{\text{☺定理 3.1 (2), (3)}}{=}\lim_{x\to1}\frac{(x-1)^3}{(x-1)^2}=\lim_{x\to1}(x-1)$
$=0.$

(2) $\displaystyle\lim_{x\to1+0}\frac{x^2-2x+1}{x^3-3x^2+3x-1}\overset{\text{☺定理 3.1 (2), (3)}}{=}\lim_{x\to1+0}\frac{(x-1)^2}{(x-1)^3}=\lim_{x\to1+0}\frac{1}{x-1}$
$=\infty.$ ◇

他にも，多項式の割り算をして分子の次数を下げる，分母・分子を x の最高次で割る，という方法もある．

例 8.6　$\displaystyle\lim_{x\to\infty}\frac{x-1}{x+1}$ を求める．

多項式の割り算の方法　$\displaystyle\frac{x-1}{x+1}=\frac{(x+1)-2}{x+1}=1-\frac{2}{x+1}$ より，$\displaystyle\lim_{x\to\infty}\frac{x-1}{x+1}=\lim_{x\to\infty}\left(1-\frac{2}{x+1}\right)=1-0=1.$

x の最高次で割る方法　$\displaystyle\frac{x-1}{x+1}=\frac{1-\frac{1}{x}}{1+\frac{1}{x}}$ より，$\displaystyle\lim_{x\to\infty}\frac{x-1}{x+1}=\lim_{x\to\infty}\frac{1-\frac{1}{x}}{1+\frac{1}{x}}=\frac{1-0}{1+0}=1.$ ◆

どの方法を用いればよいかは，個別に考える必要がある．とくに多項式以外の関数を含むときは，関数に合った別の適切な工夫が必要になる[5]．

次の2つの極限は後で使うため，定理として紹介しておく[6]．

定理 8.2（不定形になる極限 (1)）

$$\lim_{x\to 0}\frac{e^x-1}{x}=1 \tag{8.6}$$

証明　ネピアの数の定義［⇨ **定義 6.9**］より，

$$e=\lim_{n\to\infty}\left(1+\frac{1}{n}\right)^n \tag{8.7}$$

であるが，これは $m=\dfrac{1}{n}$ とおくと，$n\to\infty$ のとき，$m\to 0$ であるから，

$$e=\lim_{m\to 0}(1+m)^{\frac{1}{m}} \tag{8.8}$$

---

5)　ロピタルの定理とよばれる，微分を用いた定理を用いれば，$\frac{0}{0}$ と $\frac{\infty}{\infty}$ の不定形の場合に限り，機械的に計算できる．他の不定形でも，逆数や対数を用いて工夫することで，ロピタルの定理を使って比較的容易に計算できることが多い［⇨［藤岡 2］p.59］．

6)　ロピタルの定理を使うと，どちらも簡単に計算できるが，ここではロピタルの定理を使わずに求めよう．

と書き直せる．

ここで，

$$\lim_{m\to 0}\log(1+m)^{\frac{1}{m}}=\log\left(\lim_{m\to 0}(1+m)^{\frac{1}{m}}\right) \tag{8.9}$$

だから[7]，(8.8) の両辺で対数をとると，

$$\log e=\lim_{m\to 0}\log(1+m)^{\frac{1}{m}}. \tag{8.10}$$

よって，

$$1 \overset{\because\ \log e=\log_e e=1,\ \text{定理 6.7 (3)}}{=} \lim_{m\to 0}\frac{1}{m}\log(1+m). \tag{8.11}$$

$x=\log(1+m)$ とおくと，

$$e^x=e^{\log(1+m)}\overset{\because\ \text{注意 6.7}}{=}1+m \tag{8.12}$$

より，$m=e^x-1$ がいえる．このとき，$m\to 0$ で $x\to 0$ だから，

$$1=\lim_{m\to 0}\frac{1}{m}\log(1+m)=\lim_{x\to 0}\frac{x}{e^x-1} \tag{8.13}$$

とできる．この両辺で逆数をとれば，

$$\lim_{x\to 0}\frac{e^x-1}{x}=1 \tag{8.14}$$

がいえる． ◇

不等式の両側の関数の極限が等しいことから，不等式で挟まれている関数の極限を導く**はさみうちの原理**とよばれる方法がある［⇨［藤岡 2］p.20］．次の極限は，円と三角形を用いた議論に加え，はさみうちの原理を用いることで導くことができる．

定理 8.3（不定形になる極限 (2)）

$$\lim_{x\to 0}\frac{\sin x}{x}=1 \tag{8.15}$$

---

7) いま，底は e としているから，$\log_e$ の e は省略している［⇨ よりみち 6.2］．

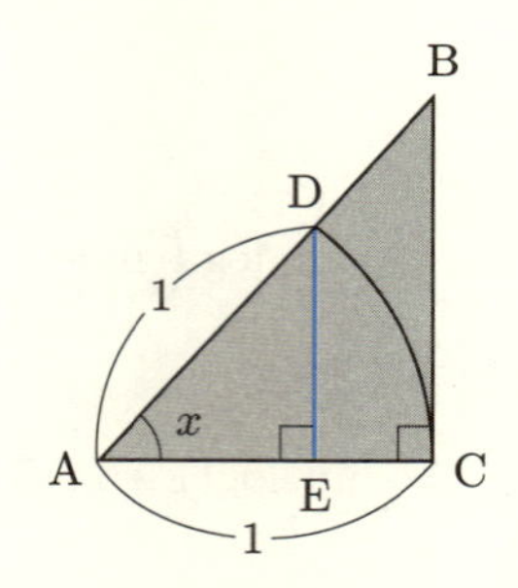

図 8.4　定理の証明のための図

証明　**図 8.4** のように，$\mathrm{AC} = 1$ で角 $\mathrm{BAC} = x$ の直角三角形 ABC と扇形 DAC をあたえて，点 D から辺 AC に垂線を下ろし，その足［⇨ **定理 7.5** の証明の脚注］を E とする．

このとき，$\mathrm{AC} = \mathrm{AD} = 1$ だから，サインとタンジェントの定義［⇨ **定義 7.1**］より，$\sin x = \dfrac{\mathrm{DE}}{\mathrm{AD}} = \mathrm{DE}, \tan x = \dfrac{\mathrm{BC}}{\mathrm{AC}} = \mathrm{BC}$ である．また，弧度法（ラジアン）の定義［⇨ **7・4**］より，弧 $\mathrm{CD} = x$ である．

図より，線分 $\mathrm{DE} \leq$ 弧 $\mathrm{CD} \leq$ 線分 BC がなりたつことは明らかだから，$\sin x \leq x \leq \tan x$ がなりたつ．よって，$x > 0$ のとき，$\dfrac{1}{\tan x} \leq \dfrac{1}{x} \leq \dfrac{1}{\sin x}$ がいえるから，$\sin x > 0$ に注意すれば，$\cos x \leq \dfrac{\sin x}{x} \leq 1$ より，

$$\lim_{x \to +0} \cos x \leq \lim_{x \to +0} \frac{\sin x}{x} \leq \lim_{x \to +0} 1 \tag{8.16}$$

がいえる．したがって，$\displaystyle\lim_{x \to +0} \cos x = \lim_{x \to +0} 1 = 1$ より，

$$1 \leq \lim_{x \to +0} \frac{\sin x}{x} \leq 1 \tag{8.17}$$

がなりたつが，これがなりたつのは等号のときに限るから，はさみうちの原理より，$\displaystyle\lim_{x \to +0} \frac{\sin x}{x} = 1$ である．

ここで，$\dfrac{\sin(-x)}{-x} = \dfrac{-\sin x}{-x} = \dfrac{\sin x}{x}$ だから，$\displaystyle\lim_{x \to -0} \frac{\sin x}{x} = 1$ もいえるため，$\displaystyle\lim_{x \to 0} \frac{\sin x}{x} = 1$ がなりたつ．　◇

例 8.7　**はさみうちの原理を使う例** [8)]　$\displaystyle\lim_{x\to\infty}\frac{\sin x}{x}$.

$-1 \leq \sin x \leq 1$ だから, $x > 0$ のとき, $\displaystyle -\frac{1}{x} \leq \frac{\sin x}{x} \leq \frac{1}{x}$ がなりたつ. $\displaystyle\lim_{x\to\infty}\frac{1}{x} = \lim_{x\to\infty}\left(-\frac{1}{x}\right) = 0$ だから, $\displaystyle 0 \leq \lim_{x\to\infty}\frac{\sin x}{x} \leq 0$ がいえる. よって, はさみうちの原理より, $\displaystyle\lim_{x\to\infty}\frac{\sin x}{x} = 0$ である. ◆

§8 の問題

確認問題

問 8.1　次の極限を求めよ.

(1) $\displaystyle\lim_{x\to -2}(5x^2 + 2x + 4)$　(2) $\displaystyle\lim_{x\to 0}(-x^3 + x^2 + 2x - 3)$

(3) $\displaystyle\lim_{x\to 1}\frac{x^2 + x - 2}{x^3 - 8x^2 + 19x - 12}$　(4) $\displaystyle\lim_{x\to 0}\frac{x^3 + x^2}{x^2 + x}$

□□□ [⇨ 8・2 8・3]

基本問題

問 8.2　次の極限を求めよ.

(1) $\displaystyle\lim_{x\to 0}\frac{\tan x}{\sin x}$　(2) $\displaystyle\lim_{x\to 1}\frac{\sin(x-1)}{x-1}$　(3) $\displaystyle\lim_{x\to -\infty}(2x^3 - x^2 - x - 1)$

(4) $\displaystyle\lim_{x\to 1+0}\frac{x^3 - x^2}{x^4 - 2x^2 + 1}$　(5) $\displaystyle\lim_{x\to 0}\frac{x}{\sin x}$　(6) $\displaystyle\lim_{x\to 0}\frac{\sin(2x)}{\sin x}$

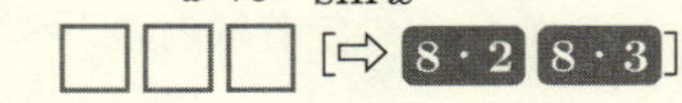
□□□ [⇨ 8・2 8・3]

[8)] 定理 8.3 との違いに注意. 2つの式をよく見比べてみよう.

§9　1変数関数の微分

§9のポイント

- **微分**は極限を用いて定義されるが，具体的な関数の微分を計算する際は，公式を利用する．
- 微分の計算で利用する公式は，多くあるように見えるが，覚えておくべきものは少なく，その他の公式は覚えるべき公式から導出できるようになった方がよい．
- 関数のグラフを描くためには，**極値**と**変曲点**を求めて**増減表**を書き，加えて極限（**漸近線**）を調べればよい．

9・1　微分の定義

極限を用いると，微分は次のように定義できる．

定義 9.1（微分）

(1)　関数 $f(x)$ と定数 a に対し，極限

$$\lim_{x \to a} \frac{f(x) - f(a)}{x - a} \tag{9.1}$$

が存在するとき [1]，$f(x)$ は $x = a$ で**微分可能**であるといい，そのときの極限の値を**微分係数**という．

$f(x)$ の $x = a$ での微分係数を $f'(a)$，または，$\dfrac{df}{dx}(a)$ で表す．

(2)　$f(x)$ の定義域内のすべての a で微分可能なとき，$f(x)$ は**微分可能**であるといい [2]，関数

---

1)　x をある値 a に近づけたとき，この極限が何かの値に収束するということ．

2)　微分可能な関数は連続であるが，連続な関数であっても微分可能とは限らない［⇨［藤岡 2］pp.36–37］．

$$\lim_{h \to 0} \frac{f(x+h) - f(x)}{(x+h) - x} \tag{9.2}$$

を $f(x)$ の**導関数**(どうかんすう)という[3)].

$f(x)$ の導関数を $f'(x)$，または，$\frac{df}{dx}(x)$ で表す[4)].

注意 9.1　本書では基本的に，導関数の記号として $f'(x)$ を用いるが，混乱が生じると思われる部分や，何の変数についての微分であるかをはっきり述べたい部分では $\frac{df}{dx}(x)$ の書き方をして，$f'(x)$ と $\frac{df}{dx}(x)$ の両方の記号を用いることにする．

関数 $f(x)$ の導関数 $f'(x)$ を求めることが，$f(x)$ の**微分**である．また，$f'(x)$ の $x = a$ のときの値が，$f'(x)$ の $x = a$ での微分係数である．

例 9.1　関数 $f(x) = x^2$ の微分を考える．

まず，任意の実数 a に対し，

$$\begin{aligned} \lim_{x \to a} \frac{f(x) - f(a)}{x - a} &= \lim_{x \to a} \frac{x^2 - a^2}{x - a} \\ &\overset{\because \text{定理 } 3.1(1)}{=} \lim_{x \to a} \frac{(x+a)(x-a)}{x - a} \\ &= \lim_{x \to a} (x + a) = 2a \end{aligned} \tag{9.3}$$

より，$f(x) = x^2$ はすべての実数 a で微分可能である．

次に，$f(x)$ の導関数を求めると，定義 9.1 (2) より，

---

3)　図 8.1 の左図で，グラフ上にとった 2 点の x 軸方向（横方向）の距離が h である．この距離 h を 0 に近づけることが (2) の極限の意味するところである．(1) と (2) の極限の意味を考えると，両者の違いがわかるだろう．

4)　導関数は $f'(x)$ と書く方が書きやすいが，今後のために，$\frac{df}{dx}(x)$ と書く書き方にも慣れておくとよい．ちなみに，$\frac{df}{dx}$ は分数のようにみえるが，分数ではない．読み方は上（分子側）からそのまま「d(ディー) f(エフ) d(ディー) x(エックス)」である．また，$\frac{d}{dx}$ は**微分演算子**とよばれる記号で，x に関する微分を表す．

$$\begin{aligned}\lim_{h\to 0}\frac{f(x+h)-f(x)}{(x+h)-x} &= \lim_{h\to 0}\frac{(x+h)^2-x^2}{h}\\ &\overset{\text{☺定理 3.1 (2)}}{=} \lim_{h\to 0}\frac{2hx+h^2}{h}\\ &= \lim_{h\to 0}(2x+h)=2x \qquad (9.4)\end{aligned}$$

である．◆

よりみち 9.1　微分においても，今後紹介する積分においても，数学的にはそれらの定義や微分可能性，積分可能性は重要なことである．しかし，いろいろ意見はあろうが，結局のところ多くの読者においての最優先事項は，微分や積分の具体的な計算ができるようになることであろう．そしてそういう読者の多くにとっては，定義や微分可能性，積分可能性はその重要性がよくわからないだろう．

正直なところ，通常，定義から微分・積分を計算することはまずないし，教科書に登場するような関数のほとんどは，微分可能や積分可能な関数か，問題のある点（特異点）があっても定義域から除かれていたり，わかるように書かれていたりするものばかりであるため，計算するだけなら，とくに問題にならない．

したがって，もし計算できることが第一目標であれば，これらの部分は，**まずは無視するか流し読みする程度で構わない**．また，微分に関する定理では，実質，微分可能性を示すだけとなってしまうことも多いため，ほとんどの証明は省略し，読者への演習問題とした（✍）．計算できるようになって，理論的なことを深くまなぶ余裕が出てきた後で戻ってくればよい．

9・2 多項式関数の微分

定理 9.1（多項式関数の微分）（重要）

自然数 m, n と実数 a, b に対し，次がなりたつ[5]．

(1) 関数 $f(x) = ax^n$ は任意の実数 x で微分可能で，導関数は $f'(x) = anx^{n-1}$ で得られる[6]．

(2) 関数 $f(x) = x^m + x^n$ は任意の実数 x で微分可能で，導関数は $f'(x) = mx^{m-1} + nx^{n-1}$ で得られる．

(1), (2) をまとめて，

(3) 関数 $f(x) = ax^m + bx^n$ は任意の実数 x で微分可能で，導関数は

$$f'(x) = amx^{m-1} + bnx^{n-1} \tag{9.5}$$

で得られる．

注意 9.2 多項式関数では，実数倍や和，差は微分に影響せず，各項ごとに微分を計算すればよいということである．これは項が3つ以上ある多項式関数でも同様である．

例題 9.1 定理 9.1 を用いて，次の関数 $f(x)$ の微分を計算せよ．

(1) $f(x) = 2x^3$　　(2) $f(x) = 3x^3 - 2x^5$

(3) $f(x) = x^2 + 2x^3 - 4x^4$

解 (1) $f'(x) = (2x^3)' = 2 \cdot 3x^2 = 6x^2$.

(2) $f'(x) = (3x^3 - 2x^5)' = 3 \cdot 3x^2 - 2 \cdot 5x^4 = 9x^2 - 10x^4$.

---

5) いまは m, n は自然数としているが，実数まで範囲を拡げても同様になりたつ．ただし，証明方法は異なる．

6) 機械的な言い方をすれば，変数 x の "肩の数" をおろして，"肩の数" は1を引けばよい．

(3)　$f'(x)=(x^2+2x^3-4x^4)'=2x+2\cdot 3x^2-4\cdot 4x^3=2x+6x^2-16x^3$. ◇

定理 9.2（定数関数の微分）

定数関数 $f(x)=a$ はすべての実数 x で微分可能で，その導関数は $f'(x)=0$ である．

$x^0=1$ だから，定理 9.1 において，自然数とした m,n は非負整数としてもよいことがわかる．証明は省略する［⇨ 9・6 の最後の脚注とウェブ上の付録の §22］が，実は定理 9.1 の m,n は，有理数としても同様の公式がなりたつことが知られている．つまり，次がなりたつ．

定理 9.3（有理数乗の微分）

有理数 m,n と実数 a,b に対し，関数 $f(x)=ax^m+bx^n$ は，$f(x)$ の定義域内のすべての実数 x で微分可能で，その導関数 $f'(x)$ は

$$f'(x)=amx^{m-1}+bnx^{n-1} \tag{9.6}$$

となる[7]．

注意 9.3　自然数 m,n に対し，$x^{-n}=\dfrac{1}{x^n}$, $x^{\frac{m}{n}}=\sqrt[n]{x^m}$ である．

例題 9.2　定理 9.3 を用いて，次の関数 $f(x)$ の微分を計算せよ．

(1)　$f(x)=\dfrac{2}{x}$　　(2)　$f(x)=-\dfrac{3}{x^3}$　　(3)　$f(x)=\sqrt{x}$

(4)　$f(x)=2\sqrt[3]{x^2}$　　(5)　$f(x)=\dfrac{2}{\sqrt{x}}$

□□□

解　(1)　$f(x)=2x^{-1}$ より，$f'(x)=2\cdot(-1)x^{-2}=-2x^{-2}=-\dfrac{2}{x^2}$.

---

7)　変数 x の肩の数をおろして，肩の数は 1 を引けばよいという機械的な方法も同じである．

(2)　$f(x) = -3x^{-3}$ より，$f'(x) = -3 \cdot (-3)x^{-4} = 9x^{-4} = \dfrac{9}{x^4}$.

(3)　$f(x) = x^{\frac{1}{2}}$ より，$f'(x) = \dfrac{1}{2}x^{-\frac{1}{2}} = \dfrac{1}{2\sqrt{x}}$.

(4)　$f(x) = 2x^{\frac{2}{3}}$ より，$f'(x) = 2 \cdot \dfrac{2}{3}x^{-\frac{1}{3}} = \dfrac{4}{3\sqrt[3]{x}}$.

(5)　$f(x) = 2x^{-\frac{1}{2}}$ より，$f'(x) = 2 \cdot \left(-\dfrac{1}{2}\right)x^{-\frac{3}{2}} = -\dfrac{1}{\sqrt{x^3}}$.　◇

9・3　積の形で表された関数の微分

例えば，$(x^2+1)(x^3+x^2+4)$ のような多項式関数どうしの積では，展開すれば多項式になるため，展開してから微分すれば計算できるが，展開せずに積の形のまま微分ができてほしい場合もある．また，e^x と $\sin x$ はそれぞれ微分できても [8)]，$e^x \sin x$ の微分ができないと，すべての種類の関数の組み合わせについて微分の結果を覚える必要が出てきて，とても現実的ではない．

これらのような，関数と関数の積の形の関数を**積関数**というが，積関数の微分ができるようになると，微分できる関数の世界がぐんと広がる．

まだ多項式関数の微分しか紹介していないが，どのような関数でも使えるように，以降では，できる限り一般の形で定理を考えよう [9)]．

定理 9.4（積関数の微分）（重要）

微分可能な関数 $f(x), g(x)$ の積からなる関数 $h(x) = f(x)g(x)$ は，$f(x)$ と $g(x)$ がともに微分可能な範囲で微分可能で，導関数 $h'(x)$ は

$$h'(x) = f'(x)g(x) + f(x)g'(x) \tag{9.7}$$

で得られる．

---

8)　これらの微分については今後順に紹介していく．

9)　以降の定理内で仮定される「微分可能な関数」とは，多項式関数に限らないという意味である．

注意 9.4　$g(x)$ は定数関数でもよいので，定数 a に対し，$h(x) = af(x)$ のとき，

$$h'(x) = af'(x) \tag{9.8}$$

がいえる [10)]．

3 個以上の関数の積であっても，そのすべての関数が微分可能な範囲で，同様に微分の計算ができる．つまり，例えば，$g(x) = f_1(x)f_2(x)f_3(x)$ のとき，

$$g'(x) = f_1'(x)f_2(x)f_3(x) + f_1(x)f_2'(x)f_3(x) + f_1(x)f_2(x)f_3'(x) \tag{9.9}$$

である．

注意 9.5　定理 9.4 での微分可能な関数は多項式関数に制限していないため，今後説明する初等関数などでもなりたつ．以降も同様である．

例題 9.3　関数 $f(x) = \dfrac{x+1}{x}$ を，定理 9.4 を用いて微分せよ [11)]．

解　$f(x) = \dfrac{x+1}{x} = (x+1)x^{-1}$ だから，定理 9.4 より，

$$\begin{aligned} f'(x) &= 1 \times x^{-1} + (x+1) \times (-x^{-2}) \\ &= \frac{1}{x} - \frac{x+1}{x^2} = -\frac{1}{x^2} \end{aligned} \tag{9.10}$$

◇

定理 9.4 より，次がなりたつことがわかる．

---

10)　定理 9.4 を用いて示してみよう（✍）．

11)　このように，関数の割り算の形の関数を**商関数**という．商関数の微分に関してはウェブ上の付録の **22・1** で詳しく扱うが，ここで見るように積関数として考えることもできる．

定理 9.5（$(f(x))^n$ の微分（n が自然数の場合））

微分可能な関数 $f(x)$ と自然数 n に対し，$g(x) = (f(x))^n$ とすると，$g(x)$ は $f(x)$ が微分可能な範囲で微分可能で，

$$g'(x) = n(f(x))^{n-1} f'(x) \tag{9.11}$$

がなりたつ．

証明は，$n \geq 2$ で定理 9.4 と数学的帰納法［⇨ 2・3］を用いればよい（✍）．

9・4　合成関数の微分

ある関数の変数が，別の変数の関数となっている関数を**合成関数**というが，合成関数の微分ができると，微分の計算の幅がさらに広がる．

定理 9.6（合成関数の微分）（重要）

x で微分可能な関数 $f(x)$ と t で微分可能な関数 $g(t)$ を考える．このとき，$x = g(t)$ ならば，$f(x) = f(g(t))$ の導関数は

$$\frac{df}{dt}(g(t)) = \frac{df}{dx}(x) \cdot \frac{dx}{dt}(t) \tag{9.12}$$

で得られる[12]．

注意 9.6　微分の記号で $'$ しか使えないと，合成関数の微分のように変数が異なる微分が 1 つの式の中に登場する場合などに，どの変数で微分しているのかがわかりにくくなったり，ミスを誘発したりする．例えば，関数は変数を省略して表すこともあるが，(9.12) で変数を省略して $f' = f'g'$ のように書いてしま

[12] 微分の記号 $\frac{df}{dx}$ は分数ではないということは定義 9.1 の脚注で説明したが，(9.12) の右辺で "約分" をすれば左辺と等しくなることからも，やはり分数と同じだと考えるかもしれない．実際，1 変数の関数の場合は分数と同じように扱っても問題ないが，今後，2 変数以上の関数の微分をまなぶと，分数と同じように扱えないことがわかる［⇨［藤岡 2］§15 以降］．

うと，左辺の f' は $\dfrac{df}{dx}(x)$ とみられてしまい，意味が変わってしまう [13)].

例題 9.4　関数 $f(x)=\dfrac{x+1}{x-1}$ を，定理 9.4 と定理 9.6 を用いて微分せよ．

□□□

解　$f(x)=\dfrac{x+1}{x-1}=(x+1)(x-1)^{-1}$ だから，定理 9.4 より，

$$f'(x)=1\times(x-1)^{-1}+(x+1)\times\frac{d}{dx}((x-1)^{-1}). \tag{9.13}$$

ここで，$t=x-1$ とおくと，定理 9.6 より，

$$\frac{d}{dx}((x-1)^{-1})=\frac{dt^{-1}}{dt}\cdot\frac{dt}{dx}=-t^{-2}\times 1=-(x-1)^{-2} \tag{9.14}$$

だから，

$$f'(x)=\frac{1}{x-1}-\frac{x+1}{(x-1)^2}=-\frac{2}{(x-1)^2}. \tag{9.15}$$

◇

9・5　初等関数の微分

まず，三角関数の微分を考える [14)].

定理 9.7（サインとコサインの微分）（重要）

$\sin x$ と $\cos x$ は微分可能で，導関数はそれぞれ

$$(\sin x)'=\cos x,\qquad (\cos x)'=-\sin x \tag{9.16}$$

となる．

---

13)　変数を省略しなくても $f'(x(t))=f'(x)g'(t)$ となり，$'$ が何の微分を表しているのかわかりにくい．例えば，x が t の関数ならば，その逆関数 [⇨ 6・3] を考えれば t が x の関数となるため，$g(t(x))$ という関数を考えることができ，$g'(t)=\frac{dg}{dx}$ のつもりで $'$ を使うこともできてしまうからである．

14)　省略した証明は読者への演習問題とする（✍）．

タンジェントの微分については，導関数の導出方法（証明方法）を知っていれば無理に覚える必要はないため，証明を書いておく．

定理 9.8（タンジェントの微分）

$\tan x$ は $x = \dfrac{\pi}{2} + n\pi$（ただし，$n$ は整数）以外で微分可能で，導関数は

$$(\tan x)' = \frac{1}{\cos^2 x} \tag{9.17}$$

となる．

証明　導関数は，

$$\begin{aligned}(\tan x)' &= \left(\frac{\sin x}{\cos x}\right)' = (\sin x \cdot (\cos x)^{-1})' \\ &= (\sin x)' \cdot (\cos x)^{-1} + \sin x \cdot ((\cos x)^{-1})' \\ &= \cos x \cdot (\cos x)^{-1} + \sin x \cdot (-(\cos x)^{-2})(-\sin x) \\ &= \frac{\cos^2 x}{\cos^2 x} + \frac{\sin^2 x}{\cos^2 x} = \frac{\cos^2 x + \sin^2 x}{\cos^2 x} = \frac{1}{\cos^2 x}\end{aligned} \tag{9.18}$$

と計算できる．◇

次に，指数関数・対数関数の微分を考える [15]．

定理 9.9（指数関数の微分（底が e の場合））（重要）

e^x は微分可能で，導関数は $(e^x)' = e^x$ である [16]．

定理 9.10（指数関数の微分（一般の場合））

1 でない正の実数 a に対し，a^x は微分可能で，導関数は $(a^x)' = a^x \log a$ である．

---

15) 証明はすべて読者への演習問題とする（✍）．

16) ネピアの数の互いに同値な定義は複数存在する．「$(a^x)' = a^x$ をみたす実数 a」という，微分を用いた定義も存在する [⇨ 注意 6.5]．

定理 9.11（対数関数の微分（底が e の場合））（重要）

$\log x$ は $x > 0$ で微分可能で，導関数は $(\log x)' = \dfrac{1}{x}$ である．

定理 9.12（対数関数の微分（一般の場合））

1 でない正の実数 a に対し，$\log_a x$ は $x > 0$ で微分可能で，導関数は $(\log_a x)' = \dfrac{1}{x \log a}$ である．

9・6　逆関数の微分

6・3 で紹介した逆関数も微分を考えることができる．

定理 9.13（逆関数の微分）（重要）

微分可能な関数 $y = f(x)$ の逆関数 $x = f^{-1}(y)$ は，$\dfrac{dy}{dx} \neq 0$ をみたす y がとる範囲で微分可能で，導関数は

$$\frac{dx}{dy} = \frac{1}{\frac{dy}{dx}} \tag{9.19}$$

で得られる [17]．

注意 9.7　紹介の順序が前後したが，この定理を用いれば，証明を省略した定理 9.3 の m, n が自然数の逆数の場合の証明ができる（✍）．そして，さらに定理 9.5 とウェブ上の付録の定理 22.2 を用いれば，m, n が他の整数でない有理数の場合の証明もできる（✍）ため，定理 9.3 の証明が完成する [18]．

---

17)　この定理でも $\frac{dy}{dx}$ を分数として扱っているように見えるが，これも 1 変数関数を考えていることによる結果論で，2 変数以上の関数の微分ではなりたたない．

18)　これらの証明に，定理 9.3 から得られる結果は利用しないため，証明が循環論法になる心配はない．

9・7　n 階微分

関数 $f(x)$ の導関数 $f'(x)$ が微分可能なとき，$f'(x)$ の微分も計算できる[19)]．$f'(x)$ の微分で得られた導関数を $f(x)$ の **2 次導関数**といい，$f''(x)$，または，$f^{(2)}(x)$，または，$\dfrac{d^2f}{dx^2}(x)$ で表す[20)]．

2 次導関数が微分可能ならば，その導関数は 3 次導関数とよばれ，$f'''(x)$，または，$f^{(3)}(x)$，または，$\dfrac{d^3f}{dx^3}(x)$ で表す．同様のことは 3 次以上の導関数でもいえる．つまり，自然数 n に対し，$n-1$ 次導関数が微分可能ならば，その導関数は **n 次導関数**とよばれ，$f^{(n)}(x)$，または，$\dfrac{d^nf}{dx^n}(x)$ で表す[21)]．ただし，1 次導関数は通常の導関数のことである[22)]．

注意 9.8　導関数で $'$ は微分の回数を表すが，この記号では n 次導関数の場合は表すことが難しいし，n が具体的に決まっていても，大きい数の場合は $'$ の数が多くなり，非常にわかりにくくなる．そのため，具体的に n がいくつからという決まりはないが，$n=3$ や $n=4$ くらいからは $'$ は使わず，$f^{(n)}(x)$ という書き方をする[23)]．もちろん，$\dfrac{d^nf}{dx^n}(x)$ の書き方でもよいし，$n=5$ のときに $f'''''(x)$ と書いてはいけないという意味ではない．

関数 $f(x)$ を n 回微分することを **n 階微分**という[24)]．

また，関数 $f(x)$ の n 次導関数 $f^{(n)}(x)$ の $x=a$ での値を，$f^{(n)}(x)$ の $x=a$ での

---

19) 導関数も関数である．$f'(x)$ の微分は，$g(x)=f'(x)$ とおいたとき，関数 $g(x)$ を微分することと同じである．

20) $\frac{d^2f}{dx^2}(x)$ は 2 の位置に注意すること．これは $\left(\frac{d}{dx}\right)^2 f(x)$ だと考えると間違いにくい．

21) 0 次導関数を微分していない最初の関数 $f(x)$ のことと定義すると便利なことがある．

22) 1 次導関数はこれまで通り，単に「導関数」とよんでもよいが，1 次であることを強調したいときなどは 1 次導関数とよぶこともある．逆に，2 次以上の導関数も，何次の導関数であるかはっきりとわかる場合は，「導関数」と略してよぶこともある．

23) n の括弧を忘れずに！　忘れると n 乗になってしまう．

24) **回**と**階**の漢字に注意．どちらも誤植ではない．

n 次微分係数といい，$f^{(n)}(a)$ や $\dfrac{d^n f}{dx^n}(a)$ で表す．n 次微分係数は $\dfrac{d^n f}{dx^n}(x)\Big|_{x=a}$ と表すこともある．

注意 9.9　n 次導関数も n 階微分も，n はどの関数からの微分の回数かということであるので，関数 $f(x)$ の 1 次導関数 $f'(x)$ を基準にすれば，$f(x)$ の 2 階微分 $f''(x)$ は，$f'(x)$ の 1 階微分であり，1 次導関数ということになる[25]．

一般に，微分可能な関数が，すべて何回でも微分できるわけではないが[26]，通常，微分で扱う関数のほとんどは何回でも微分できるものである．とくに，n 次関数（多項式関数の最高次が n のもの）は，n 次導関数が定数となるため，$n+1$ 次導関数は 0 になる．したがって，n 次関数の $n+1$ 階以降の微分はすべて 0 であることがわかる．

関数には微分可能な回数によって，滑らかさという考え方もある[27]．

定義 9.2（関数の滑らかさ）

(1)　関数 $f(x)$ が連続な関数であるとき，$f(x)$ を **C^0 級関数**という[28]．

(2)　関数 $f(x)$ が微分可能で，その導関数 $f'(x)$ が連続であるとき，$f(x)$ を **C^1 級関数**という[29]．

(3)　関数 $f(x)$ に対し，$n-1$ 次導関数 $f^{(n-1)}(x)$ が微分可能で，その導関数 $f^{(n)}(x)$ が連続であるとき，$f(x)$ を **C^n 級関数**という[30]．

---

25) つまり，例えば $f(x)$ の 2 階微分を計算したいときは，まず $f(x)$ を微分し，得られた関数をまた微分すればよいだけである．

26) 例えば，［佐々木］では，何回でも微分できて積分もできる関数以外の関数がいろいろ紹介されている．

27) その関数のグラフを描いたとき，尖（とが）っているところでは微分できないため，どこも尖っていないという意味で滑らかということである．導関数になると尖る関数なども存在するため，どのくらい滑らかなのかということを知りたい．

28) C^0 は「シー　ゼロ」と読む．

29) C^1 は「シー　ワン」と読む．

30) C^n は「シー　エヌ」と読む．

(4)　すべての自然数 n に対し，$f^n(x)$ が微分可能なとき，つまり，無限回微分可能なとき，$f(x)$ を **C^∞ 級関数**，または，**滑らかな関数**という[31]．

この用語を用いれば，C^∞ 級関数は何度でも微分可能であるといえる[32]．また，定義からわかるように，C^n 級関数は C^{n-1} 級関数でもあるので，関数の"種類"としては，n が小さい方が多いといえる．

9・8　グラフと極値

1次関数や2次関数のグラフはよく知られているが，他の関数のグラフはどう描けばよいのだろうか．この節の残りで，一般の関数（簡単のため，滑らかな関数とする）のグラフの描き方を説明する．

関数 $y=f(x)$ のグラフを描く際に必要なのは，各点での1次と2次の微分係数の正負である．まず，1次微分係数の正負が必要である理由から説明する．

この章の始めで，関数の微分とは微小変化量のことであると述べた．つまり，1次微分係数は，各点各点での微小変化量を表している．1次微分係数が正ならば，その点の極めて近くでは関数の値は増えていくということだから，グラフは増加する形（x が増えるにしたがって y も増える，右肩上がり）を描く．逆に負ならば，値は減っていくので，グラフは減少する形（x が増えるにしたがって y は減る，右肩下がり）を描く．

グラフを描く際にまず重要なのは，増える方向から減る方向に，あるいは，減る方向から増える方向に変わる境界の点である．これは2次関数の頂点のよう

---

31)　C^∞ は「シー　インフィニティ」，または，「シー　無限大」と読む．

32)　本章で扱う微分可能な関数は，（微分可能な範囲で）すべて C^∞ 級関数である．本書では考えないが，関数の滑らかさには他にも，べき級数展開可能な関数を表す C^ω 級関数という分類もある（C^ω は「シー　オメガ」と読む．ω はギリシャ文字のオメガ Ω の小文字 [⇨ **表見返し**]）．

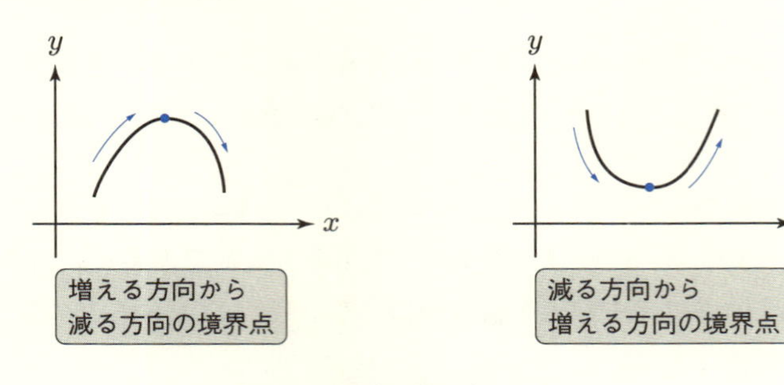

図 9.1　増減の境界点のイメージ

な場所である（**図 9.1**）.

導関数は連続である（滑らかな関数を考えているため）から，微分係数の値は連続的に変化していく．つまり，このグラフの増減の境界の点では微分係数が 0 をとる.

定義 9.3（極値）

関数 $y = f(x)$ に対し，そのグラフの増減が変わる点 $x = a$ での値 $f(a)$ を **極値**（きょくち）という.

とくに，グラフが減少から増加に変わる極値を **極小値**（きょくしょうち），増加から減少に変わる極値を **極大値**（きょくだいち）という.

注意 9.10　$x = a$ で極値をとるならば，$x = a$ で $f'(x) = 0$ となる．しかし，$f'(x) = 0$ となる点で必ず極値をとるとは限らない．つまり，$f'(x) = 0$ をみたす点は，極値をとる候補点である.

注意 9.11　図 9.1 の左図が極大値，右図が極小値を表している.

なお，極値は 1 つとは限らない．1 つの極小値と 2 つの極大値をもつような関数や，無限個の極小値と極大値をもつ関数も存在する．また，極小値か極大値のどちらか一方しかもたない関数や，極値を一切もたない関数も存在する.

例 9.2　**極小値も極大値ももたない例**　$y = ax + b$ [⇨ **図 6.3** の左図]，$y =$

e^x [⇨ **図 6.5** の左上図], $y=\log x$ [⇨ **図 6.5** の右上図], $y=\tan x$ [⇨ **図 7.19**].

極小値か極大値のどちらか一方を 1 つだけもつ例　$y=ax^2+bx+c\ (a\neq 0)$ [⇨ **図 6.3** の右図].

極小値と極大値をともに無限個もつ例　$y=\sin x$ [⇨ **図 7.17**], $y=\cos x$ [⇨ **図 7.18**]. ◆

注意 9.12　極小値と最小値，極大値と最大値は，名前は似ているが異なることを表す値である．2 次関数のように両者が一致する場合もあるが，一致しない場合や，極小値は存在するが最小値は存在しない場合，その逆の場合などもある．また，極値は複数存在してもよいが，最小値，最大値は多くても 1 つずつしか存在しない．

極値をもたない関数は，(i) 増え続ける，(ii) 減り続ける，(iii) 変化しないの 3 パターンが考えられるが，(i) のパターンの関数を**単調増加関数**(たんちょうぞうか)，(ii) のパターンの関数を**単調減少関数**(たんちょうげんしょう)という．単調な関数はさらに分類できて，変化しない区間（$f'(x)=0$ をみたす区間）を一切もたない場合，**狭義単調増加関数**(きょうぎ)，**狭義単調減少関数**といい，変化しない区間を少しでももつ場合，**広義単調増加関数**(こうぎ)，**広義単調減少関数**という（**図 9.2**）．

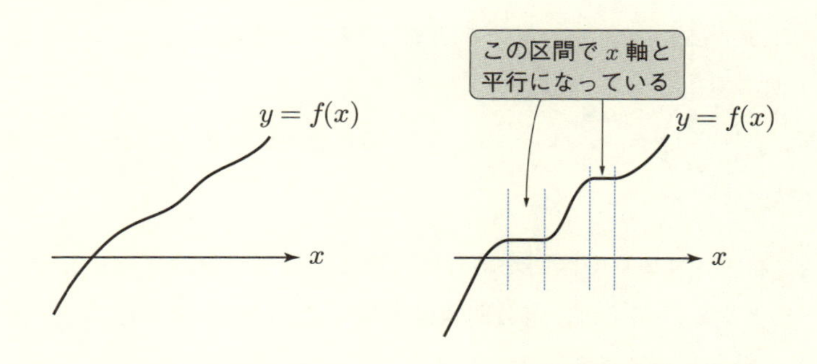

図 9.2　単調増加関数の例

$x=a$ で極値をとるとき，ある小さな正の値 h を用いると，定義より，極小値の近くでは

$$f'(a-h)<0, \qquad f'(a+h)>0 \tag{9.20}$$

がなりたっていることがいえる．一方，極大値の近くでは

$$f'(a-h)>0, \qquad f'(a+h)<0 \tag{9.21}$$

がなりたっていることがいえる．いま，$f'(a\pm h)$ の具体的な値はどうでもよく，正なのか負なのかが重要である．そしてこの符号は次の極値をとる点まで同じである [33]．

注意 9.13　通常，極値を問われた場合は，極小値と極大値それぞれの値だけでなく，そのときの x の値も答える．また，極小値と極大値をともにもたない場合や，どちらか一方をもたない場合は，「もたない」ということを理由とともに答える．

例題 9.5　関数 $f(x)=x^2+x-1$ の極値を求めよ．　□□□

解　$f'(x)=2x+1$ だから，$f'(x)=0$ を解くと，$2x+1=0$ より，$x=-\dfrac{1}{2}$．$x>-\dfrac{1}{2}$ では $f'(x)>0$，$x<-\dfrac{1}{2}$ では $f'(x)<0$ となるから，$x=-\dfrac{1}{2}$ は極小値をとる．他に極値をとる点はない．

よって，$f\left(-\dfrac{1}{2}\right)=-\dfrac{5}{4}$ より，$x=-\dfrac{1}{2}$ のとき，極小値 $-\dfrac{5}{4}$ をとる．また，極大値はもたない．◇

注意 9.14　$f'(x)=0$ の区間があれば，そこではグラフは変化しない，つまり x 軸と平行となる．例えば，定数関数は全域で $f'(x)=0$ をみたすため，グラフは全域で x 軸と平行である．

33）　極値の定義と導関数の連続性から，極値と極値の間は同じ符号でなければおかしい．

また，これより，極値ではグラフの接線が x 軸に平行になることもわかる．

グラフを描く際は，この符号の様子をまとめた，**増減表**（ぞうげんひょう）とよばれる，**図 9.3** のような表を書くとよい．重要なのは極値をとる点とその前後での導関数の符号なので，増減表では極値をとる点の間の $f'(x)$ の値は符号で省略する．また，極値以外の $f(x)$ の値も（必要ないので）省略し，斜めの矢印で増減を表す．

x	$\cdots$	a	$\cdots$	b	$\cdots$	c	$\cdots$
$f'(x)$	$+$	0	$-$	0	$+$	0	$-$
$f(x)$	$\nearrow$	$f(a)$	$\searrow$	$f(b)$	$\nearrow$	$f(c)$	$\searrow$

図 9.3　増減表の例（極値のみバージョン）

9・9　グラフと変曲点

前小節の内容で，グラフが描けたと思うかもしれない．実際，それで十分なことも多い．しかし，グラフを描く際は「増え方」や「減り方」も気にする必要がある．例えば，増え方が急なのか（例えば指数関数［⇨ **図 6.5** 左上図］），緩やかなのか（例えば対数関数［⇨ **図 6.5** 右上図］）ということである．これを知るためには $f(x)$ の 2 次導関数を調べればよい．

グラフの増え方・減り方は $f'(x)$ の値によるが，例えば $f'(x) = 1$ になる点のすぐ右の点（x をほんの少し大きくした点）$x = a$ で $f'(a) > 1$ となれば，増え方は大きくなっていることになる．逆に $f'(a) < 1$ となれば[34]，増え方は小さくなっていることになる．

これは，$f'(x)$ の 1 次導関数に対する極値の話と同じであるが，$f'(x)$ の 1 次導関数は $f(x)$ の 2 次導関数であるから，$f(x)$ の 2 次導関数の符号を調べればよいことになる．

---

34)　正確には「$0 < f'(a) < 1$ となれば」．

定義 9.4（変曲点）

関数 $y=f(x)$ に対し，そのグラフの増減の緩急が変わる点 $(a,f(a))$ を**変曲点**（へんきょくてん）という．

注意 9.15　$x=a$ で変曲点をとるならば，$x=a$ で $f''(x)=0$ となる．しかし，$f''(x)=0$ となる点が必ず変曲点であるとは限らない．つまり，$f''(x)=0$ をみたす点は，変曲点の候補点である．

注意 9.16　極値は y の値であるが，変曲点は座標 (x,y) である．

極値と同様，変曲点は1点だけとは限らないし，1点ももたない関数も存在する．また，極値はもたないが変曲点だけをもつ関数も存在する[35]．

例 9.3　1次関数も2次関数も，変曲点は（1点も）もたない．◆

例題 9.6　関数 $f(x)=x^3-2x^2-1$ の変曲点を求めよ．□□□✍

解　$f'(x)=3x^2-4x$, $f''(x)=6x-4$ だから，$f''(x)=0$ を解くと，$6x-4=0$ より，$x=\dfrac{2}{3}$．$f\left(\dfrac{2}{3}\right)=-\dfrac{43}{27}$ だから，変曲点は $\left(\dfrac{2}{3},-\dfrac{43}{27}\right)$．◇

変曲点のために，**図 9.4** のように増減表を拡張して，$f''(x)$ の符号を書く行を加えればよい．そして，$f(x)$ の行に書く矢印も，増減の緩急を表すように，曲がった矢印を書けばよい．

このとき，$f''(x)$ の符号はグラフの形を決めて，$f'(x)$ の符号は増減の方向を決める．ここでいう「グラフの形」とは，2次関数のグラフをイメージして，$y=ax^2$ の係数 a の符号と対応すると考えるとよい．a が正のときは下に凸（とつ），負

35）　探してみよう（✍）．

x	$\cdots$	a	$\cdots$	d	$\cdots$	b	$\cdots$	e	$\cdots$	c	$\cdots$
$f'(x)$	$+$	0	$-$	$-$	$-$	0	$+$	$+$	$+$	0	$-$
$f''(x)$	$-$	$-$	$-$	0	$+$	$+$	$+$	0	$-$	$-$	$-$
$f(x)$	↗	$f(a)$	↘	$f(d)$	↘	$f(b)$	↗	$f(e)$	↗	$f(c)$	↘

図 9.4　増減表の例

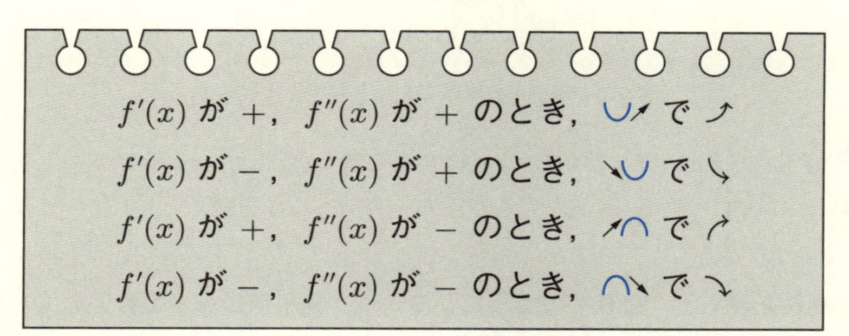

図 9.5　増減表の矢印

のときは上に凸の放物線になるが，どちらの放物線を選ぶか決めるのが $f''(x)$ の符号である[36]．$f''(x)$ の符号と $f'(x)$ の符号で組み合わせは 4 パターンあるので，増減表に書く曲がった矢印は**図 9.5** の組み合わせがある．

グラフを描くには，座標平面上に極値と変曲点の位置をプロットし，増減表に書いた矢印を参考に，極値や変曲点を曲線で滑らかに結べばよい（**図 9.6**）．

例題 9.7　関数 $f(x) = 2x^3 - 3x^2 + 2$ の極値と変曲点を求め，増減表を書け．（ヒント：増減表を書いてから極値と変曲点を答えればよい）

□□□

---

36)　放物線を選ぶといっているが，$f(x)$ のグラフが放物線（の一部）の組み合わせになるといっているのではない．あくまでも，増減表に書くグラフの緩急を決める矢印がどういう形になるのか，という話であるので，誤解しないように．

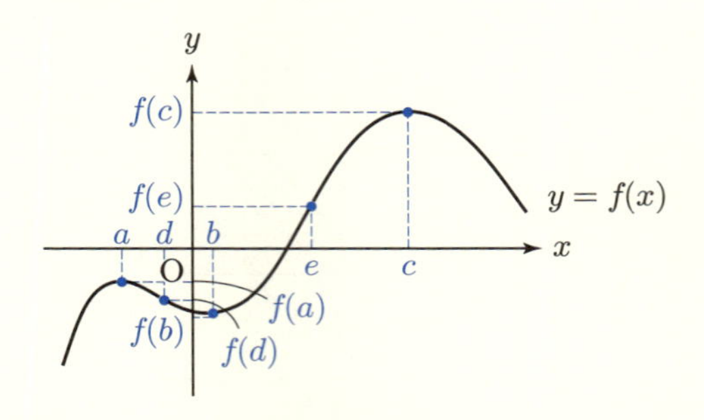

図 9.6　図 9.4 の増減表をもとに書いたグラフ

解　$f'(x)=6x^2-6x$ だから，$f'(x)=0$ を解くと，$6x^2-6x=6x(x-1)=0$ より，$x=0,1$．$f''(x)=12x-6$ だから，$f''(x)=0$ を解くと，$12x-6=0$ より，$x=\dfrac{1}{2}$．

増減表を書くと，**図 9.7** のようになるから，極小値は $x=1$ のとき，1 をとる．極大値は $x=0$ のとき，2 をとる．また，変曲点は $\left(\dfrac{1}{2},\dfrac{3}{2}\right)$ である．◇

x	$\cdots$	0	$\cdots$	$\frac{1}{2}$	$\cdots$	1	$\cdots$
$f'(x)$	$+$	0	$-$	$-$	$-$	0	$+$
$f''(x)$	$-$	$-$	$-$	0	$+$	$+$	$+$
$f(x)$	↗	2	↘	$\frac{3}{2}$	↘	1	↗

図 9.7　例題 9.7 の増減表

9・10　グラフと極限

グラフは，極値と変曲点について調べ，増減表にまとめて，それを参考に描けばよかったが，実はこれだけではまだ不十分である．定義域の両端（全域の場合は $x\to\pm\infty$）や特異点 $\left(例えば，y=\dfrac{1}{x} の x=0 のこと\right)$ 付近の様子も確認する必要がある．

これは例えば，緩やかに増加し続ける関数をイメージすると必要性が理解しやすい．この関数が $x \to \infty$ で $y \to \infty$ になるのか，それとも上限があり，$y \to c$ となる値 c が存在するのかという問題があるからである．このときの $y = c$ のように，グラフが絶対に越えない直線を**漸近線**（ぜんきんせん）という [37]．

漸近線は大きく 2 種類がある．

タイプ I　$y = ax + b$ の直線で表せる漸近線（**図 9.8** の左）．このとき，a, b は 0 であってもよい．つまり，x 軸に平行な直線 $y = b$ になることもある．

タイプ II　y 軸に平行な直線で表せる漸近線（**図 9.8** の右）．$x = a$ の形で表せる直線ともいえる．これはタイプ I の一種である x 軸に平行な直線と違い，$y = ax + b$ の形では表せないため，別に考える必要がある．

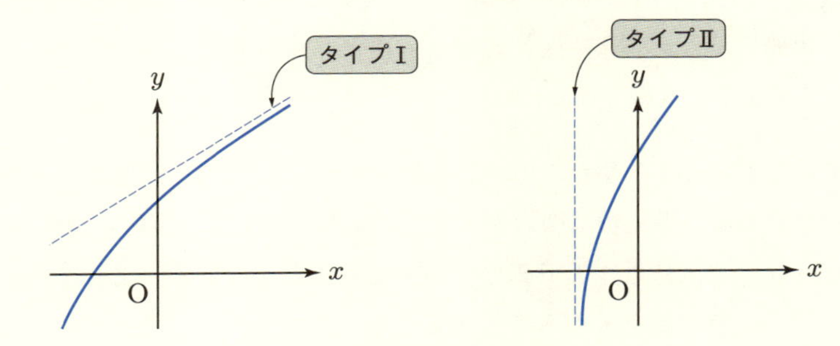

図 9.8　漸近線

漸近線を調べるために，定義域の両端と特異点で極限を計算する必要がある．調べるのが簡単なのはタイプ II であるため，この場合から考えよう．

例 9.4　$y = \dfrac{1}{x}$ のグラフ（**図 9.9**）で，$x = 0$ はタイプ II の漸近線である [38]．◆

タイプ II の漸近線は $x \to \pm\infty$ では存在しない．つまり，タイプ II の漸近線は，存在するならば，x がある定数 a をとる位置にある．この極限 $x \to a$ を計算して，∞ または $-\infty$ となれば，$x = a$ が漸近線だとわかる．

---

37) すべてのグラフに漸近線があるわけではないので，誤解しないように．

38) $y = 0$ も漸近線であるが，こちらはタイプ I の漸近線である．

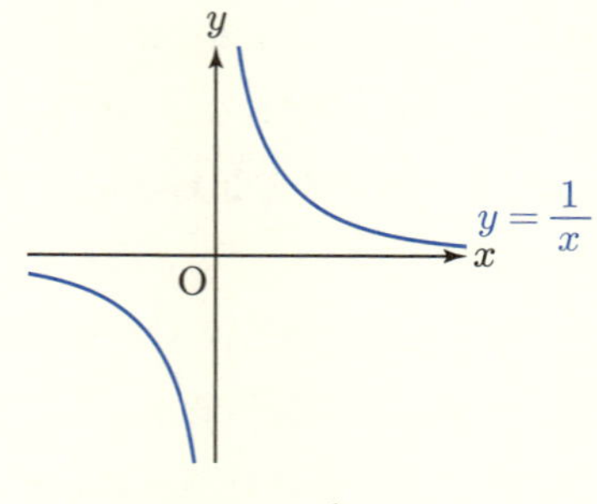

図 9.9　$y = \dfrac{1}{x}$ のグラフ

注意 9.17　例 9.4 の $y = \dfrac{1}{x}$ のように，右極限と左極限が一致しない場合もあるため，正確には，$x \to a+0$ と $x \to a-0$ を計算して [39)]，∞ または $-\infty$ となれば，$x = a$ が漸近線である．

次にタイプ I の場合を考えよう．このタイプは，タイプ II と逆に $x \to \pm\infty$ を考える必要がある．漸近線は関数のグラフが絶対に越えない直線と説明したが，これはグラフが無限に近づく直線と言い換えることができる．これを式で考えればタイプ I の漸近線を求めることができる．ただし，そのままでは b しか決まらないので，ある工夫が必要である．その工夫により，次の定理がいえる．

定理 9.14（（タイプ I の）漸近線の求め方）

1 次関数ではない関数 $y = f(x)$ に対し [40)]，

$$\lim_{x \to \infty} \frac{f(x)}{x} = a, \tag{9.22}$$

$$\lim_{x \to \infty} (f(x) - ax) = b \tag{9.23}$$

---

39) 右極限または左極限が x の定義域外になる場合は，定義域内になる一方のみでよい．例えば，定義域が $x > a$ の場合は，右極限 $x \to a+0$ しか考えられないため，左極限 $x \to a-0$ は考えない．

40) $f(x)$ が 1 次関数の場合，漸近線はないが，(9.22) と (9.23) の両方をみたす a, b が存在してしまう．

となる実数 a, b が存在するとき，直線 $y = ax + b$ は $y = f(x)$ の $x \to \infty$ での漸近線である．

また，(9.22) と (9.23) で，$x \to \infty$ を $x \to -\infty$ と置き換えた場合に同様のことがいえるとき，直線 $y = ax + b$ は $y = f(x)$ の $x \to -\infty$ での漸近線である．

証明　$x \to -\infty$ のときも同様なので，$x \to \infty$ のときだけを示す．

まず，

$$\lim_{x \to \infty} (f(x) - (ax + b)) = 0 \tag{9.24}$$

がなりたてば，$y = f(x)$ が $y = ax + b$ に無限に近づくということなので，$y = ax + b$ は漸近線である．このとき，(9.24) を整理すれば，(9.23) が得られる．

次に，極限 $\displaystyle\lim_{x \to \infty} \frac{f(x) - (ax + b)}{x}$ を考える[41]．

$$\begin{aligned}
\lim_{x \to \infty} \frac{f(x) - (ax + b)}{x} &= \lim_{x \to \infty} \left((f(x) - (ax + b)) \cdot \frac{1}{x} \right) \\
&= \lim_{x \to \infty} (f(x) - (ax + b)) \cdot \lim_{x \to \infty} \frac{1}{x} \\
&\overset{\because (9.24)}{=} 0 \times 0 \\
&= 0
\end{aligned} \tag{9.25}$$

と計算できるが，$\displaystyle\lim_{x \to \infty} \frac{f(x) - (ax + b)}{x}$ は，

$$\begin{aligned}
\lim_{x \to \infty} \frac{f(x) - (ax + b)}{x} &= \lim_{x \to \infty} \left(\frac{f(x)}{x} - a - \frac{b}{x} \right) \\
&= \left(\lim_{x \to \infty} \frac{f(x)}{x} \right) - a - 0 \\
&= \lim_{x \to \infty} \frac{f(x)}{x} - a
\end{aligned} \tag{9.26}$$

とも変形できるので，(9.25) と (9.26) より，

41)　これが「ある工夫」である．

$$\lim_{x\to\infty}\frac{f(x)}{x}-a=0 \tag{9.27}$$

がいえる．したがって，a を移項すれば，(9.22) が得られる．◇

グラフの描き方についてのまとめ　グラフを描くには極値，変曲点，漸近線の3つを調べる必要がある．ただし，漸近線は $y=c$ や $x=c$ のような，座標軸に垂直な直線になるとは限らず，$y=x$ のような直線になることもある[42]．

例題 9.8　関数 $f(x)=2x^3-3x^2+2$ のグラフを描け．（ヒント：例題9.7の関数と同じであるため，そこで書いた増減表を利用すればよい）

解　増減表は例題9.7で書いたので［⇨ **図 9.7**］，あとは漸近線をもつか調べればよい．特異点（不連続な点など）は存在しないので，$x\to\pm\infty$ の様子を調べる．

$$\begin{aligned}\lim_{x\to\infty}f(x)&=\lim_{x\to\infty}(2x^3-3x^2+2)\\&=\lim_{x\to\infty}x^3\left(2-\frac{3}{x}+\frac{1}{x^3}\right)=\infty\end{aligned} \tag{9.28}$$

より，$x\to\infty$ では $f(x)$ は正に発散する．同様に，$\displaystyle\lim_{x\to-\infty}f(x)=-\infty$ がいえるので，$x\to-\infty$ では $f(x)$ は負に発散する．したがって，漸近線はもたない．

---

42)　とはいえ，「グラフを描く」という表現にはいくつかの意味があって，極値のみ調べて描けばよい場合や，漸近線まで求められる場合でも，漸近線は座標軸に垂直なものの存在だけ調べて描けばよい場合も多い．どのような意味で問われているのかは，問われている事柄や前後の文脈から判断する必要がある．

また，グラフに x 軸や y 軸との交点があれば，その値を求め，グラフに描く（プロットする）ことが暗に必要とされているが，例題9.8の関数のように，交点が容易に求められない場合は省略することも許されることが多い．ただし，通常，これが省略可能かどうかは，やはり自分で判断することになる．

以上より，増減表をもとにグラフを描けば，**図 9.10** のようになる．

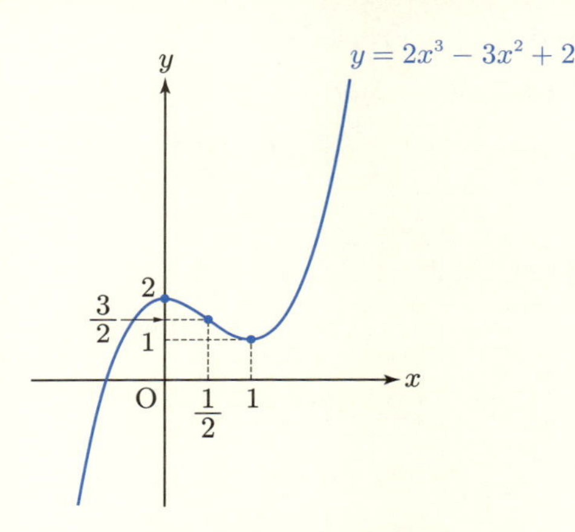

図 9.10　例題 9.8 のグラフ

◇

§9 の問題

確認問題

問 9.1　次の関数の 1 階微分と 2 階微分を求めよ．

(1)　$f(x) = 2x + 1$　　(2)　$f(x) = \sqrt{3}x + 1$　　(3)　$f(x) = -x^2 + 3x + 1$

(4)　$f(x) = 2x^2 - x - 1$　　(5)　$f(x) = x^3 + x^2 + x + 1$

(6)　$f(x) = -3x^3 + x^2 + 2x - 6$　　(7)　$f(x) = -\frac{1}{3}x^3 - 3x^2 - 4$

(8)　$f(x) = x^4 - 1$　　(9)　$f(x) = x^4 + 2x^3 - x$

□□□ [⇨ 9・2 9・7]

問 9.2　次の関数の 1 階微分と 2 階微分を求めよ．

(1)　$f(x) = (x + 1)(x - 1)$　　(2)　$f(x) = (2x + 1)^2$

(3)　$f(x) = (-x + 1)(3x - 1)$　　(4)　$f(x) = 2x(x^2 + 1)$

(5) $f(x)=(3x+1)(x^2+2x+2)$　(6) $f(x)=(x^2-x-1)(x^2+2x-1)$

(7) $f(x)=(x^2+1)^3$　(8) $f(x)=(2x+1)(x^2-2)$

(9) $f(x)=(x-1)(x+1)(x-2)(x+2)$　(10) $f(x)=(x-1)^2(x+2)$

(11) $f(x)=(x+5)(x^2-4)$　(12) $f(x)=(x+1)^4(x-1)^4(x^2+1)^4$

□□□ [⇨ 9・2 9・3 9・7]

問 9.3 次の関数を微分せよ（1 階微分を求めよ）.

(1) $f(x)=\dfrac{1}{x-1}$　(2) $f(x)=\dfrac{-x-2}{x+2}$　(3) $f(x)=\dfrac{3x-1}{2x+1}$

(4) $f(x)=\dfrac{3x+1}{2x^2+x-2}$　(5) $f(x)=\dfrac{x^2+3x+2}{x+2}$

(6) $f(x)=-\dfrac{x^2-x-1}{x^2+x+1}$　(7) $f(x)=\sqrt{x+1}$　(8) $f(x)=\sqrt{2x-1}$

(9) $f(x)=\sqrt{x^2+1}$　(10) $f(x)=\sqrt{(x-1)^3}$　(11) $f(x)=\dfrac{1}{\sqrt{x+2}}$

(12) $f(x)=\dfrac{2}{\sqrt{x-3}}$　(13) $f(x)=\dfrac{x}{\sqrt{2x+1}}$　(14) $f(x)=\dfrac{x-1}{\sqrt{x-1}}$

(15) $f(x)=\dfrac{x+2}{\sqrt{2x-1}}$

□□□ [⇨ 9・2 9・3]

基本問題

問 9.4 $\cos x$ は微分可能で，導関数は $(\cos x)'=-\sin x$ となることを示せ [⇨ 定理 9.7].

□□□ [⇨ 9・5]

問 9.5 次の関数を微分せよ（1 階微分を求めよ）.

(1) $f(x)=\log(x+1)$　(2) $f(x)=\sin(2x)$　(3) $f(x)=e^{2x+1}$

(4) $f(x)=\sin(x^2+1)$　(5) $f(x)=\cos(2x-1)$　(6) $f(x)=\log(x^2+2)$

(7) $f(x)=e^{x^2}$　(8) $f(x)=\sin(3x^2-x-1)$　(9) $f(x)=\tan(2x)$

□□□ [⇨ 9・2 9・5]

問 9.6 次の関数のグラフを描け.

(1) $f(x)=x^3+2x+4$　(2) $f(x)=-x^3+2x+1$

(3)　$f(x) = x^4 - 5x^2 + 4$　(4)　$f(x) = \sin(2x)$　(5)　$f(x) = \dfrac{1}{x+1}$

(6)　$f(x) = \dfrac{1}{x^2+1}$　(7)　$f(x) = e^{x^2}$　(8)　$f(x) = e^{-\frac{1}{2}(x-1)^2}$

(9)　$f(x) = \dfrac{x^2}{x+1}$

□□□ [⇨ 9・8 9・9 9・10]

チャレンジ問題

問 9.7　次の関数を微分せよ（1 階微分を求めよ）.

(1)　$f(x) = \cos\left(\dfrac{2x-1}{x+2}\right)$　(2)　$f(x) = \log\left(\dfrac{\cos(2x)}{e^{3x}}\right)$

(3)　$f(x) = \dfrac{\sin x}{e^x}$　(4)　$f(x) = \log(\log x)$　(5)　$f(x) = \dfrac{\cos(2x)}{\sin x}$

(6)　$f(x) = \sqrt{\cos^3(\sqrt{2}x)}$

□□□ [⇨ 9・2 9・3 9・5]

問 9.8　次の問に答えよ.

(1)　関数 $f(x) = \sqrt{e^x} - x$ の最小値を求めよ.

(2)　右極限 $\displaystyle\lim_{x \to +0} x \log x$ を求めよ.

(3)　関数 $f(x) = x \log x$ のグラフを描け.

□□□ [⇨ 9・8 9・9 9・10]

§10 積分とは

§10のポイント

- 関数の積分には，**微分の逆**という計算上の見方と，**図形の面積**を求めるという定義としての見方の2種類がある．
- 積分には**定積分**と**不定積分**の2種類がある．定積分では**値**が求まり，不定積分では**関数**が求まる．

10・1 積分の定義

積分は，よく微分の逆の計算だといわれる．実際，積分では，ある関数（原始関数という）を微分すると，積分する関数（被積分関数という）になるような関数を見つける計算をする．

しかし，定義を見ればわかるように，(1変数関数の積分では）その関数のグラフで作られる図形の面積を求めることになる[1]．正直なところ，積分の計算をするだけであれば「積分は微分の逆」という理解でも多くの場合は問題ないが，積分を“利用”する場合は，定義通り図形の面積を求めているとイメージすることで理解が進むことも多い．

定義 10.1（積分）

区間 $[a,b]$ で定義された関数 $f(x)$ に対し[2]，$y=f(x)$ と x 軸（$y=0$），$x=a$, $x=b$ で囲まれた部分の面積を S とする．ただし，この面積は符号

---

1) 2変数関数では，グラフで作られる立体の体積を求めることになる［⇨［藤岡2］pp.212–213］．

2) 区間を表す括弧は，[ ] か ( ) かで意味が異なる．前者は境界の等号を含み，後者は含まない．つまり，区間 $[a,b]$ で定義された関数 $f(x)$ とは，x の定義域が $a \leq x \leq b$ であることをいっている．ちなみに，2種類の括弧は交ぜて使うこともある．例えば，$[a,b)$ は $a \leq x < b$ を意味する．

つきで，$y>0$ の部分は正の値を，$y<0$ の部分は負の値をもつ面積とする．

(1) このような面積 S が存在するとき，関数 $f(x)$ は区間 $[a,b]$ で**積分可能**であるといい，S を $f(x)$ の区間 $[a,b]$ における**定積分**(てい)という．

(2) $f(x)$ の区間 $[a,b]$ における定積分を

$$\int_a^b f(x)\,dx \tag{10.1}$$

で表し，$f(x)$ を**被積分関数**(ひ)，$[a,b]$ を**積分区間**という．

(3) 変数 $x\in[a,b]$ に対し [3]，

$$\int_a^x f(x)\,dx \tag{10.2}$$

を $f(x)$ の**不定積分**(ふてい)という．

定積分でも不定積分でも，$f(x)=1$ の場合，1 は省略して書くことができる．つまり，

$$\int 1\,dx=\int dx \tag{10.3}$$

である．

また，定積分において，$a=b$ のときは面積 S は 0 なので，

$$\int_a^a f(x)\,dx=0 \tag{10.4}$$

である．

注意 10.1 不定積分は，正確には，被積分関数の変数と積分区間の変数で別の文字を使う．つまり，x と別の文字（例えば t）を使って，

$$\int_a^x f(t)\,dt \tag{10.5}$$

のように書く．また，$f(x)$ が連続な関数の場合，微分積分学の基本定理より，

---

3) 区間 $[a,b]$ は a 以上，b 以下の実数の集合と見ることができるため，x は区間 $[a,b]$ の要素という意味でこのように表す．

不定積分は次で定義する原始関数と一致する［⇨［藤岡 2］pp.98–99］ため，

$$\int f(x)\,dx \tag{10.6}$$

と書くことも多い．

定義 10.2（原始関数）

2つの関数 $F(x)$ と $f(x)$ に対し，$F(x)$ が微分可能で，$F'(x) = f(x)$ をみたすとき，$F(x)$ を $f(x)$ の**原始関数**（げんし）といい，

$$F(x) = \int f(x)\,dx \tag{10.7}$$

で表す．

例 10.1　(1)　$(x^2)' = 2x$ だから，x^2 は $2x$ の原始関数である．
(2)　$(x^3 - 2x + 1)' = 3x^2 - 2$ だから，$x^3 - 2x + 1$ は $3x^2 - 2$ の原始関数である．◆

注意 10.2　微分すると $f(x)$ になる関数 $F(x)$ を求めることが積分であるといえる．これが積分は微分の逆の計算だといわれる所以（ゆえん）である．

定数項は微分すると0になるため，1つの $f(x)$ に対し，原始関数は定数項の違いで無限個存在する．つまり，任意の定数 C と，$f(x)$ の原始関数 $F(x)$ に対し，

$$G(x) = F(x) + C \tag{10.8}$$

で定義された関数 $G(x)$ も $f(x)$ の原始関数である．このときの定数 C を**積分定数**というが[4]，不定積分を計算して原始関数を求めたときは，この積分定数 C も必要になる．つまり，

---

4)　積分定数として使う文字は C に限らないため，問題の解答などで積分定数として C を使う場合は，「C を積分定数とする」といった説明が一言必要である．

$$\int f(x)\,dx = F(x) + C \tag{10.9}$$

となる.

注意 10.3 注意 10.1 で触れた**微分積分学の基本定理**は，連続な関数 $f(x)$ とその不定積分 $F(x)$ との間に,

$$F'(x) = f(x) \tag{10.10}$$

がなりたつという定理であるが,

$$\int_a^b f(x)\,dx = F(b) - F(a) \tag{10.11}$$

がなりたつことと表される場合もある[5]. これにより，定積分の計算ができるが，この $F(b) - F(a)$ を $\Big[F(x)\Big]_a^b$ や $\Big[F(x)\Big]_{x=a}^{x=b}$，$\Big[F(x)\Big]_{x=a}^{b}$ と書くこともある.

10・2 定積分で求める面積

定積分の定義（定義 10.1）で,「$y = f(x)$ と x 軸（$y = 0$），$x = a$, $x = b$ で囲まれた部分の面積を S とする」と述べた．これに関して，x 軸，$x = a$, $x = b$ は直線であるが，$y = f(x)$ は一般には曲線であるため，これらで囲まれた部分の面積をどのように求めるのかという問題が残る[6].

この面積の定義の仕方は複数存在するが，本書では高校数学の積分で用いている定義を紹介する（定義としてまとめることはせず，方法を紹介するにとどめることとする）．簡単のために，関数 $f(x)$ は区間 $[a, b]$ で定義されていて，この区間で $f(x) > 0$ をみたしているとする.

---

5) (10.11) は (10.10) より示すこともできる［⇨［藤岡 2］p.99］.

6) 他にも，関数 $f(x)$ が連続でない場合でも，面積が考えられるなら積分可能になってしまうがよいのかといった疑問をもつ読者もいるだろう．本書ではそのような関数の積分は考えないが，実はそのような関数であっても問題ない．微分積分学の基本定理が使える条件として $f(x)$ が連続という条件があるからである．ここからも単純に「積分 = 微分の逆」ではないことがわかるだろう.

まず，区間 $[a,b]$ を任意の小区間で任意の個数に分割する [7]．いま，小区間の端点を x_i（ただし，$i=0,1,2,\cdots,n$）で表すことにして，

$$a=x_0<x_1<x_2<x_3<\cdots<x_{n-1}<x_n=b \tag{10.12}$$

をみたすように n 個の小区間に分割したとする（**図 10.1**）[8]．

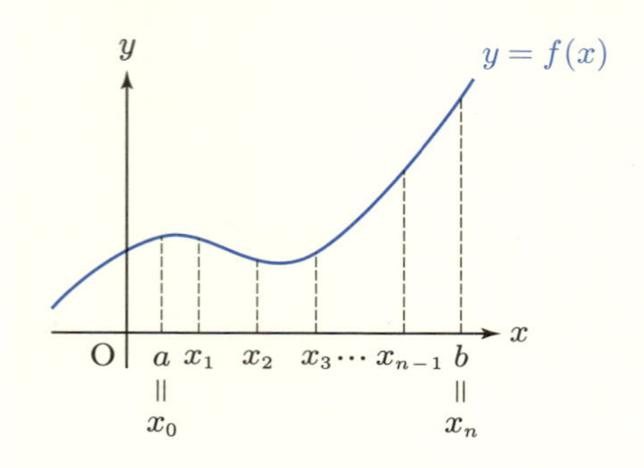

図 10.1　n 個の小区間に分割

次に，各小区間で，その小区間の幅と $f(x_i)$ の高さをもつ長方形を書く．このとき，高さ $f(x_i)$ は小区間の左の端点を選んだ場合（$i=0,1,2,\cdots,n-1$ とする場合）と，右の端点を選んだ場合（$i=1,2,3,\cdots,n$ とする場合）の 2 パターンができる（**図 10.2**）．どちらのパターンでも n 個の長方形ができるが，各長方形の面積は求めることができるので，n 個の長方形の面積を足し合わせた値を得ることができる．左端を選んだときの値を S_{L_n}，右端を選んだときの値を S_{R_n} とする．

S_{L_n} と S_{R_n} のどちらを選んでも，はみ出ている部分や足りない部分があるため，求めたい面積 S（$y=f(x)$ と x 軸，$x=a$, $x=b$ で囲まれた部分の面積）と一

---

7) 区間 $[a,b]$ をハサミで細かくいくつかに切るイメージ．この “切り方” は任意なので，等間隔に切る必要はない．また，不連続な点や微分不可能な点がある場合は，それらの点をすべて切れば（分割点にすれば）よい．

8) つまり，区間 $[x_0,x_n]$ を n 個の小区間 $[x_0,x_1],[x_1,x_2],[x_2,x_3],\cdots,[x_{n-1},x_n]$ に分割した．

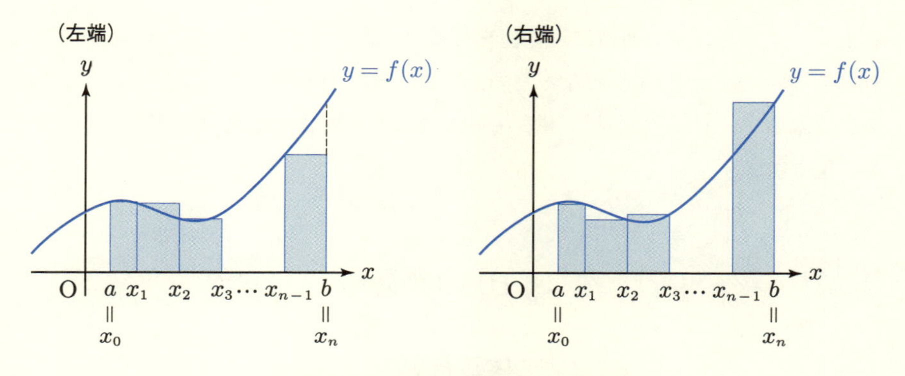

図 10.2 n 個の小区間に対する長方形

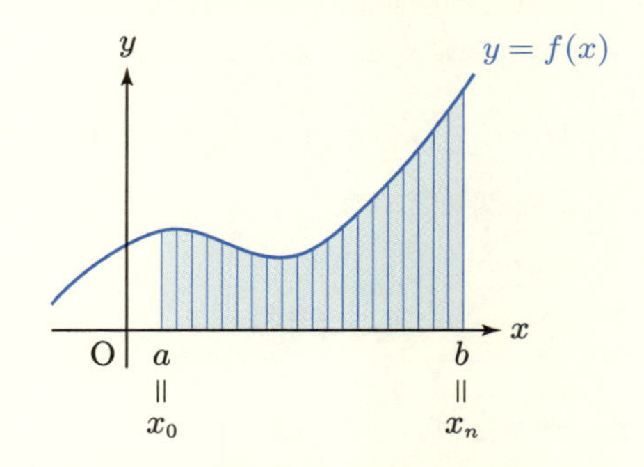

図 10.3 無限に細かく分割した長方形

致しないように見える．実際，よほど特殊な場合でない限り，一致しない．しかし，一方は S より大きく，もう一方は小さくなることはわかる．図 10.2 の場合では，S_{L_n} は S に足りず（$S_{L_n}<S$），S_{R_n} は S より足しすぎている（$S_{R_n}>S$）ため，$S_{L_n}<S<S_{R_n}$ がなりたっている [9]．

小区間の幅を小さくすればするほど，つまり，n を大きくするほど，はみ出ている部分や足りない部分は小さくなっていくので，不等式 $S_{L_n}<S<S_{R_n}$ の

9) $y=f(x)$ のグラフによっては，$S_{R_n}<S<S_{L_n}$ になる場合もある．一般に，$S_{L_n}\leq S\leq S_{R_n}$ か $S_{R_n}\leq S\leq S_{L_n}$ のどちらかがなりたつが，どちらでも，また等号を含んでいてもいなくても，以降の議論の流れに影響はない．

幅も小さくでき，S の面積に近い値を得ることができる．そして，$n \to \infty$ とすれば $S_{L_n} \to S$, $S_{R_n} \to S$ となるため，はさみうちの原理 [⇨ **8・3**] より S の値，すなわち，$y = f(x)$ と x 軸，$x = a$, $x = b$ で囲まれた部分の面積が得られる（**図 10.3**）.

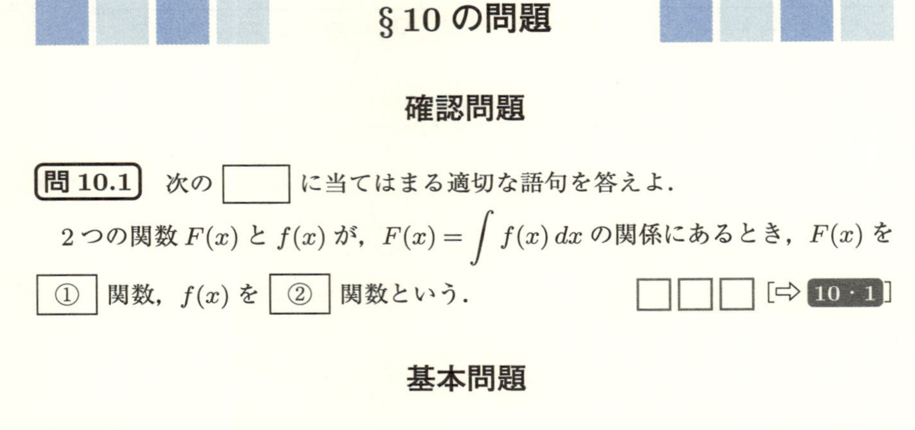

§10 の問題

確認問題

問 10.1　次の ＿＿ に当てはまる適切な語句を答えよ．

2つの関数 $F(x)$ と $f(x)$ が，$F(x) = \int f(x)\,dx$ の関係にあるとき，$F(x)$ を ① 関数，$f(x)$ を ② 関数という．　□□□ [⇨ **10・1**]

基本問題

問 10.2　$y = x^2$ のグラフについて，x 軸と $x = 1$ の直線で囲まれた部分の面積，つまり，$\int_0^1 x^2 dx$ の値を求めたい．区間 $[0, 1]$ を小区間に分割し，2種類の長方形を作り，その面積を足し，極限を考えること（**10・2** で説明した方法）で求めよ．ただし，分割は n 等分を考えればよい．　□□□ [⇨ **10・2**]

チャレンジ問題

問 10.3　問 10.2 の方法（長方形の面積を足す方法）で $\int_0^1 x^2 dx$ の近似値を求めたい．最低で何等分すれば，小数第3位まで一致する近似値を得ることができるか．必要に応じて計算機を使って求めよ．　□□□ [⇨ **10・2**]

§11 1変数関数の積分

§11のポイント

- 定積分の計算には，**不定積分**が必要になる．
- 不定積分は，**微分するとその関数になる関数を探す（微分の逆）計算**である．
- 微分可能ならば計算可能な微分と異なり，積分の場合，**積分可能であっても，計算できない場合がある．**
- 公式の組み合わせで機械的に計算できる微分と異なり，積分の場合，**公式を利用するための工夫が必要になる**ことが多い．

11・1 積分の基本的な定理

計算上，不定積分は「微分すると被積分関数になる関数（原始関数）」を探すことになるし，定積分は不定積分で得た原始関数に積分区間の両端の値を代入して引けばよい[1]．したがって，積分の計算をする上で重要なのは，原始関数を見つけられるかということになる．

一般に，微分可能な関数ならば，導関数を得ることは可能である．しかし，積分可能な関数の場合，原始関数を得られるかは関数による．つまり，積分可能であることがわかっていても，その原始関数が何になるかはわからない，とい

[1] そのため，11・3 以降は，とくに必要のない限り，不定積分のみを扱うが，登場する定理はすべて定積分でも同様になりたつ．

う事態が生じることがある[2)]．積分の計算にはさまざまな工夫が必要になることがあるため，その工夫としてよく使う定理の紹介から始める．

定理 11.1（不定積分の線形性）（重要）

関数 $f(x), g(x)$ がともに積分可能であるとき，実数 k, l に対し，

$$\int (kf(x) + lg(x))\,dx = k\int f(x)\,dx + l\int g(x)\,dx \tag{11.1}$$

がなりたつ．

証明　関数 $f(x), g(x)$ の原始関数を，それぞれ $F(x), G(x)$ とすると，$F(x) = \int f(x)\,dx$，$G(x) = \int g(x)\,dx$ だから，$F'(x) = f(x)$，$G'(x) = g(x)$ である．よって，

$$\begin{aligned}\frac{d}{dx}(kF(x) + lG(x)) &= kF'(x) + lG'(x)\\ &= kf(x) + lg(x)\end{aligned} \tag{11.2}$$

がいえる．この両辺を積分すると，

$$\begin{aligned}\int (kf(x) + lg(x))\,dx &= \int \frac{d}{dx}(kF(x) + lG(x))\,dx\\ &= kF(x) + lG(x)\\ &= k\int f(x)\,dx + l\int g(x)\,dx\end{aligned} \tag{11.3}$$

となる．◇

---

2) これは，人類にはわからないというような意味である．そのため，「積分できない」という表現には，「積分可能でない」と「積分可能だが，人類にはその原始関数が導出できない」と「積分可能だが，その人の実力が足りず，原始関数を求めることができない」の3つの意味があることになる．一方，「微分できない」には，「微分可能でない」と「微分可能だが，その人の実力が足りず，導関数を求めることができない」の2つの意味しかない．

定理 11.2（置換積分）（重要）

関数 $f(x)$ が積分可能で，関数 $x = g(t)$ が微分可能ならば，$f(x)$ が積分可能な範囲で，

$$\int f(x)\,dx = \int f(g(t))\frac{dg}{dt}(t)\,dt \tag{11.4}$$

がなりたつ．

証明　$F(x) = \int f(x)\,dx$ とする．このとき，定理 9.6 より，

$$\begin{aligned}\frac{dF}{dt}(x) &= \frac{dF}{dt}(g(t)) = \frac{dx}{dt}\frac{dF}{dx}(x)\\ &= \frac{dg}{dt}(t)\cdot f(x) = \frac{dg}{dt}(t)\cdot f(g(t))\end{aligned} \tag{11.5}$$

となる．この両辺を t で積分すると，

$$\begin{aligned}\int f(g(t))\frac{dg}{dt}(t)\,dt &= \int \frac{dF}{dt}(x)\,dt\\ &= F(x) = \int f(x)\,dx\end{aligned} \tag{11.6}$$

がいえる．◇

注意 11.1　この定理は，右辺から左辺の形で使うことが多い．

定理 11.3（部分積分）（重要）

関数 $f(x), g(x)$ がともに微分可能ならば，

$$\int f(x)g'(x)\,dx = f(x)g(x) - \int f'(x)g(x)\,dx \tag{11.7}$$

がなりたつ．

証明　定理 9.4 より，$(f(x)g(x))' = f'(x)g(x) + f(x)g'(x)$ だから，この両辺を積分すると，

$$\begin{aligned}\int (f(x)g(x))'\,dx &= \int \left(f'(x)g(x) + f(x)g'(x)\right)dx\\ &= \int f'(x)g(x)\,dx + \int f(x)g'(x)\,dx.\end{aligned} \tag{11.8}$$

よって，

$$f(x)g(x) = \int f'(x)g(x)\,dx + \int f(x)g'(x)\,dx \qquad (11.9)$$

だから，

$$\int f(x)g'(x)\,dx = f(x)g(x) - \int f'(x)g(x)\,dx \qquad (11.10)$$

がいえる．◇

証明は省略するが，定理 11.1，定理 11.2，定理 11.3 は定積分の場合でも同様になりたつ．つまり，それぞれ対応する仮定のもと，次の 3 つの式がなりたつ．

$$\int_a^b (kf(x) + lg(x))\,dx = k\int_a^b f(x)\,dx + l\int_a^b g(x)\,dx \qquad (11.11)$$

$$\int_a^b f(x)\,dx = \int_c^d f(g(t))\frac{dg}{dt}(t)\,dt \qquad (11.12)$$

（ただし，$a = g(c)$, $b = g(d)$ をみたす．）

$$\int_a^b f(x)g'(x)\,dx = \bigl[f(x)g(x)\bigr]_a^b - \int_a^b f'(x)g(x)\,dx \qquad (11.13)$$

11・2　定積分に関するその他の定理

定積分に関して，次の定理もなりたつ．

定理 11.4（積分区間の交代性）

関数 $f(x)$ が区間 $[a, b]$ で積分可能なとき，

$$\int_a^b f(x)\,dx = -\int_b^a f(x)\,dx \qquad (11.14)$$

がなりたつ．

証明　$F(x) = \int f(x)\,dx$ とすると，

$$\int_a^b f(x)\,dx = \bigl[F(x)\bigr]_a^b = F(b) - F(a) \qquad (11.15)$$

である．一方，

$$\int_b^a f(x)\,dx = \big[F(x)\big]_b^a = F(a) - F(b)$$
$$= -(F(b) - F(a)) \tag{11.16}$$

である．よって，

$$\int_a^b f(x)\,dx = -\int_b^a f(x)\,dx \tag{11.17}$$

がいえる． ◇

定理 11.5（積分区間の加法性）

関数 $f(x)$ が区間 $[a,b]$ で積分可能なとき，$a<c<b$ をみたす c に対し，

$$\int_a^b f(x)\,dx = \int_a^c f(x)\,dx + \int_c^b f(x)\,dx \tag{11.18}$$

がなりたつ．

証明 関数 $f(x)$ は区間 $[a,b]$ で積分可能で，c は $a<c<b$ をみたすから，$f(x)$ は区間 $[a,c]$ でも $[c,b]$ でも積分可能である．よって，$f(x)$ の原始関数を $F(x)$ とすると，

$$\int_a^c f(x)\,dx + \int_c^b f(x)\,dx = \big[F(x)\big]_a^c + \big[F(x)\big]_c^b$$
$$= (F(c) - F(a)) + (F(b) - F(c))$$
$$= F(b) - F(a)$$
$$= \big[F(x)\big]_a^b = \int_a^b f(x)\,dx. \tag{11.19}$$

◇

関数 $y=f(x)$ の区間 $[a,b]$ における定積分が，$y=f(x)$ と x 軸，$x=a$, $x=b$ で囲まれた部分の面積を求めていることから，次の定理がなりたつことがわかる．

定理 11.6（定積分の単調性）

2つの関数 $y=f(x)$, $y=g(x)$ に対し，ともに区間 $[a,b]$ で積分可能で，こ

の区間で

$$f(x) \geq g(x) \tag{11.20}$$

をみたしているとする[3]．このとき，

$$\int_a^b f(x)\,dx \geq \int_a^b g(x)\,dx \tag{11.21}$$

がなりたつ．

また，この定理のような状況のとき，$y = f(x)$ と $y = g(x)$，$x = a$, $x = b$ で囲まれた部分の面積は，斜線部分の面積（**図 11.1**）を取り除けばよいので，

$$\int_a^b f(x)\,dx - \int_a^b g(x)\,dx \tag{11.22}$$

で求められることもわかる．

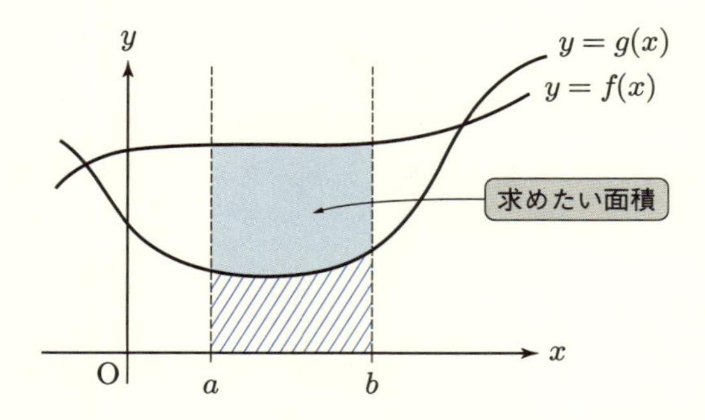

図 11.1　$y = f(x)$ と $y = g(x)$，$x = a$, $x = b$ で囲まれた部分の面積

11・3　具体的な関数の積分（基本）

基本的な関数の積分を紹介する．ただし，右辺を微分すれば被積分関数が得

---

3)　積分区間外なら $f(x) < g(x)$ となっていても構わないし，積分可能かどうかは問わない．

られるので，導出に工夫が必要なもの以外の証明は省略する[4]．また，とくに明記しない限り，微分や積分が可能な範囲のみを考えることとする．

これらと，前小節で紹介した定理を利用することで，積分できる（原始関数を求められる）関数は増える．

定理 11.7（x^n の積分）

-1 以外の実数 n に対し，次がなりたつ．

$$\int x^n dx = \frac{1}{n+1}x^{n+1} + C \tag{11.23}$$

（ただし，C は積分定数）

注意 11.2　この定理により，x^2 などの多項式関数だけでなく，$\dfrac{1}{x^2}\,(=x^{-2})$ や $\sqrt{x}\,(=x^{\frac{1}{2}})$ なども積分できる．しかし，$n=-1$ のとき，つまり $\dfrac{1}{x}\,(=x^{-1})$ のときは，右辺の分母が 0 になってしまい，定理が使えない．$n=-1$ のときは，次の定理を使う必要がある．

定理 11.8（$\frac{1}{x}$ の積分）

$x>0$ に対し，

$$\int \frac{1}{x}dx = \log x + C \tag{11.24}$$

（ただし，C は積分定数）

注意 11.3　$x<0$ のときは，$\displaystyle\int \frac{1}{x}dx = \log(-x) + C$ である．まとめて，$\displaystyle\int \frac{1}{x}dx = \log|x| + C$ と書くこともできるが，いずれにせよ，$\dfrac{1}{x}$ が定義できない $x=0$

4）この小節において，証明が書いてある定理は，導出のための計算がそのまま証明になっており，積分の計算をする上で汎用性（はんようせい）が高いので，公式として暗記するのではなく，導出できるようになった方がよい．

は除かれる[5]．

上の定理では，原始関数として $\log x$ が出てきたが，$\log x$ の積分は工夫が必要である．

定理 11.9（$\log x$ の積分）

$$\int \log x\,dx = x\log x - x + C \tag{11.25}$$

（ただし，C は積分定数）

証明　$\log x = 1\times\log x = \dfrac{dx}{dx}\times\log x$ であるから，定理 11.3 で $f(x)=\log x$，$g(x)=x$ とおくことにより，

$$\begin{aligned}\int \log x\,dx &= \log x\times x - \int\left(\frac{d}{dx}(\log x)\times x\right)dx\\ &= x\log x - \int\left(\frac{1}{x}\times x\right)dx\\ &= x\log x - \int dx = x\log x - x + C \qquad (11.26)\end{aligned}$$

（ただし，C は積分定数）となる[6]．　◇

$\log x$ の積分に対し，e^x の積分は容易である．

定理 11.10（e^x の積分）

$$\int e^x dx = e^x + C \tag{11.27}$$

---

5)　$x=0$ では $\log x$ も定義できないことに注意しよう．

6)　最後の等号は，$\int dx = x + C$ によるものであるが，マイナスがついているので $x\log x - x - C$ となるのではないかと気になる読者もいるかもしれない．ここは $-C$ でも間違いではないが，積分定数の C は任意の定数なので，$-C$ を $+C$ と置き直しても問題ない．あるいは，やはり任意の定数であることから，$\int dx = x - C$ としてもよいので，$-(-C) = +C$ と考えてもよい．

（ただし，C は積分定数）

また，$\sin x$ と $\cos x$ も（符号に注意が必要だが）容易である．

定理 11.11（$\sin x$ と $\cos x$ の積分）

$$\int \sin x\, dx = -\cos x + C \tag{11.28}$$

$$\int \cos x\, dx = \sin x + C \tag{11.29}$$

（ただし，C は積分定数）

しかし，$\tan x$ は工夫が必要である．

定理 11.12（$\tan x$ の積分）

$$\int \tan x\, dx = -\log(\cos x) + C \tag{11.30}$$

（ただし，C は積分定数）

証明　$\tan x = \dfrac{\sin x}{\cos x}$ だから，$t = \cos x$ とおくと，$\dfrac{dt}{dx} = -\sin x$ より，$\tan x = -\dfrac{1}{t} \times \dfrac{dt}{dx}$ がなりたつ．よって，定理 11.2 より，

$$\begin{aligned}\int \tan x\, dx &= \int \left(-\frac{1}{t}\frac{dt}{dx}\right) dx = \int \left(-\frac{1}{t}\right) dt \\ &= -\log t + C = -\log(\cos x) + C\end{aligned} \tag{11.31}$$

（ただし，C は積分定数）となる．　◇

注意 11.4　$\cos x < 0$ となる x のために，$\int \tan x dx = -\log|\cos x| + C$ としてもよい．

ちなみに，原始関数が $\tan x$ となるのは次である．

定理 11.13（$\frac{1}{\cos^2 x}$ の積分）

$$\int \frac{1}{\cos^2 x}dx = \tan x + C \tag{11.32}$$

（ただし，C は積分定数）

証明　$\dfrac{1}{\cos^2 x} = 1 + \tan^2 x$ だから，$t = \tan x$ とおくと，$\dfrac{dt}{dx} = \dfrac{1}{\cos^2 x}$ より，定理 11.2 を用いて，

$$\begin{aligned}\int \frac{1}{\cos^2 x}dx &= \int \frac{dt}{dx}dx = \int dt \\ &= t + C = \tan x + C \end{aligned}\tag{11.33}$$

（ただし，C は積分定数）となる．　◇

同様の方法でもう一工夫すれば，次もいえる．

定理 11.14（$\frac{1}{\sin^2 x}$ の積分）

$$\int \frac{1}{\sin^2 x}dx = -\frac{1}{\tan x} + C \tag{11.34}$$

（ただし，C は積分定数）

例題 11.1　定理 11.14 を示せ．

解　$\dfrac{1}{\cos^2 x} = 1 + \tan^2 x$ だから，$t = \tan x$ とおくと，$\dfrac{dt}{dx} = \dfrac{1}{\cos^2 x} = 1 + \tan^2 x = 1 + t^2$ である．ここで，

$$\begin{aligned}\sin^2 x = 1 - \cos^2 x &= 1 - \frac{1}{1 + \tan^2 x} \\ &= 1 - \frac{1}{1 + t^2} = \frac{t^2}{1 + t^2}\end{aligned}\tag{11.35}$$

だから，(11.35) と $1 + t^2 = \dfrac{dt}{dx}$ を順に (11.34) に代入して整理して，

$$\int \frac{1}{\sin^2 x} dx = \int \frac{1+t^2}{t^2} dx = \int \frac{1}{t^2} \frac{dt}{dx} dx$$
$$= \int t^{-2} dt = -t^{-1} + C = -\frac{1}{\tan x} + C \qquad (11.36)$$

（ただし，C は積分定数）となる．◇

11・4 具体的な関数の積分（少し一般）

どの関数も x の部分が x の式になったり，積関数の形になったりすると難しくなり，計算できない場合もある[7]．しかし，それぞれの対応する積分の公式と置換積分［⇨ 定理 11.2］により，次の形の関数はすぐに計算できる[8]．

定理 11.15（積分の公式）

関数 $f(x)$ と -1 以外の実数 n に対し，次がなりたつ．

$$\int f'(x)(f(x))^n \, dx = \frac{1}{n+1}(f(x))^{n+1} + C \qquad (11.37)$$

$$\int \frac{f'(x)}{f(x)} \, dx = \log f(x) + C \qquad (11.38)$$

$$\int f'(x) \log f(x) \, dx = f(x) \log f(x) - f(x) + C \qquad (11.39)$$

$$\int f'(x) e^{f(x)} \, dx = e^{f(x)} + C \qquad (11.40)$$

$$\int f'(x) \sin f(x) \, dx = -\cos f(x) + C \qquad (11.41)$$

$$\int f'(x) \cos f(x) \, dx = \sin f(x) + C \qquad (11.42)$$

$$\int f'(x) \tan f(x) \, dx = -\log(\cos f(x)) + C \qquad (11.43)$$

---

[7] 一見簡単そうであっても非常に難しい場合があれば，逆に，一見難しそうであっても実は簡単という場合もある．

[8] それぞれ右辺を微分することで，左辺の被積分関数になることを確かめてみよう（✍）．

$$\int \frac{f'(x)}{\cos^2 f(x)}\,dx = \tan f(x) + C \tag{11.44}$$

$$\int \frac{f'(x)}{\sin^2 f(x)}\,dx = -\frac{1}{\tan f(x)} + C \tag{11.45}$$

（ただし，C は積分定数）

注意 11.5　$f(x) = x$ とすれば，それぞれの積分の公式が得られることがわかる（✍）．

11・5　有理関数の積分

有理関数の場合，(11.37) や (11.38) が使える形であればよいが，それ以外の場合であっても，工夫して (11.37) や (11.38) が使える形にすることで積分できることがある [9]．

(i) 分母・分子が（実数の範囲で）因数分解できて，共通因数をもつ場合

分母・分子を因数分解して，共通因数を約分する．

例 11.1　$\displaystyle\int \frac{x+1}{x^2+2x+1}dx$ の場合

$$\int \frac{x+1}{x^2+2x+1}dx = \int \frac{x+1}{(x+1)^2}dx = \int \frac{1}{x+1}dx$$
$$= \log(x+1) + C \tag{11.46}$$

（ただし，C は積分定数）．◆

(ii) 分子の次数が分母の次数以上の場合

割り算を行い，分子の次数を分母の次数より小さくする．

9）「適切な工夫」がどのような工夫なのかの判断は，どうしても（計算の）経験によってしまう．経験が足りず，すぐにわからない場合は，次の (i)〜(iv) の順で確認していくと効率的である．

例 11.2　$\displaystyle\int \frac{x^2+2x+2}{x^2+2}dx$ の場合

$$\int \frac{x^2+2x+2}{x^2+2}dx = \int \left(1+\frac{2x}{x^2+2}\right)dx$$
$$= x + \log(x^2+2) + C \tag{11.47}$$

（ただし，C は積分定数）．◆

(iii) 分母の（実数の範囲での）因数分解はできるが，分子との共通因数もなく，割り算もできない場合

部分分数分解とよばれる分解を行う[10)]．これは通分の逆の計算である．つまり，例えば，$\dfrac{1}{x(x+1)}$ の場合，

$$\frac{1}{x(x+1)} = \frac{1}{x} - \frac{1}{x+1} \tag{11.48}$$

とする計算である．部分分数分解により，分母の積関数を分けることができるため，積分できることがある．

例 11.3　$\displaystyle\int \frac{x+3}{x^2+3x+2}dx$ の場合

$$\frac{x+3}{x^2+3x+2} = \frac{x+3}{(x+1)(x+2)} = \frac{2}{x+1} - \frac{1}{x+2} \tag{11.49}$$

より，

$$\int \frac{x+3}{x^2+3x+2}dx = \int \frac{x+3}{(x+1)(x+2)}dx$$
$$= \int \left(\frac{2}{x+1} - \frac{1}{x+2}\right)dx$$
$$= 2\log(x+1) - \log(x+2) + C \tag{11.50}$$

（ただし，C は積分定数）．◆

注意 11.6　部分分数分解は分母が 1 次式になることが多いが，2 次式以上に

---

10)　部分分数分解は［山根］の §5 でも詳しく説明されている．

なることもあり，そのような場合でも積分できることがある．ただし，部分分数分解ができたとしても，分母が1次式でない場合は，分子によっては積分できないこともある．また，3項以上に分解されることもある．

注意 11.7 部分分数分解を行う際は，分解できる形はすべて候補になる．例えば，$\dfrac{1}{x^2(x+1)}$ の場合，$\dfrac{a}{x}+\dfrac{b}{x^2}+\dfrac{c}{x+1}$ の形が分解の候補である．実際，何項に分解される場合であっても，各項の係数を決めるために，このようにおき，通分して分解前の分子と係数の比較を行う．

例 11.4 $\displaystyle\int \frac{1}{x^2(x+1)}dx$ の場合

$$\frac{1}{x^2(x+1)} = \frac{a}{x} + \frac{b}{x^2} + \frac{c}{x+1} \tag{11.51}$$

とおくと，

$$\begin{aligned}\frac{a}{x} + \frac{b}{x^2} + \frac{c}{x+1} &= \frac{ax(x+1)+b(x+1)+cx^2}{x^2(x+1)} \\ &= \frac{(a+c)x^2+(a+b)x+b}{x^2(x+1)} \\ &= \frac{1}{x^2(x+1)} \end{aligned} \tag{11.52}$$

より，$\begin{cases} a+c=0 \\ a+b=0 \\ b=1 \end{cases}$ がなりたてばよいから，$\begin{cases} a=-1 \\ b=1 \\ c=1 \end{cases}$ である．

よって，

$$\begin{aligned}\int \frac{1}{x^2(x+1)}dx &= \int \left(-\frac{1}{x}+\frac{1}{x^2}+\frac{1}{x+1}\right)dx \\ &= -\log x - \frac{1}{x} + \log(x+1) + C \end{aligned} \tag{11.53}$$

（ただし，C は積分定数）．◆

注意 11.8 部分分数分解では，分子の次数は分母の次数より小さくなる．つまり，分母が n 次になる場合，その項の分子は $n-1$ 次として考える．ただし，このとき，分子の x^{n-1} の係数が 0 になる場合もある．

また，上の例のように，$\dfrac{1}{x^n}$ の項の分子は定数とする．これは，例えば $\dfrac{ax+b}{x^2}$ とした場合に $\dfrac{ax+b}{x^2}=\dfrac{a}{x}+\dfrac{b}{x^2}$ とできてしまうように，定数とした場合と同じになるからである．

例題 11.2　$\displaystyle\int \frac{2x-4}{(x+1)(x^2+2)}dx$ を計算せよ．　□□□

解

$$\frac{2x-4}{(x+1)(x^2+2)}=\frac{a}{x+1}+\frac{bx+c}{x^2+2} \tag{11.54}$$

とおくと，

$$\begin{aligned}\frac{a}{x+1}+\frac{bx+c}{x^2+2}&=\frac{a(x^2+2)+(bx+c)(x+1)}{(x+1)(x^2+2)}\\&=\frac{(a+b)x^2+(b+c)x+(2a+c)}{(x+1)(x^2+2)}\\&=\frac{2x-4}{(x+1)(x^2+2)}\end{aligned} \tag{11.55}$$

より，$\begin{cases}a+b=0\\b+c=2\\2a+c=-4\end{cases}$ がなりたてばよいから，$\begin{cases}a=-2\\b=2\\c=0\end{cases}$ である．

よって，

$$\begin{aligned}\int\frac{2x-4}{(x+1)(x^2+2)}dx&=\int\left(-\frac{2}{x+1}+\frac{2x}{x^2+2}\right)dx\\&=-2\log(x+1)+\log(x^2+2)+C\end{aligned} \tag{11.56}$$

（ただし，C は積分定数）．◇

(iv) 部分分数分解ができない，または，部分分数分解ができても積分できない項がある場合

この場合は本書の知識では積分できない（積分可能であっても原始関数が不明である）場合が多い．しかし，変数の置換によりうまくいくこともある．例えば，三角関数などを試してみるとよい[11)]［⇨ 11・7］．

11・6　無理関数の積分

無理関数の場合で，(11.37) や (11.38) が使えない形の場合を考える．有理関数のときと同様，工夫して (11.37) や (11.38) が使える形にすることで積分できることがある．積分できる（原始関数がわかる）場合は，部分積分［⇨ **定理 11.3**］か，変数の置換でうまくいくことが多い．

(i) 部分積分の場合

例 11.5　$\displaystyle\int x\sqrt{x+1}\,dx$ の場合

$\sqrt{x+1}=(x+1)^{\frac{1}{2}}$ だから，部分積分より，

$$\int x\sqrt{x+1}\,dx = x\cdot\frac{2}{3}(x+1)^{\frac{3}{2}} - \int\frac{2}{3}(x+1)^{\frac{3}{2}}\,dx$$
$$= \frac{2}{3}x(x+1)^{\frac{3}{2}} - \frac{4}{15}(x+1)^{\frac{5}{2}} + C \qquad (11.57)$$

（ただし，C は積分定数）．◆

(ii) 置換積分の場合

無理関数で $\sqrt{f(x)}$ が含まれる場合，置換の候補としては，まず，$t=\sqrt{f(x)}$, $t=\dfrac{1}{\sqrt{f(x)}}$, $t=f(x)$ がある．この $f(x)$ が a^2-x^2 の形の場合は，$x=a\sin\theta$, $x=a\cos\theta$ とおき，a^2+x^2 の形の場合は，$x=a\tan\theta$ とおくとうまくいく

---

11) 置換後の関数として三角関数を用いた場合は，逆三角関数［⇨ 例えば，［藤岡 2］pp.53–55］が必要になる（例えば，$t=\sin x$ とおくときではなく，$x=\sin t$ とおくときの話である）．しかし，定積分の場合は，逆三角関数を用いずに計算できることがある．

ことが多い[12)]．また，$f(x)$ に x^2 の項が含まれる場合は，$t=\sqrt{f(x)}\pm x$ や $t=\sqrt{f(x)}\pm(ax+b)$ のようにおくと計算できるようになる場合もある．

例 11.6　$\displaystyle\int x^3\sqrt{x^2+1}\,dx$ の場合

$t=\sqrt{x^2+1}$ とおくと，$x^2=t^2-1$ である．また，

$$\frac{dt}{dx}=\frac{x}{\sqrt{x^2+1}}=\frac{x}{t} \tag{11.58}$$

だから，$x=t\dfrac{dt}{dx}$ とできる．よって，

$$\begin{aligned}\int x^3\sqrt{x^2+1}\,dx &= \int x^2\sqrt{x^2+1}\cdot x\,dx=\int(t^2-1)t\cdot t\frac{dt}{dx}dx\\ &= \int(t^4-t^2)dt=\frac{1}{5}t^5-\frac{1}{3}t^3+C\\ &= \frac{1}{5}(x^2+1)^{\frac{5}{2}}-\frac{1}{3}(x^2+1)^{\frac{3}{2}}+C \end{aligned} \tag{11.59}$$

（ただし，C は積分定数）．◆

注意 11.9　この例は，部分積分を使って解くこともできる（✍）．

上の例と似ているが，次の例では，$t=\sqrt{x^2+1}$ の置換ではうまくいかない．$x=\tan\theta$ の置換でも計算できるが，この場合はもう一度別の置換が必要になり，計算も難しい．そこで，$t=\sqrt{x^2+1}+x$ の置換を行う．

例 11.7　$\displaystyle\int\sqrt{x^2+1}\,dx$ の場合

$t=\sqrt{x^2+1}+x$ とおくと，$(t-x)^2=x^2+1$ より，$x=\dfrac{t^2-1}{2t}$ である．また，

$$\frac{dt}{dx}=\frac{x}{\sqrt{x^2+1}}+1=\frac{2t}{t^2+1}\cdot\frac{t^2-1}{2t}+1=\frac{2t^2}{t^2+1} \tag{11.60}$$

---

12)　やはり置換後の関数で三角関数を使うと，定積分の特別な場合を除き，逆三角関数が必要になるが，計算自体は楽にできることが多い．

だから，$1 = \dfrac{t^2+1}{2t^2}\dfrac{dt}{dx}$ とできる[13]．よって，

$$
\begin{aligned}
\int \sqrt{x^2+1}\,dx &= \int \sqrt{x^2+1}\cdot 1\,dx = \int \frac{t^2+1}{2t}\cdot\frac{t^2+1}{2t^2}\frac{dt}{dx}dx \\
&= \int \frac{(t^2+1)^2}{4t^3}dt = \frac{1}{4}\int\left(t+\frac{2}{t}+\frac{1}{t^3}\right)dt \\
&= \frac{1}{4}\left(\frac{1}{2}t^2 + 2\log t - \frac{1}{2t^2}\right)+C \\
&= \frac{1}{8}\cdot\frac{t^4-1}{t^2}+\frac{1}{2}\log t + C \\
&= \frac{1}{2}\cdot\frac{t^2-1}{2t}\cdot\frac{t^2+1}{2t}+\frac{1}{2}\log t + C \\
&= \frac{1}{2}x\sqrt{x^2+1}+\frac{1}{2}\log(\sqrt{x^2+1}+x)+C \qquad (11.61)
\end{aligned}
$$

（ただし，C は積分定数）．ここで，最後の等号では，$\sqrt{x^2+1} = t-x$, $x = \dfrac{t^2-1}{2t}$ より，$\sqrt{x^2+1} = \dfrac{t^2+1}{2t}$ であることを用いた．◆

11・7　三角関数を利用する積分

三角関数の置換を行う例を見てみよう．

例 11.8　$\displaystyle\int_0^{\sqrt{2}} \frac{1}{x^2+2}dx$ の場合

$x = \sqrt{2}\tan\theta$ とおくと，$\dfrac{dx}{d\theta} = \dfrac{\sqrt{2}}{\cos^2\theta}$ より，$\cos^2\theta = \sqrt{2}\dfrac{d\theta}{dx}$ である．また，$x^2+2 = 2\tan^2\theta + 2 = \dfrac{2}{\cos^2\theta}$ だから，

---

13) 本書では，置換積分の定理を正確に使う方法で計算しているが，実際に計算をするときは，$\frac{dt}{dx}$ を分数のように扱って，$dx = \frac{t^2+1}{2t^2}dt$ を代入する形で計算することが多い．この例と同様に $1 =$ の形にすればよいので，この代入の方法は他の置換積分でも使える．

$$\int_0^{\sqrt{2}} \frac{1}{x^2+2}dx = \int_0^{\sqrt{2}} \frac{\cos^2\theta}{2}dx = \int_0^{\sqrt{2}} \frac{\sqrt{2}}{2}\frac{d\theta}{dx}dx = \frac{1}{\sqrt{2}}\int_0^{\frac{\pi}{4}} d\theta$$
$$= \frac{1}{\sqrt{2}}[\theta]_0^{\frac{\pi}{4}} = \frac{1}{\sqrt{2}}\cdot\frac{\pi}{4} = \frac{\pi}{4\sqrt{2}}. \tag{11.62}$$

◆

例題 11.3　$\displaystyle\int_0^{\frac{1}{2}} \frac{1}{\sqrt{1-x^2}}dx$ を計算せよ．　□□□

解　$x=\sin\theta$ とおくと，$\dfrac{dx}{d\theta}=\cos\theta$ より，$\dfrac{d\theta}{dx}=\dfrac{1}{\cos\theta}$ である．よって，

$$\int_0^{\frac{1}{2}} \frac{1}{\sqrt{1-x^2}}dx = \int_0^{\frac{1}{2}} \frac{1}{\sqrt{1-\sin^2\theta}}dx \overset{\text{☺定理 7.3 (1)}}{=} \int_0^{\frac{1}{2}} \frac{1}{\cos\theta}dx$$
$$= \int_0^{\frac{1}{2}} \frac{d\theta}{dx}dx = \int_0^{\frac{\pi}{6}} d\theta = [\theta]_0^{\frac{\pi}{6}} = \frac{\pi}{6}. \tag{11.63}$$

ここで, 2番目の等号では, 積分区間の θ で $\cos\theta>0$ となるため, $\sqrt{\cos^2\theta}=\cos\theta$ となることも用いた．　◇

その他にも，知らないとなかなか気づかない置換として，$t=\tan\dfrac{x}{2}$ がある．

定理 11.16（三角関数の $t=\tan\frac{x}{2}$ の置換）

$t=\tan\dfrac{x}{2}$ のとき，次がなりたつ．

$$\sin x = \frac{2t}{1+t^2},\quad \cos x = \frac{1-t^2}{1+t^2},\quad \tan x = \frac{2t}{1-t^2} \tag{11.64}$$

証明　まず，

$$t^2 = \tan^2\frac{x}{2} \overset{\text{☺定理 7.4}}{=} \frac{1}{\cos^2\frac{x}{2}} - 1 \tag{11.65}$$

より，$\cos^2\dfrac{x}{2}=\dfrac{1}{t^2+1}$ だから，$\dfrac{1+\cos x}{2} \overset{\text{☺定理 7.17 (2)}}{=} \dfrac{1}{t^2+1}$．よって，

$$\cos x = \frac{1-t^2}{1+t^2} \tag{11.66}$$

がいえる．

次に，

$$\tan x = \tan\left(2\cdot\frac{x}{2}\right) \overset{☺定理\ 7.16\ (3)}{=} \frac{2\tan\frac{x}{2}}{1-\tan^2\frac{x}{2}}$$
$$= \frac{2t}{1-t^2}. \tag{11.67}$$

最後に，$\tan x = \dfrac{\sin x}{\cos x}$ だから，(11.66) と (11.67) より，

$$\sin x = \tan x \cos x = \frac{2t}{1-t^2}\cdot\frac{1-t^2}{1+t^2} = \frac{2t}{1+t^2}. \tag{11.68}$$

◇

例題 11.4　$\displaystyle\int \frac{1}{\cos x}dx$ を計算せよ．（ヒント：$t = \tan\dfrac{x}{2}$ とおく置換積分）

□□□

解　$t = \tan\dfrac{x}{2}$ とおくと，

$$\frac{dt}{dx} = \frac{1}{2\cos^2\frac{x}{2}} \overset{☺定理\ 7.4}{=} \frac{1}{2}\left(1+\tan^2\frac{x}{2}\right)$$
$$= \frac{1}{2}(1+t^2) \tag{11.69}$$

がいえる．よって，(11.66) より，

$$\int\frac{1}{\cos x}dx = \int\frac{1+t^2}{1-t^2}dx = \int\frac{1}{1-t^2}\cdot 2\frac{dt}{dx}dx$$
$$= \int\frac{2}{1-t^2}dt = \int\left(\frac{1}{1-t}+\frac{1}{1+t}\right)dt$$
$$= -\log(1-t) + \log(1+t) + C$$
$$= \log\frac{1+t}{1-t} + C \tag{11.70}$$

（ただし，C は積分定数）．ここで，

$$\begin{aligned}
\frac{1+t}{1-t} &= \frac{1+\tan\frac{x}{2}}{1-\tan\frac{x}{2}} \overset{\because \text{定理 } 7.3\ (2)}{=} \frac{1+\dfrac{\sin\frac{x}{2}}{\cos\frac{x}{2}}}{1-\dfrac{\sin\frac{x}{2}}{\cos\frac{x}{2}}} \\
&= \frac{\cos\frac{x}{2}+\sin\frac{x}{2}}{\cos\frac{x}{2}-\sin\frac{x}{2}} \\
&= \frac{(\cos\frac{x}{2}+\sin\frac{x}{2})(\cos\frac{x}{2}-\sin\frac{x}{2})}{(\cos\frac{x}{2}-\sin\frac{x}{2})^2} \\
&= \frac{\cos^2\frac{x}{2}-\sin^2\frac{x}{2}}{\cos^2\frac{x}{2}-2\sin\frac{x}{2}\cos\frac{x}{2}+\sin^2\frac{x}{2}} \\
&\overset{\because \text{定理 } 7.16\ (1),\ (2)}{=} \frac{\cos(2\cdot\frac{x}{2})}{1-\sin(2\cdot\frac{x}{2})} \\
&= \frac{\cos x}{1-\sin x} \qquad (11.71)
\end{aligned}$$

より，

$$\int \frac{1}{\cos x}dx = \log\frac{\cos x}{1-\sin x}+C \qquad (11.72)$$

がいえる．◇

注意 11.10　上の例題の解（(11.72)）は，$\cos x=\sqrt{1-\sin^2 x}$ であることを利用して，

$$\int \frac{1}{\cos x}dx = \frac{1}{2}\log\frac{1+\sin x}{1-\sin x}+C \qquad (11.73)$$

と表すこともできる．

§11の問題

確認問題

問 11.1　次の不定積分を計算せよ.

(1) $\displaystyle\int (x^2+2x+1)\,dx$　(2) $\displaystyle\int 2x(2x^2+1)\,dx$

(3) $\displaystyle\int (2x+1)(2x-1)\,dx$　(4) $\displaystyle\int \frac{1}{2x+1}\,dx$　(5) $\displaystyle\int \sqrt{2x+1}\,dx$

(6) $\displaystyle\int \frac{1}{\sqrt{2x+1}}\,dx$　(7) $\displaystyle\int \frac{2x+1}{x}\,dx$　(8) $\displaystyle\int (\sqrt{2x}+1)\,dx$

(9) $\displaystyle\int \frac{\sqrt{2x}+1}{\sqrt{x}}\,dx$

□□□ [⇨ 11・1 11・3]

問 11.2　次の定積分を計算せよ.

(1) $\displaystyle\int_0^1 (x^2+x+1)\,dx$　(2) $\displaystyle\int_{-1}^1 2x(2x^2+1)\,dx$

(3) $\displaystyle\int_{-1}^1 (x+1)(x-1)\,dx$　(4) $\displaystyle\int_{\frac{\pi}{2}}^{\frac{\pi}{3}} \cos x\,dx$　(5) $\displaystyle\int_0^1 \frac{1}{x+1}\,dx$

(6) $\displaystyle\int_1^2 \frac{x+1}{x}\,dx$　(7) $\displaystyle\int_0^1 xe^x\,dx$

□□□ [⇨ 11・1 11・3]

基本問題

問 11.3　次の不定積分を計算せよ.

(1) $\displaystyle\int \sin x\cos x\,dx$　(2) $\displaystyle\int \frac{5x-1}{2x^2+x-1}\,dx$

(3) $\displaystyle\int \frac{x^2+2x}{x^3+2x^2+2x+1}\,dx$　(4) $\displaystyle\int e^{2x+1}\,dx$　(5) $\displaystyle\int xe^{x^2}\,dx$

(6) $\displaystyle\int x\sin x\,dx$　(7) $\displaystyle\int x^3\sqrt{2x^2+3}\,dx$

□□□ [⇨ 11・1 11・3 11・4 11・5 11・6]

問 11.4　次の定積分を計算せよ．

(1) $\displaystyle\int_3^4 \log(x-2)\,dx$　(2) $\displaystyle\int_0^\pi \cos^2 x\,dx$　(3) $\displaystyle\int_0^\pi \sin^2 x\,dx$

(4) $\displaystyle\int_1^2 \frac{4x^2+3x+2}{x^3+x^2}\,dx$　(5) $\displaystyle\int_0^1 x^2 e^x\,dx$　(6) $\displaystyle\int_0^1 \frac{1}{\sqrt{2-x^2}}\,dx$

□□□ [⇨ 11・1 11・3 11・4 11・5 11・6]

チャレンジ問題

問 11.5　次の不定積分を計算せよ．

(1) $\displaystyle\int \frac{1}{\sqrt{x^2+2x+2}}\,dx$　(2) $\displaystyle\int \sqrt{x^2+2x+2}\,dx$

□□□ [⇨ 11・1 11・6]

問 11.6　定積分 $\displaystyle\int_0^{\frac{\pi}{6}} \sin x \tan x\,dx$ を計算せよ．

□□□ [⇨ 11・1 11・7]

第3章のまとめ

極限 [⇨ 8・2 8・3]

- 関数 $f(x)$ に対し，x の値を限りなく a に，
  - a より大きい方から近づけたとき，$f(x)$ の値が b に近づくならば，b を $f(x)$ の a への**右極限**といい，$\displaystyle\lim_{x\to a+0} f(x)=b$ と表す．
  - a より小さい方から近づけたとき，$f(x)$ の値が b に近づくならば，b を $f(x)$ の a への**左極限**といい，$\displaystyle\lim_{x\to a-0} f(x)=b$ と表す．
- 右極限と左極限が一致するとき，b を $f(x)$ の a への**極限**といい，$\displaystyle\lim_{x\to a} f(x)=b$ と表す．
- すべての点 a で極限 b が存在して，$b=f(a)$ をみたすとき，関数 $f(x)$ は**連続**であるという．
- 極限をとる計算は，$x=a$ を代入した結果と同じになることが多いが，**不定形**という

$$\frac{0}{0},\ \frac{\infty}{\infty},\ \infty-\infty,\ 0\times\infty,\ \infty^0,\ 0^0,\ 1^\infty$$

のいずれかの形になるならば，代入するだけでは求めることができない．

微分 [⇨ 9・1 9・2 9・3 9・4 9・5]

- 関数 $f(x)$ と定数 a に対し，極限

$$\lim_{x\to a}\frac{f(x)-f(a)}{x-a}$$

が存在するとき，$f(x)$ は $x=a$ で**微分可能**であるという．
- 有理数 m,n と実数 a,b に対し，関数 $f(x)=ax^m+bx^n$ の導関数（微分）$f'(x)$ は

$$f'(x)=amx^{m-1}+bnx^{n-1}.$$

- 関数 $f(x)=g(x)h(x)$ に対し，$f'(x)=g'(x)h(x)+g(x)h'(x)$
- 有理数 n と関数 $f(x)=(g(x))^n$ に対し，$f'(x)=n(g(x))^{n-1}g'(x)$
- 関数 $f(x)$ と $x=g(t)$ に対し，$\dfrac{df}{dt}(g(t))=\dfrac{dx}{dt}\dfrac{df}{dx}(x)$
- 関数 $\dfrac{1}{f(x)}$ の微分は，$\dfrac{1}{f(x)}=(f(x))^{-1}$ として計算する．
- 関数 $\sqrt[n]{f(x)}$ の微分は，$\sqrt[n]{f(x)}=(f(x))^{\frac{1}{n}}$ として計算する．
- $(\sin x)'=\cos x$, $(\cos x)'=-\sin x$, $(\tan x)'=\dfrac{1}{\cos^2 x}$
- $(e^x)'=e^x$, $(\log x)'=\dfrac{1}{x}$

積分 [⇨ 11・1]

- ∘ **置換積分**：$\displaystyle\int_a^b f(x)\,dx=\int_c^d f(g(t))\frac{dg}{dt}(t)\,dt$
  （ただし，$a=g(c)$, $b=g(d)$ をみたす）
- ∘ **部分積分**：$\displaystyle\int_a^b f(x)g'(x)\,dx=\big[f(x)g(x)\big]_a^b-\int_a^b f'(x)g(x)\,dx$
  （どちらも，不定積分の場合，積分区間はなし）

4 ベクトルと行列

§12 ベクトルとは

§12のポイント

- ベクトルとは，大きさと向きをもつ量である．
- ベクトルには，幾何ベクトルと数ベクトルがあるが，どちらも同じ性質をもつため，計算上は同じものとして扱うことができる．

12・1 幾何ベクトル

自然数や実数などの数は，「大きさ」を表すことができる．例えば，「線分 AB の長さは 3 である」といえば，これは「AB の大きさが 3 である」という意味である．しかし，この線分 AB に対し，「A から B を見たとき」と「B から A を見たとき」を区別したい場合もある．このような場合，「向き」で区別することができる．ただし，当然，向きだけでは線分 AB の長さがわからなくなるため，「大きさ」と「向き」の両方が必要になる．この「大きさ」と「向き」を一度に扱える量として，ベクトルがある（**図 12.1**）．

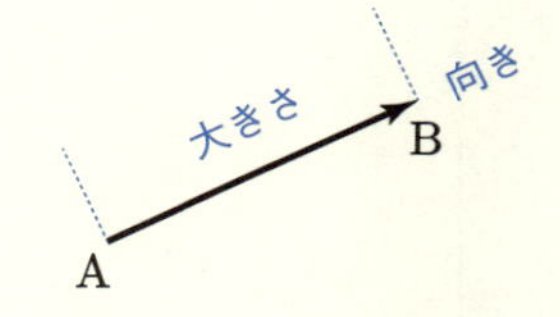

図 12.1　ベクトルのイメージ

定義 12.1（幾何ベクトル）

大きさと向きをもつ量を**ベクトル**，または，**幾何**(きか)**ベクトル**といい，線分 AB の大きさと，点 A から点 B への向きをもつベクトルを $\overrightarrow{\mathrm{AB}}$ で表す．このとき，点 A をベクトル $\overrightarrow{\mathrm{AB}}$ の**始点**(してん)，点 B をベクトル $\overrightarrow{\mathrm{AB}}$ の**終点**(しゅうてん)という．

また，ベクトル $\overrightarrow{\mathrm{AB}}$ の**大きさ**を $|\overrightarrow{\mathrm{AB}}|$ で表す[1]．

ベクトルに対し，いままで扱ってきた数（普通の数）は大きさだけをもっている量と考えることができる．

注意 12.1　向きをもたない大きさだけの量を**スカラー**という．

ベクトルの大きさは線分と同じように実数で表せばよいが，向きはどのように表したらよいだろうか．誰かに目的の場所を伝える場面を想像してみよう．街中ならば建物など，目印になるものがあるため，それを伝えればよいが，そのような目印のない海や山の中ではどうするだろうか．例えば，どこか基準になる地点を決め，そこからの方角と距離で伝えることができる．ベクトルの場合も同様で，基準となる方向があれば，その基準から何度，どちらを向いた向きというように表せる．

したがって，まずは基準を決めよう．簡単のため，平面に限定して考える．

数学において便利な座標を用いる．xy 座標を用意し，ベクトル $\overrightarrow{\mathrm{AB}}$ の始点 A を座標平面の原点 O と一致させる（**図 12.2**）．このとき，終点 B は座標平面上

---

1) ベクトルの大きさの記号は絶対値と同じ記号であるが，意味は異なる．両者をきちんと区別すること．

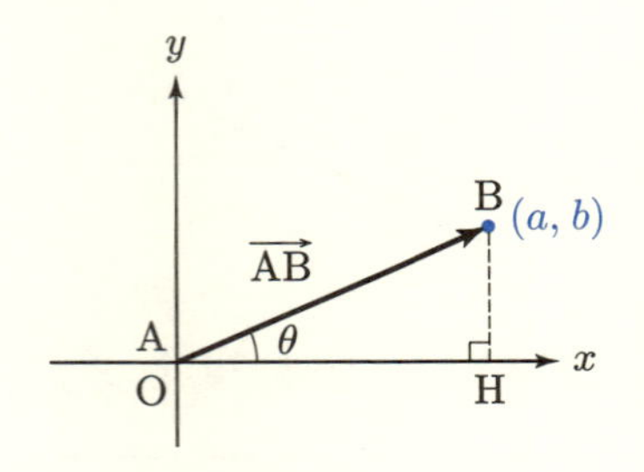

図 12.2　座標平面上のベクトル

のどこかの点と一致する[2].

点 B から，x 軸に垂線を下ろし，その足(あし) [⇨ **定理 7.5** の証明の脚注] を H とすれば，直角三角形 ABH ができるが，ベクトル $\overrightarrow{\mathrm{AB}}$ の大きさはこの直角三角形 ABH の斜辺の長さと一致する．したがって，ベクトルの大きさは，このようにして作った直角三角形の斜辺の長さとすればよい．これはピタゴラスの定理 [⇨ **定理 7.1**] から容易に求められる．

一方，ベクトルの向きは，この直角三角形の角 BAH の角度 θ を用いればよい．角度 θ を x 軸の正の向きと直角三角形 ABH の斜辺との間の角とすることで，点 B がどの象限 [⇨ **図 7.9**] にあるかを区別する．ただし，直角三角形の各辺の長さから，この角度がはっきりと「何度」という形で得られることは稀(まれ)である．そこで，この角度をサインとコサインの値の組で表す[3].

例 12.1　始点 A が原点，終点 B が $(4,3)$ にあるとき，このベクトル $\overrightarrow{\mathrm{AB}}$ の大きさは，$\sqrt{4^2+3^2}=5$ より，5 である．また，向きは，$\sin\theta=\dfrac{3}{5}$, $\cos\theta=\dfrac{4}{5}$ をみたす θ で決まる向きである（**図 12.3**）. ◆

ベクトルは，必ずしも最初から始点が原点にある必要はない．大きさと向き

2)　原点 O に自分がいて，点 B の方を向いているという状況を想像すればよい．

3)　三角関数の合成のときと同じである [⇨ **定理 7.20**].

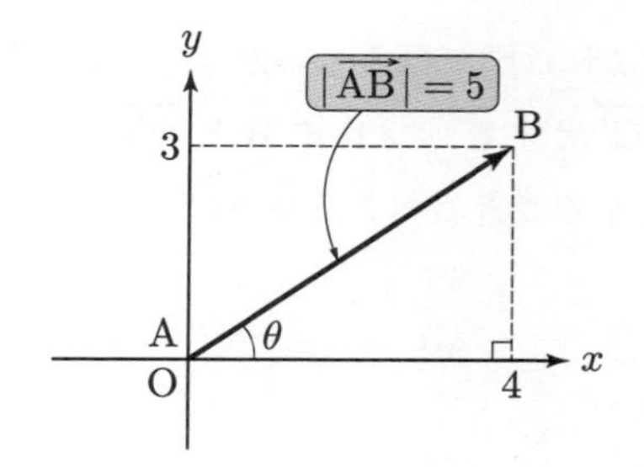

図 12.3　例 12.1 の図

が同じならば，同じベクトルだからである [4]．したがって，始点が原点にないときは，そのベクトルの始点が原点と一致するように平行移動させればよい（**図 12.4**）．xy 平面上では，平行移動で線分の大きさや向きは変わらないからである．

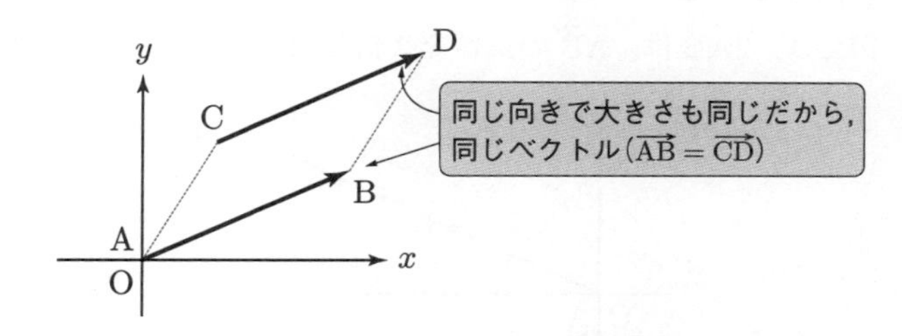

図 12.4　ベクトルの平行移動

12・2　ベクトルの和・差・定数倍

ベクトルも和や差を考えることができる．ベクトルの和で得られるベクトルは，「足すベクトルを平行移動し，足されるベクトルの終点と足すベクトルの始点を一致させ，足されるベクトルの始点と足すベクトルの終点を結んででき

4）　ベクトルの向きは，「どの方向を向いているか」で区別されるのであって，「どこからどの方向を向いているか」ではない．例えば，自宅で北を向いていても，公園で北を向いていても，「北を向いている」ことに違いはない．

るベクトル」とする．これは図で見るとわかりやすい．例えば，$\overrightarrow{\mathrm{AB}}+\overrightarrow{\mathrm{AC}}$ は，$\overrightarrow{\mathrm{AC}}$ を平行移動し（$\overrightarrow{\mathrm{A'C'}}$ とする），$\overrightarrow{\mathrm{AB}}$ の B と $\overrightarrow{\mathrm{A'C'}}$ の A′ を一致させ，$\overrightarrow{\mathrm{AB}}$ の A と，$\overrightarrow{\mathrm{A'C'}}$ の C′ を結んでできるベクトル $\overrightarrow{\mathrm{AC'}}$ となる（**図 12.5**）．

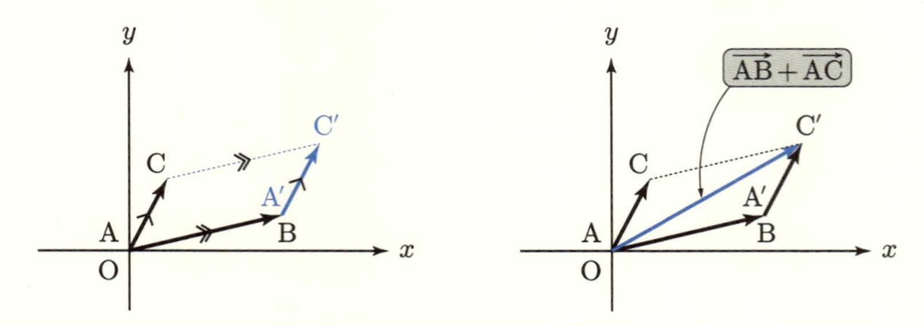

図 12.5　ベクトルの和

ベクトルの向きを変えないで，大きさだけを変える操作は，ベクトルの定数倍である．例えば，$2\overrightarrow{\mathrm{AB}}$ は，$\overrightarrow{\mathrm{AB}}$ の長さを2倍したベクトルである（**図 12.6**）．

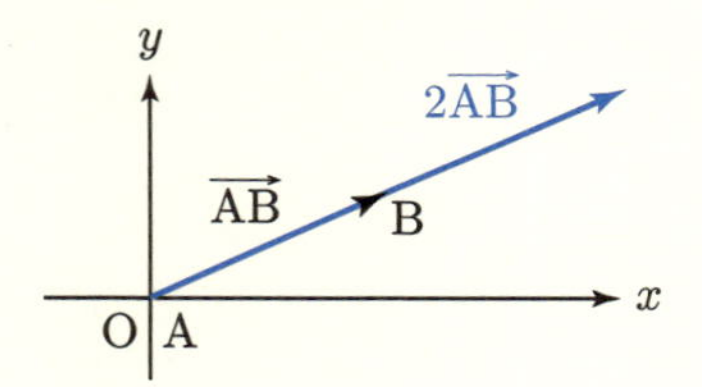

図 12.6　ベクトルの2倍

また，負の定数倍は逆向きになる（**図 12.7**）．

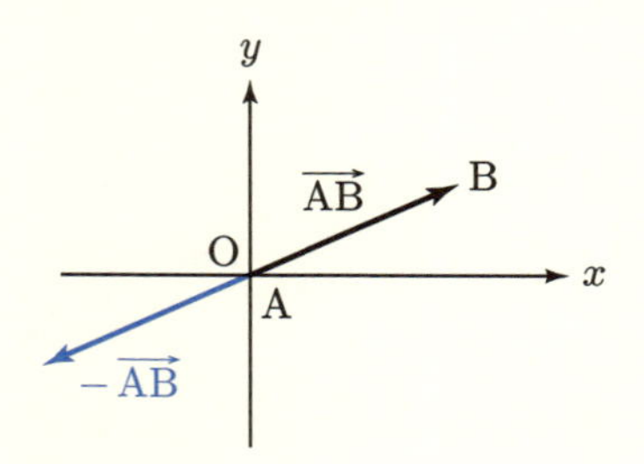

図 12.7　ベクトルの -1 倍

これより，ベクトルの差も和と同様に考えることができる．例えば，$\overrightarrow{\mathrm{AB}}-\overrightarrow{\mathrm{AC}}$ は，$\overrightarrow{\mathrm{AB}}+(-\overrightarrow{\mathrm{AC}})$ なので，$\overrightarrow{\mathrm{AC}}$ を逆向きにして平行移動し（$\overrightarrow{\mathrm{A''C''}}$ とする），$\overrightarrow{\mathrm{AB}}$ の B と $\overrightarrow{\mathrm{A''C''}}$ の A″ を一致させ，$\overrightarrow{\mathrm{AB}}$ の A と，$\overrightarrow{\mathrm{A''C''}}$ の C″ を結んでできるベクトル $\overrightarrow{\mathrm{AC''}}$ となる（**図 12.8**）．

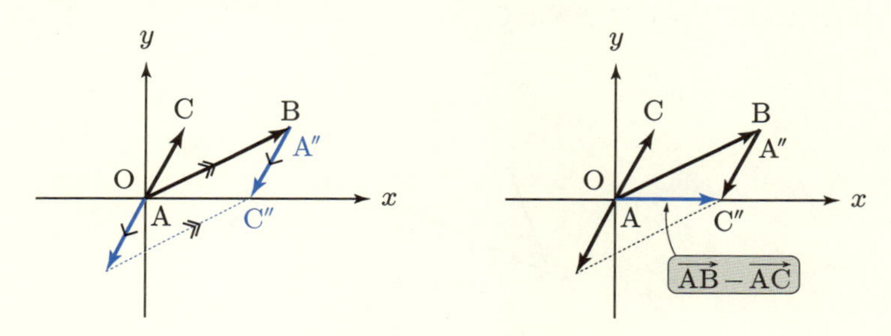

図 12.8 ベクトルの差

注意 12.2 ベクトルは向きをもつため，大きさが等しくても，逆向きなら別のベクトルである．つまり，$|\overrightarrow{\mathrm{AB}}|=|\overrightarrow{\mathrm{BA}}|$ であるが，$\overrightarrow{\mathrm{AB}}\neq\overrightarrow{\mathrm{BA}}$ である．

12・3 ベクトルの内積

ベクトルでは普通の積や商は考えることができないが，特別な積は考えることができる．これは，内積（ないせき）と外積（がいせき）の 2 種類がある．しかし，外積は本書の内容を超えることになるため [5]，ここでは内積のみを定義する．

定義 12.2（内積）（重要）

始点が等しい 2 つのベクトル $\overrightarrow{\mathrm{AB}},\overrightarrow{\mathrm{AC}}$ に対し，$\angle\mathrm{BAC}=\theta$ とする．このとき，$\overrightarrow{\mathrm{AB}}$ と $\overrightarrow{\mathrm{AC}}$ の**内積** $\overrightarrow{\mathrm{AB}}\cdot\overrightarrow{\mathrm{AC}}$ を

$$\overrightarrow{\mathrm{AB}}\cdot\overrightarrow{\mathrm{AC}}=|\overrightarrow{\mathrm{AB}}||\overrightarrow{\mathrm{AC}}|\cos\theta \tag{12.1}$$

[5] 外積は 3 次元空間のときに考えることができる［⇨［藤岡 1］pp.102–103］．

で定義する[6]．

定義からわかるように，ベクトルの内積はスカラーになる［⇨ 注意 12.1］．

ベクトルの内積は何を表しているのかを考えよう．これは定義式 (12.1) の右辺を，$|\overrightarrow{\mathrm{AB}}|$ と $|\overrightarrow{\mathrm{AC}}|\cos\theta$ に分解して，図を見ながら考えるとわかる（**図 12.9**）．

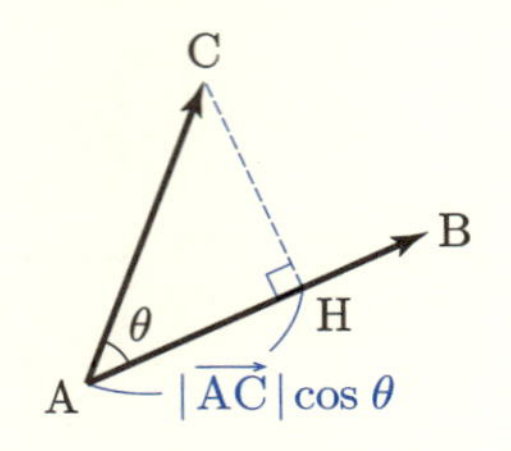

図 12.9　内積の図

まず，$|\overrightarrow{\mathrm{AB}}|$ と $|\overrightarrow{\mathrm{AC}}|$ は，それぞれ $\overrightarrow{\mathrm{AB}}$ と $\overrightarrow{\mathrm{AC}}$ の大きさであるから，線分 AB と AC の長さである．また，点 C から線分 AB に垂線を下ろし，その足を H とすると，直角三角形 ACH ができ，$|\overrightarrow{\mathrm{AC}}|\cos\theta$ は線分 AH の長さだとわかる．したがって，$|\overrightarrow{\mathrm{AB}}||\overrightarrow{\mathrm{AC}}|\cos\theta$，すなわち，内積 $\overrightarrow{\mathrm{AB}}\cdot\overrightarrow{\mathrm{AC}}$ とは，線分 AB と線分 AH の長さの積であることがわかる．

注意 12.3　線分 AH は線分 AC の線分 AB への**射影**（しゃえい）を表している．つまり，AB の真上（AB に対し，垂直な方向）から光を当てたときの AC の影が AH である．

---

6) 内積の記号 · は，普通の数のかけ算のときに × の代わりに使う記号 · と同じであるが，数のかけ算のときと違い，省略することはできない．また，内積の記号として × を使うこともできない．ベクトルでは × は外積の記号として使うからである．

ここでは幾何ベクトルの内積を定義したが，12・5 でまなぶ数ベクトルでも内積を考えることができる．ただし，数ベクトルの場合，内積の記号は複数存在する．$\boldsymbol{a},\boldsymbol{b}$ を数ベクトルとすると，$\boldsymbol{a}\cdot\boldsymbol{b}$ の他に，$(\boldsymbol{a},\boldsymbol{b})$ や $\langle\boldsymbol{a},\boldsymbol{b}\rangle$ といった書き方があるが，すべて同じ内積を表す．本書では $\boldsymbol{a}\cdot\boldsymbol{b}$ で表すが，とくに $(\boldsymbol{a},\boldsymbol{b})$ の書き方は点の座標表示やベクトルの成分表示［⇨ 12・4］と似ているため，見かけた場合は注意すること．

まとめると，内積 $\overrightarrow{\mathrm{AB}}\cdot\overrightarrow{\mathrm{AC}}$ は，ベクトル $\overrightarrow{\mathrm{AC}}$ の中から，ベクトル $\overrightarrow{\mathrm{AB}}$ 方向の成分だけを取り出して，大きさの積を考えていることを意味する．

12・4 ベクトルの成分表示

ベクトルを表す際は，大きさと向きの 2 つの情報が必要になる．しかし，より単純な形で表すこともできる．ベクトルは始点が原点にあれば，終点の座標で大きさと向きの両方が決まるうえ，平行移動で一致するベクトルは同じベクトルであるため，ベクトルを表すには，始点が原点にあるときの終点の座標の情報だけがあればよいからである．

そこで，ベクトル $\overrightarrow{\mathrm{AB}}$ の始点 A が原点 $(0,0)$，終点 B が点 (a,b) にあるとき，$\overrightarrow{\mathrm{AB}}=(a,b)$ と書くことにする．これをベクトルの**成分表示**といい，このときの数 a,b を**成分**という．

定義 12.3（零ベクトル）

すべての成分が 0 であるベクトルを**零**（ぜろ）**ベクトル**といい[7]，$\overrightarrow{0}$ と書く．

平面上のベクトルならば，$\overrightarrow{0}=(0,0)$ である．零ベクトルは大きさが 0 であるため，線分として図示できないが，計算上，定義しておくと便利である．

ベクトルの始点が原点にないときでも，成分表示ならば，毎回，座標平面上で平行移動を考える必要はない．ベクトル $\overrightarrow{\mathrm{AB}}$ の始点 A が点 (a_1,b_1)，終点 B が点 (a_2,b_2) にある場合を考える．点 A を原点に移動させるには，x 軸の負の方向に a_1，y 軸の負の方向に b_1 だけ移動させればよい．平行移動を考えるから，点 B も同じ移動をする．したがって，点 B は点 $(a_2-a_1,\ b_2-b_1)$ に移動する．これより，$\overrightarrow{\mathrm{AB}}=(a_2-a_1,\ b_2-b_1)$ と書けることがわかる．つまり，ベクトルは成分表示をすることで，（終点の座標）－（始点の座標）で表すことができる．

---

[7]「零」は漢字としては「れい」と読むが，数学では「ぜろ」と読むことが多い．

同様に平行移動で考えれば，ベクトルの成分表示では，ベクトルの和や定数倍は成分表示のまま，それぞれ次のように計算することができる．

$$(a,b)+(c,d)=(a+c,b+d) \tag{12.2}$$

$$k(a,b)=(ka,kb) \tag{12.3}$$

また，座標平面上で直角三角形を作ることで（✍），ベクトルの大きさは成分表示で

$$|(a,b)|=\sqrt{a^2+b^2} \tag{12.4}$$

と計算できる．

さらに，内積については次がいえる．

定理 12.1（内積の公式）（重要）

始点が等しい2つのベクトル $\overrightarrow{\mathrm{AB}}=(a,b)$, $\overrightarrow{\mathrm{AC}}=(c,d)$ に対し，

$$\overrightarrow{\mathrm{AB}}\cdot\overrightarrow{\mathrm{AC}}=(a,b)\cdot(c,d)=ac+bd \tag{12.5}$$

がなりたつ．

証明　三角形 ABC に対し，$\angle\mathrm{BAC}=\theta$ とすると，余弦定理［⇨ **定理 7.5**］より，

$$\mathrm{BC}^2=\mathrm{AB}^2+\mathrm{AC}^2-2\cdot\mathrm{AB}\cdot\mathrm{AC}\cdot\cos\theta \tag{12.6}$$

がなりたつが[8)]，$\mathrm{AB}=|\overrightarrow{\mathrm{AB}}|$, $\mathrm{AC}=|\overrightarrow{\mathrm{AC}}|$, $\mathrm{BC}=|\overrightarrow{\mathrm{BC}}|$ で，$\overrightarrow{\mathrm{BC}}=\overrightarrow{\mathrm{AC}}-\overrightarrow{\mathrm{AB}}$ だから，この式は

$$|\overrightarrow{\mathrm{AC}}-\overrightarrow{\mathrm{AB}}|^2=|\overrightarrow{\mathrm{AB}}|^2+|\overrightarrow{\mathrm{AC}}|^2-2|\overrightarrow{\mathrm{AB}}||\overrightarrow{\mathrm{AC}}|\cos\theta \tag{12.7}$$

とできる．ここで，内積の定義より，

$$\overrightarrow{\mathrm{AB}}\cdot\overrightarrow{\mathrm{AC}}=|\overrightarrow{\mathrm{AB}}||\overrightarrow{\mathrm{AC}}|\cos\theta \tag{12.8}$$

であり，ベクトルの成分表示の計算から，$|\overrightarrow{\mathrm{AB}}|=\sqrt{a^2+b^2}$, $|\overrightarrow{\mathrm{AC}}|=\sqrt{c^2+d^2}$,

---

8)　ここの・は内積ではなくかけ算．ベクトルの計算ではないため．

$|\overrightarrow{\mathrm{BC}}| = |(c-a, d-b)| = \sqrt{(c-a)^2 + (d-b)^2}$ だから，(12.7) は，

$$(c-a)^2 + (d-b)^2 = (a^2 + b^2) + (c^2 + d^2) - 2\overrightarrow{\mathrm{AB}} \cdot \overrightarrow{\mathrm{AC}} \qquad (12.9)$$

となる [9]．よって，これを整理すれば，

$$\overrightarrow{\mathrm{AB}} \cdot \overrightarrow{\mathrm{AC}} = ac + bd \qquad (12.10)$$

が得られる（✍）．◇

例題 12.1　始点が等しい 2 つのベクトル $\overrightarrow{\mathrm{AB}} = (2, 3)$, $\overrightarrow{\mathrm{AC}} = (-1, 4)$ に対し，次の問に答えよ．

(1)　ベクトル $\overrightarrow{\mathrm{CB}}$ を求めよ．　(2)　内積 $\overrightarrow{\mathrm{AB}} \cdot \overrightarrow{\mathrm{AC}}$ を求めよ．

解　(1)　$\overrightarrow{\mathrm{CB}} = \overrightarrow{\mathrm{AB}} - \overrightarrow{\mathrm{AC}} = (2, 3) - (-1, 4) = (3, -1)$

(2)　$\overrightarrow{\mathrm{AB}} \cdot \overrightarrow{\mathrm{AC}} = (2, 3) \cdot (-1, 4) = 2 \times (-1) + 3 \times 4 = 10$　◇

ベクトルの成分表示により，間（あいだ）の角（**図 12.10** でいえば θ．**なす角**ともいう）の大きさがわからなくても内積を求めることができる．逆に，これにより，間の角の大きさを求めることもできる．この定理により内積を求め，内積の定義から間の角の大きさを得ればよい．

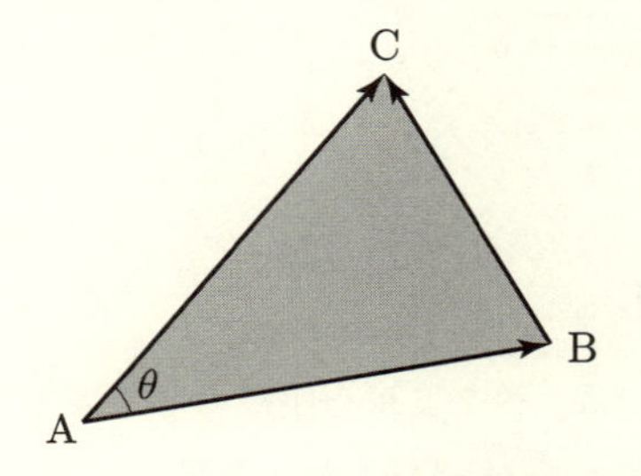

図 12.10　定理 12.1 の証明のための補助図

[9]　ここの · はベクトルの計算のため，内積である．

例題 12.2　始点が等しい2つのベクトル $\overrightarrow{\mathrm{AB}}=(1,2)$, $\overrightarrow{\mathrm{AC}}=(-1,3)$ に対し，その間の角を θ とする．このとき，θ の値を求めよ．□□□

解　まず，2つのベクトルの内積を求めると，定理 12.1 より，

$$\overrightarrow{\mathrm{AB}}\cdot\overrightarrow{\mathrm{AC}}=(1,2)\cdot(-1,3)=1\times(-1)+2\times 3=5 \tag{12.11}$$

である．また，それぞれのベクトルの大きさは，

$$|\overrightarrow{\mathrm{AB}}|=|(1,2)|=\sqrt{1^2+2^2}=\sqrt{5}, \tag{12.12}$$

$$|\overrightarrow{\mathrm{AC}}|=|(-1,3)|=\sqrt{(-1)^2+3^2}=\sqrt{10} \tag{12.13}$$

である．よって，内積の定義 [⇨ **定義 12.2**] より，

$$5=\sqrt{5}\times\sqrt{10}\times\cos\theta \tag{12.14}$$

だから，$\cos\theta=\dfrac{1}{\sqrt{2}}$．よって，$\theta=\dfrac{\pi}{4}$．　◇

注意 12.4　いまは2次元平面上のベクトルを扱ったが，ベクトルは n 次元空間内で考えることができる．n 次元でのベクトルであっても，成分表示の仕方や計算は2次元の場合と同様である．例えば，3次元空間のベクトル $\overrightarrow{\mathrm{AB}}$ が成分表示で $\overrightarrow{\mathrm{AB}}=(a,b,c)$ と表せるとき，その大きさは $|\overrightarrow{\mathrm{AB}}|=\sqrt{a^2+b^2+c^2}$ であたえられるし，k 倍は $k\overrightarrow{\mathrm{AB}}=(ka,kb,kc)$ と計算できる．また，別のベクトル $\overrightarrow{\mathrm{AC}}=(d,e,f)$ との和は $\overrightarrow{\mathrm{AB}}+\overrightarrow{\mathrm{AC}}=(a+d,b+e,c+f)$ で，内積は $\overrightarrow{\mathrm{AB}}\cdot\overrightarrow{\mathrm{AC}}=ad+be+cf$ で計算できる．

12・5　数ベクトル

ベクトルの成分表示では，ベクトルを座標の形で表した．ここで，この「座標の形」に注目して見ると，これは「数の組」と見ることもできる．例えば，$(2,1)$ は「$x=2$, $y=1$ の座標」という見方の他に，「2 と 1 の数の組」という見方もできる．

実は，この両者は，数学的には同じものと見ることができるため，このような数の組もベクトルとよぶ．幾何ベクトルと区別するために，数の組としてのベクトルを**数**(すう)**ベクトル**とよぶこともある．

数ベクトルは $\boldsymbol{a}$ のように太文字で表し[10]，矢印はつけない．大きさを表す記号も幾何ベクトルのときと異なり，$\|\boldsymbol{a}\|$ のように 2 本線を用いる．また，そのなりたちを考えればわかるように，成分の順序も重要で，順序を入れ替えたものは別のベクトルである．例えば，$(1,2) \neq (2,1)$ ということである．

しかし，ベクトル自体の性質や計算などは，すべて幾何ベクトルのときと同じである．そのため，図形を考えているときなど，幾何ベクトルであることを強調したいなどの理由がない限りは，数ベクトルの表記をすることが多い．

注意 12.5 数ベクトルは (a,b) のように，幾何ベクトルの成分表示と同様の形で，成分を横に並べて表す方法と，$\begin{pmatrix} a \\ b \end{pmatrix}$ のように縦に並べて表す方法がある．また，横に並べて表す方法でも，座標のように (a,b) とカンマをつけて数を区切る方法と，カンマを用いず，$\begin{pmatrix} a & b \end{pmatrix}$ のようにスペースを空けて表す方法がある．ベクトルを表す際，これらの表記を交ぜて使ってはいけない．その理由は両者で違い，横に並べて表す方法の差異は単に表記の問題である[11]．一方，横に並べるか縦に並べるかの差異は，ベクトルとして別物という問題であるため，とくに注意しなければならない．そのため，成分を横に並べるベクトルを**横**(よこ)**ベクトル**，縦に並べるベクトルを**縦**(たて)**ベクトル**とよんで区別する．

注意 12.6 横ベクトルと縦ベクトルの使い分けは，現時点では好きな方で統

---

10) ベクトルをスカラーと同じように，a などと（そのまま）書く人が多いが，スカラーはそのまま，ベクトルは太文字と，きちんと区別して書くこと．ベクトルを考えるときでも，成分や定数倍でスカラーを扱うため，記号を区別しないと混乱のもとになるからである．

11) カンマを用いる方が書きやすいし見やすいが，後に行列をまなぶと，スペースを空ける方が適切かもしれないと感じる読者もいるだろう．

一して使えばよい[12]が，後に行列をまなぶとき［⇨ §13］にはきちんと使い分ける必要がある．また，横ベクトルと縦ベクトルを交ぜて使わないというルールがあるため，文字ではどちらも $\boldsymbol{a}$ のように同じ記号で表すことができる．

数ベクトルでも零ベクトルは定義できて，$\mathbf{0}$ で表す[13]．零ベクトルも横ベクトルと縦ベクトルの両方で考えることができるが，使う記号はどちらの場合も同じである．

§12 の問題

確認問題

問 12.1　次の 2 つのベクトル $\overrightarrow{\mathrm{OA}}$ と $\overrightarrow{\mathrm{OB}}$ について，

(i)　和 $\overrightarrow{\mathrm{OB'}} = \overrightarrow{\mathrm{OA}} + \overrightarrow{\mathrm{OB}}$ を求めよ．　　(ii)　差 $\overrightarrow{\mathrm{OB''}} = \overrightarrow{\mathrm{OA}} - \overrightarrow{\mathrm{OB}}$ を求めよ．

(iii)　原点を O とする xy 座標上に，ベクトル $\overrightarrow{\mathrm{OA}}, \overrightarrow{\mathrm{OB}}, \overrightarrow{\mathrm{OB'}}, \overrightarrow{\mathrm{OB''}}$ を図示せよ．

(1)　$\overrightarrow{\mathrm{OA}} = (2, 3)$, $\overrightarrow{\mathrm{OB}} = (1, 2)$　　(2)　$\overrightarrow{\mathrm{OA}} = (-1, 2)$, $\overrightarrow{\mathrm{OB}} = (4, -2)$

(3)　$\overrightarrow{\mathrm{OA}} = (1, 3)$, $\overrightarrow{\mathrm{OB}} = (0, -1)$

□□□ ［⇨ 12・2 12・4］

問 12.2　次のベクトル $\overrightarrow{\mathrm{AB}}$ の大きさを求めよ．

(1)　$\overrightarrow{\mathrm{AB}} = (2, 3)$　　(2)　$\overrightarrow{\mathrm{AB}} = (-1, 2)$　　(3)　$\overrightarrow{\mathrm{AB}} = (1, 3)$

□□□ ［⇨ 12・4］

基本問題

問 12.3　次の 2 つのベクトル $\overrightarrow{\mathrm{AB}}$ と $\overrightarrow{\mathrm{AC}}$ の内積を求めよ．

---

12)　横ベクトルを使う教科書もあるが，一般には，縦ベクトルを用いることが多いので，本書でもそうする．

13)　太文字の 0 である．

(1)　$\overrightarrow{\mathrm{AB}} = (2, -1)$, $\overrightarrow{\mathrm{AC}} = (1, 1)$　　(2)　$\overrightarrow{\mathrm{AB}} = (8, -1)$, $\overrightarrow{\mathrm{AC}} = (-1, 1)$

(3)　$\overrightarrow{\mathrm{AB}} = (1, 3, 4)$, $\overrightarrow{\mathrm{AC}} = (1, 3, -2)$

□□□ [⇨ 12・4]

問 12.4　次のベクトルの大きさを求めよ．

(1)　$\begin{pmatrix} -4 \\ 2 \end{pmatrix}$　　(2)　$\begin{pmatrix} -1 \\ 4 \\ 1 \end{pmatrix}$　　(3)　$\begin{pmatrix} 3 \\ 7 \\ 0 \end{pmatrix}$　　(4)　$\begin{pmatrix} 5 \\ -1 \\ 1 \\ 3 \end{pmatrix}$

□□□ [⇨ 12・4 12・5]

チャレンジ問題

問 12.5　次の 2 つのベクトル $\overrightarrow{\mathrm{AB}}$ と $\overrightarrow{\mathrm{AC}}$ のなす角を θ とするとき，$\cos\theta$ の値を求めよ．

(1)　$\overrightarrow{\mathrm{AB}} = (1, 2)$, $\overrightarrow{\mathrm{AC}} = (2, -3)$　　(2)　$\overrightarrow{\mathrm{AB}} = (-2, 3)$, $\overrightarrow{\mathrm{AC}} = (4, -1)$

(3)　$\overrightarrow{\mathrm{AB}} = (1, 2, 3)$, $\overrightarrow{\mathrm{AC}} = (3, 2, 1)$

□□□ [⇨ 12・3 12・4]

§13 行列とは

§13のポイント

- **行列**とは，数を縦と横に長方形の形に並べた組である．
- 行列の**和**と**差**は，同じ形の行列どうしでのみ計算できる．
- 行列の**積**は $m \times n$ 行列と $n \times l$ 行列のときに計算できるが，普通の数のときと異なり，かける順序を逆にすると，計算できなかったり，計算できても結果が一致しなかったりする．
- 行列を用いて**行列式**が計算できる．行列式は行列ではない．

13・1 行列の基本事項

数ベクトルは「数の組」として，数を「縦または横」に並べて表した．しかし，「数の組」であるなら，数を「縦と横」に並べることもできる．

定義 13.1（行列）

数を縦と横に長方形の形に並べた組を**行列**（ぎょうれつ）といい，各数を**成分**という．また，行列の成分は横の組を上から**第 i 行**，縦の組を左から**第 j 列**とよぶ．そして，全部で m 行，n 列ある行列を $\boldsymbol{m \times n}$ **行列**，または，$\boldsymbol{(m, n)}$ **型の行列**，または，$\boldsymbol{(m, n)}$ **行列**とよび [1]，i 行 j 列にある成分 a_{ij} を $\boldsymbol{(i, j)}$ **成分**とよぶ [2]．

注意 13.1　行列を表すときは，(　)，または，[　] で囲む．どちらの括弧を使用してもよいが，統一するべきである．本書では (　) を用いることとする．

---

1) $m \times n$ の読み方は，そのまま「m（エム）かける n（エヌ）」である．一方，(m, n) の読み方は，括弧は読まず「m（エム） n（エヌ）」である．

2) (i, j) 成分も，括弧は読まず「i（アイ）　j（ジェイ） せいぶん」と読む．

例 13.1 $\begin{pmatrix} 1 & 2 & 3 \\ 4 & 5 & 6 \end{pmatrix}$, $\begin{pmatrix} 0 & 2 \\ 1 & 3 \end{pmatrix}$, $\begin{pmatrix} -1 & 2 & 2 & 1 & -4 \\ 0 & 1 & 5 & 0 & 0 \\ -2 & 1 & -2 & 1 & -2 \end{pmatrix}$ はそれぞれ, 2×3 行列, 2×2 行列, 3×5 行列である. ◆

注意 13.2 行列の各成分の間はスペースを空けて書く必要がある[3]. しかし, ベクトルのときと違い, カンマを書くことはしない. また, 上下の成分の位置はそろえなければならず, 成分に空きがあってはいけない.

2 以上の自然数 n に対し, $1 \times n$ 行列は n 次元の横ベクトル, $n \times 1$ 行列は n 次元の縦ベクトルと同じである. また, 1×1 行列はスカラーと同じである. この見方をすれば, スカラーを拡張したものがベクトルであり, ベクトルを拡張したものが行列であるということもできる. したがって, 零ベクトルに対応する行列も存在する.

定義 13.2(零行列)

すべての成分が 0 である行列を**零行列**(ぜろぎょうれつ)といい, O で表す.

どの大きさの行列でも零行列は考えることができて, 記号では O で表す.

注意 13.3 どんな大きさの零行列なのかをはっきりと表すために, $m \times n$ 行列の零行列を $O_{m,n}$ と書く方法もある.

例 13.2 $O_{2,2} = \begin{pmatrix} 0 & 0 \\ 0 & 0 \end{pmatrix}$, $O_{2,3} = \begin{pmatrix} 0 & 0 & 0 \\ 0 & 0 & 0 \end{pmatrix}$ ◆

13・2 行列の和・差・スカラー倍

行列の計算に関して, 和と差とスカラー倍はベクトルと同様である. すなわ

3) 成分に式が入ることもあるため, マイナスの記号があれば詰めてもよいなどと, 勝手な解釈はしないこと.

ち，行列の和と差は同じ成分どうしを足し引きすればよいし，スカラー倍はすべての成分を定数倍すればよい．また，この計算方法からわかるように，行列の和と差は同じ形の行列どうしでしか計算できない．

例 13.3

$$\begin{pmatrix} 1 & 0 & 7 \\ 2 & -1 & -1 \end{pmatrix} + \begin{pmatrix} 0 & -2 & 1 \\ 3 & -3 & 4 \end{pmatrix} = \begin{pmatrix} 1+0 & 0+(-2) & 7+1 \\ 2+3 & -1+(-3) & -1+4 \end{pmatrix}$$

$$= \begin{pmatrix} 1 & -2 & 8 \\ 5 & -4 & 3 \end{pmatrix} \tag{13.1}$$

$$3\begin{pmatrix} 1 & -1 & 2 \\ 0 & -1 & 4 \end{pmatrix} = \begin{pmatrix} 3\times 1 & 3\times(-1) & 3\times 2 \\ 3\times 0 & 3\times(-1) & 3\times 4 \end{pmatrix} = \begin{pmatrix} 3 & -3 & 6 \\ 0 & -3 & 12 \end{pmatrix} \tag{13.2}$$

◆

例題 13.1　$\begin{pmatrix} 0 & 1 & 3 \\ -2 & 1 & 4 \end{pmatrix} - \begin{pmatrix} -1 & -1 & 2 \\ 2 & 3 & 4 \end{pmatrix}$ を計算せよ．

□□□

解

$$\begin{pmatrix} 0 & 1 & 3 \\ -2 & 1 & 4 \end{pmatrix} - \begin{pmatrix} -1 & -1 & 2 \\ 2 & 3 & 4 \end{pmatrix} = \begin{pmatrix} 0-(-1) & 1-(-1) & 3-2 \\ -2-2 & 1-3 & 4-4 \end{pmatrix}$$

$$= \begin{pmatrix} 1 & 2 & 1 \\ -4 & -2 & 0 \end{pmatrix} \tag{13.3}$$

◇

13・3　行列の積

行列の積も，計算できる場合とできない場合がある．計算できる場合でも，その計算方法はやや複雑である．そこで行列の積を定義する前に，具体的な行列を用いて，計算の様子を観察してみよう．計算の法則がわかるだろうか．

例 13.4

$$\begin{pmatrix} 1 & -2 \\ -1 & 4 \end{pmatrix}\begin{pmatrix} 0 & 1 \\ 2 & 3 \end{pmatrix} = \begin{pmatrix} 1\times 0+(-2)\times 2 & 1\times 1+(-2)\times 3 \\ -1\times 0+4\times 2 & -1\times 1+4\times 3 \end{pmatrix}$$

$$= \begin{pmatrix} -4 & -5 \\ 8 & 11 \end{pmatrix} \tag{13.4}$$

$$\begin{pmatrix} 1 & 2 & 3 \\ 4 & 5 & 6 \end{pmatrix}\begin{pmatrix} -6 & 3 \\ 5 & -2 \\ -4 & 1 \end{pmatrix}$$

$$= \begin{pmatrix} 1\times(-6)+2\times 5+3\times(-4) & 1\times 3+2\times(-2)+3\times 1 \\ 4\times(-6)+5\times 5+6\times(-4) & 4\times 3+5\times(-2)+6\times 1 \end{pmatrix}$$

$$= \begin{pmatrix} -8 & 2 \\ -23 & 8 \end{pmatrix} \tag{13.5}$$

◆

この例からわかるように，行列の積は同じ形の行列どうしだけでなく，違う形の行列でも計算できる場合がある．

一般に，行列の積は，（積の）前の行列の列の数と，後ろの行列の行の数が同じ場合に計算できる．

定義 13.3（行列の積）（重要）

$m\times n$ 行列 $A = \begin{pmatrix} a_{11} & a_{12} & \cdots & a_{1n} \\ a_{21} & a_{22} & \cdots & a_{2n} \\ \vdots & \vdots & \ddots & \vdots \\ a_{m1} & a_{m2} & \cdots & a_{mn} \end{pmatrix}$ と

$n\times l$ 行列 $B = \begin{pmatrix} b_{11} & b_{12} & \cdots & b_{1l} \\ b_{21} & b_{22} & \cdots & b_{2l} \\ \vdots & \vdots & \ddots & \vdots \\ b_{n1} & b_{n2} & \cdots & b_{nl} \end{pmatrix}$ に対し，積 AB を

$$AB = \begin{pmatrix} c_{11} & c_{12} & \cdots & c_{1l} \\ c_{21} & c_{22} & \cdots & c_{2l} \\ \vdots & \vdots & \ddots & \vdots \\ c_{m1} & c_{m2} & \cdots & c_{ml} \end{pmatrix} \tag{13.6}$$

で定義する[4]．ただし，

$$c_{ij} = \sum_{k=1}^{n} a_{ik} b_{kj} \tag{13.7}$$

である．

定義からわかるように，$m \times n$ 行列と $n \times l$ 行列の積は $m \times l$ 行列になる．つまり，積で得られる行列は，前の行列の行の数と，後ろの行列の列の数に同じ形の行列になる．

注意 13.4 行列の積の定義は一見複雑であるが，次のように考えれば，それほどでもないことがわかる．AB の場合，A の行と B の列を1つずつ取り出し，どちらか好きな方を横にして（**転置**(てんち)という）［⇨ 注意 13.7］，ベクトルの内積と同じ計算をするのである．これを A の行と B の列のすべての組み合わせで考えれば，AB の各成分を得ることができる．

例えば，**図 13.1** のように考えればよい．

例題 13.2 次の行列のうち，積を計算できる行列はどれとどれか，すべて答えよ．また，その積を計算せよ．

$$A = \begin{pmatrix} 1 & 0 \\ 0 & 2 \end{pmatrix}, \quad B = \begin{pmatrix} 2 & 2 \\ 1 & 1 \\ 0 & 0 \end{pmatrix}, \quad C = \begin{pmatrix} 1 & 0 & 1 \\ 0 & 1 & 0 \\ 1 & 0 & 1 \end{pmatrix}$$

□□□

解 積を計算できる行列　B と A，C と B

---

4) ベクトルの内積のときと違い，· のような記号は書かない．

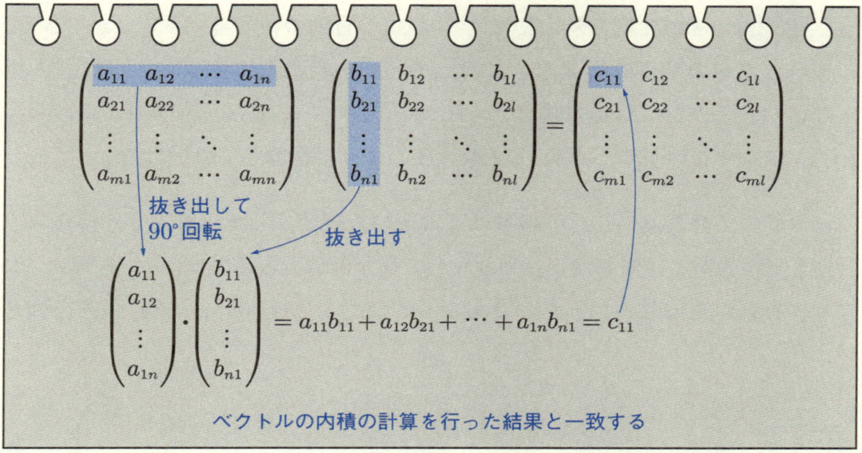

$$\begin{pmatrix} a_{11} & a_{12} & \cdots & a_{1n} \\ a_{21} & a_{22} & \cdots & a_{2n} \\ \vdots & \vdots & \ddots & \vdots \\ a_{m1} & a_{m2} & \cdots & a_{mn} \end{pmatrix} \begin{pmatrix} b_{11} & b_{12} & \cdots & b_{1l} \\ b_{21} & b_{22} & \cdots & b_{2l} \\ \vdots & \vdots & \ddots & \vdots \\ b_{n1} & b_{n2} & \cdots & b_{nl} \end{pmatrix} = \begin{pmatrix} c_{11} & c_{12} & \cdots & c_{1l} \\ c_{21} & c_{22} & \cdots & c_{2l} \\ \vdots & \vdots & \ddots & \vdots \\ c_{m1} & c_{m2} & \cdots & c_{ml} \end{pmatrix}$$

抜き出して
90°回転

抜き出す

$$\begin{pmatrix} a_{11} \\ a_{12} \\ \vdots \\ a_{1n} \end{pmatrix} \cdot \begin{pmatrix} b_{11} \\ b_{21} \\ \vdots \\ b_{n1} \end{pmatrix} = a_{11}b_{11} + a_{12}b_{21} + \cdots + a_{1n}b_{n1} = c_{11}$$

ベクトルの内積の計算を行った結果と一致する

図 13.1　行列の積の計算の仕方

積

$$BA = \begin{pmatrix} 2 & 2 \\ 1 & 1 \\ 0 & 0 \end{pmatrix} \begin{pmatrix} 1 & 0 \\ 0 & 2 \end{pmatrix} = \begin{pmatrix} 2\times1+2\times0 & 2\times0+2\times2 \\ 1\times1+1\times0 & 1\times0+1\times2 \\ 0\times1+0\times1 & 0\times0+0\times2 \end{pmatrix}$$

$$= \begin{pmatrix} 2 & 4 \\ 1 & 2 \\ 0 & 0 \end{pmatrix}$$

$$CB = \begin{pmatrix} 1 & 0 & 1 \\ 0 & 1 & 0 \\ 1 & 0 & 1 \end{pmatrix} \begin{pmatrix} 2 & 2 \\ 1 & 1 \\ 0 & 0 \end{pmatrix}$$

$$= \begin{pmatrix} 1\times2+0\times1+1\times0 & 1\times2+0\times1+1\times0 \\ 0\times2+1\times1+0\times0 & 0\times2+1\times1+0\times0 \\ 1\times2+0\times1+1\times0 & 1\times2+0\times1+1\times0 \end{pmatrix}$$

$$= \begin{pmatrix} 2 & 2 \\ 1 & 1 \\ 2 & 2 \end{pmatrix} \tag{13.8}$$

◇

注意 13.5　例題 13.2 で，かける順を逆にした AB や BC は計算できない．

注意 13.6　積が計算できる限り，3 つ以上の行列の積も考えることができる．この場合，積の順序を変えなければどの積から計算してもよい．つまり，例えば積 ABC が計算可能な場合，$ABC = (AB)C = A(BC)$ である．しかし，$BC = CB$ でない限り，$ABC = (AC)B$ のように計算してはいけない．

和や差の場合と違い，行列の積は別の形の行列どうしで計算でき，得られる行列も形は異なる．同じ形の行列どうしで積が計算できるのは，$n \times n$ 行列，つまり，行列が正方形のときだけである．このような行列を（n 次）**正方行列**（せいほう）という．

例 13.5　2 次正方行列 $\begin{pmatrix} 1 & 2 \\ 3 & 4 \end{pmatrix}$　3 次正方行列 $\begin{pmatrix} 1 & 2 & 3 \\ 4 & 0 & -4 \\ -3 & -2 & -1 \end{pmatrix}$　◆

正方行列 A に対し，n 個の A の積は A^n で表すことができる．例えば，AA は A^2，AAA は A^3 のように表せる．

13・4　行列の積の非可換性

行列の積が考えられる場合でも，かける順番が逆になると計算できなくなることがあるし [⇨ 例題 13.2]，計算できても結果が一致するとは限らない [⇨ 例 13.6]．つまり，AB が計算できても BA が計算できないことがあり，計算できたとしても $AB = BA$ になる場合と $AB \neq BA$ になる場合がある．

これは，いままで慣れ親しんできた，数のかけ算とは異なる性質である．この性質のため，行列の積を考える際には，右からかけるのか，左からかけるのかが重要になる．

定義 13.4（可換・非可換）

演算が交換法則をみたす場合，その演算は**可換**（かかん）であるという．一方，交換法則をみたさない場合，その演算は**非可換**（ひかかん）であるという．

この可換・非可換の定義は行列の積に限ったものではない．積について書き直してみると，どのような A, B に対しても $AB = BA$ がなりたつとき，この積は可換であり，$AB \neq BA$ となる A と B が存在するとき，この積は非可換であるといえる．

これらの用語を用いれば，（普通の）数の積は可換であるが，行列の積は非可換であるといえる．例 13.6 の行列のように，$AB = BA$ がなりたたない例（反例）が存在するためである．

例 13.6　$A = \begin{pmatrix} 1 & 1 & 0 \\ 2 & -1 & 3 \end{pmatrix}$, $B = \begin{pmatrix} 1 & 2 \\ 1 & -1 \\ 0 & 3 \end{pmatrix}$ のとき，AB は 2×2 行列になり（✍），BA は 3×3 行列になる（✍）ため，$AB \neq BA$ である [5]．◆

注意 13.7　この例の行列 A, B のように，$m \times n$ 行列 A の成分 a_{ij} と成分 a_{ji} を入れ替えて作った $n \times m$ 行列を，A の**転置（てんち）行列**といい，${}^tA$ で表す [6]．転置行列は a_{ii} 成分を軸にしてひっくり返して作った行列といえる．

ちなみに，正方行列の a_{ii} 成分を**対角成分**という．

例題 13.3　行列 $A = \begin{pmatrix} 1 & 2 \\ 1 & -1 \\ 2 & 0 \end{pmatrix}$ の転置行列 ${}^tA$ を答えよ．

---

5) 同じ形の行列になっても，$AB \neq BA$ となる場合がある．節末問題の問 13.1 を解いて確認してみよう (✍).

6) つまり，例 13.6 の行列 A, B は，$B = {}^tA$ の関係がある．転置の転置はもとに戻るので，$A = {}^tB = {}^t({}^tA)$ でもある．

解　$^tA = \begin{pmatrix} 1 & 1 & 2 \\ 2 & -1 & 0 \end{pmatrix}$　◇

積を考えるときは，普通の数のかけ算での 1 のように，かけても行列を変えないものがあると計算上便利である．

定義 13.5（単位行列）

n 次正方行列で，対角成分がすべて 1 で，他の成分はすべて 0 である行列を**単位行列**といい，E で表す．

単位行列は I で表すこともある．

注意 13.8　行列の大きさをはっきりと表すために，n 次単位行列を E_n や I_n と書くこともある．

注意 13.9　単位行列は，正方行列でのみ存在する．

例 13.7　2 次単位行列 $\begin{pmatrix} 1 & 0 \\ 0 & 1 \end{pmatrix}$　3 次単位行列 $\begin{pmatrix} 1 & 0 & 0 \\ 0 & 1 & 0 \\ 0 & 0 & 1 \end{pmatrix}$　◆

単位行列に関しては，かける順番で結果が変わることはない．つまり，任意の正方行列 A に対し，$AE = EA = A$ である．

13・5　行列式

正方行列から作る行列式という数がある [7]．

---

7) 通常，行列式は正方行列から計算して求めるが，計算のための定理が存在するため，定義から計算することは少ない．ウェブ上の付録の §23 の例 23.1 で具体例を用いて行列式の定義から計算する方法を紹介するが，定義も例も難しいと感じるだろう．むしろ，行列式の定義やこの例の計算を難しくてよくわからないと感じつつ，定理 13.1 で紹介する計算方法を見てほしい．

定義の準備として，まず，正方行列 A の成分 a_{ij} を，各行から1つずつ，同じ列からは選ばないようにして選んだ成分の組 σ_t を作る．ただし，組 σ_t の各数は，元の成分の行の順に並べておく．

次に，組 σ_t の各数を，元の成分の列の順になるように並び替える．ただし，隣り合う数どうしの交換により並び替えることとし，k 回で並び替えができたとする．

このとき，組 σ_t に属するすべての数の積に $(-1)^k$ をかけた数を s_t とする．行列式は，この組 σ_t と数 s_t を用いて，次のように定義される．

定義 13.6（行列式）

すべての組 σ_t に対して数 s_t を作り，s_t をすべてを足し合わせて得られる**数**を行列 A の**行列式**（ぎょうれつしき）といい，$|A|$，または，$\det A$ で表す[8]．

行列式を表す記号には $|A|$ と $\det A$ があるが，具体的な行列で表す場合，それぞれ次のように表す．

$A = \begin{pmatrix} 2 & 3 \\ -1 & 1 \end{pmatrix}$ の場合，

$$|A| = \begin{vmatrix} 2 & 3 \\ -1 & 1 \end{vmatrix}, \qquad \det A = \det\begin{pmatrix} 2 & 3 \\ -1 & 1 \end{pmatrix}. \tag{13.9}$$

注意 13.10　行列式は，「行列」という言葉が入っているし，計算する前の見た目も行列と似ているが，行列ではなく，スカラー（普通の数）である[9]．

行列式は，その行列により写されるベクトルが作る図形の拡大率を表す．ただし，負は図形の裏返し（反転）を意味する．例えば，-2 は裏返して面積を 2

---

8) 行列式の定義は，式で簡潔に書き表すこともできるが，そのためにはやや長い準備が必要である［⇨［藤岡 1］pp.61–72］．本書の範囲では定義式を知らなくても問題ないし，定義式は難しく学習者に余分な混乱をあたえる可能性があるため，割愛（かつあい）する．

9) 行列と行列式は，日本語では似ているが，英語ではまったく異なる．行列は matrix というのに対し，行列式は determinant という．

倍という具合である．

これは図形の形が維持された拡大ではなく，行列によって変形された上での拡大である［⇨［海老原］pp.88–94］．例えば，ベクトル $\boldsymbol{v}_1 = \begin{pmatrix} 1 \\ 0 \end{pmatrix}$ と $\boldsymbol{v}_2 = \begin{pmatrix} 0 \\ 1 \end{pmatrix}$ は一辺の長さが 1 の正方形 X を作る（**図 13.2** の左図）．この面積は 1 である．ベクトル $\boldsymbol{v}_1$ と $\boldsymbol{v}_2$ は行列 $A = \begin{pmatrix} 2 & 3 \\ -1 & 1 \end{pmatrix}$ により，それぞれ $\boldsymbol{v}_1' = A\boldsymbol{v}_1 = \begin{pmatrix} 2 \\ -1 \end{pmatrix}$ と $\boldsymbol{v}_2' = A\boldsymbol{v}_2 = \begin{pmatrix} 3 \\ 1 \end{pmatrix}$ に写されるが，$\boldsymbol{v}_1'$ と $\boldsymbol{v}_2'$ は平行四辺形 Y を作る（**図 13.2** の右図）．このとき，Y は $\boldsymbol{v}_1$ を $\boldsymbol{v}_1'$ の方向に，$\boldsymbol{v}_2$ を $\boldsymbol{v}_2'$ の方向に伸ばしたもので，面積が X の $|A| = 5$ 倍［⇨ ウェブ上の付録 § 23 例 23.1 (1)］になっている．

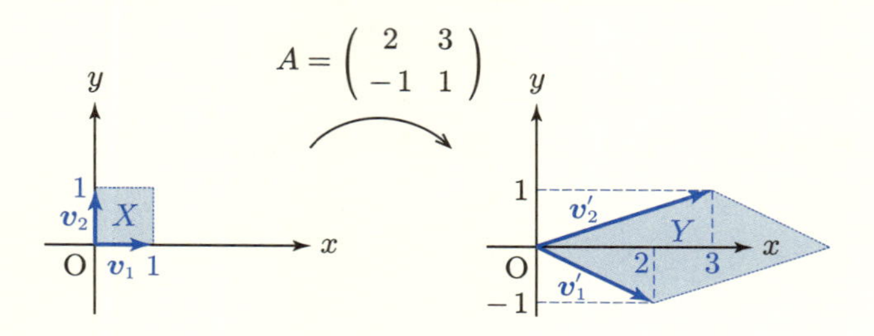

図 13.2　行列による図形の変形

注意 13.11　ウェブ上の付録の § 23 で考える例 23.1 からわかるように，行列式を定義から計算することは，行列が大きくなるほど大変である．しかし，**余因子展開**（よいんしてんかい）という方法により，行列式の大きさを小さくしていくことができる[10]．また，**2 次と 3 次の正方行列の場合に限り**，簡単に計算するための公式が知られているため，通常，大きい行列の行列式は，余因子展開をくり返して 2 次や 3 次の大きさにして，その公式で計算する．

---

10)　本書では，4 次以上の大きさの行列式は扱わないため，余因子展開については割愛する［⇨［藤岡 1］pp.81–85］．

定理 13.1（サラスの方法）（重要）

(1)　2次正方行列 $A = \begin{pmatrix} a & b \\ c & d \end{pmatrix}$ について，行列式は

$$|A| = ad - bc \tag{13.10}$$

で得られる．

(2)　3次正方行列 $A = \begin{pmatrix} a & b & c \\ d & e & f \\ g & h & i \end{pmatrix}$ について，行列式は

$$|A| = aei + bfg + cdh - ceg - bdi - afh \tag{13.11}$$

で得られる．

この定理による計算方法を**サラスの方法**とよぶ[11)]．とくに3次の場合，式で表すと複雑であるが，**図 13.3** のように考えればよい．

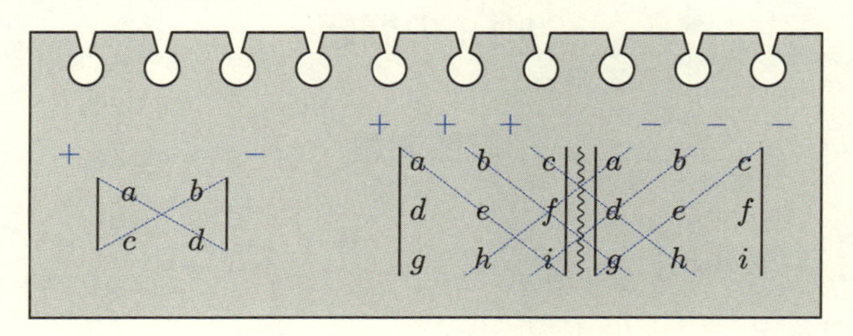

図 13.3　サラスの方法

例題 13.4　サラスの方法により，次の行列の行列式を求めよ．

$$A = \begin{pmatrix} 1 & 2 \\ 3 & 4 \end{pmatrix}, \qquad B = \begin{pmatrix} 1 & 2 & 0 \\ 2 & -1 & 2 \\ 0 & -1 & 1 \end{pmatrix}$$

---

11)　サラス (Sarrus) は人名で，サルスとよばれることもある．また，方法ではなく，規則ということもある．

解

$$|A| = \begin{vmatrix} 1 & 2 \\ 3 & 4 \end{vmatrix} = 1 \times 4 - 2 \times 3 = -2 \tag{13.12}$$

$$|B| = \begin{vmatrix} 1 & 2 & 0 \\ 2 & -1 & 2 \\ 0 & -1 & 1 \end{vmatrix} = 1 \times (-1) \times 1 + 2 \times 2 \times 0 + 0 \times 2 \times (-1)$$

$$- 0 \times (-1) \times 0 - 2 \times 2 \times 1 - 1 \times 2 \times (-1)$$

$$= -3 \tag{13.13}$$

◇

注意 13.12　**サラスの方法は 2 次と 3 次の場合に限った行列式の計算方法である．** したがって，4 次以上の行列式にはそのまま適用できないため，余因子展開で行列式を 2 次または 3 次の大きさにしてから利用する必要がある．

§13 の問題

確認問題

問 13.1　行列 $A = \begin{pmatrix} 1 & 4 \\ 3 & -2 \end{pmatrix}$, $B = \begin{pmatrix} -4 & 0 \\ 1 & 0 \end{pmatrix}$, $C = \begin{pmatrix} 2 & -1 \\ -1 & -1 \end{pmatrix}$ について，次を計算せよ．

(1)　$A + B$　(2)　$2A - B$　(3)　$C + 3B$　(4)　AB　(5)　BA
(6)　AC　(7)　CA　(8)　CB　(9)　BC　(10)　BCA
(11)　ACB　(12)　CBA　(13)　A^2B^2　(14)　BA^2C
(15)　$BA + 2A - C^2$

□□□ [⇨ 13・2 13・3]

問 13.2　行列 $A = \begin{pmatrix} 1 & 4 \\ 3 & -2 \end{pmatrix}$, $B = \begin{pmatrix} -4 & 0 \\ 1 & 0 \end{pmatrix}$, $C = \begin{pmatrix} 2 & -1 \\ -1 & -1 \end{pmatrix}$ について，次の行列の行列式を求めよ．((4) 以降は問 13.1 の結果を使えばよい．)

(1)　A　(2)　B　(3)　C　(4)　AB　(5)　BA　(6)　AC

(7) CA　(8) CB　(9) BC　(10) BCA　(11) ACB
(12) CBA　(13) A^2B^2　(14) BA^2C　(15) $BA+2A-C^2$

□□□ [⇨ **13・5**]

問 13.3 行列 $A=\begin{pmatrix} -1 & 2 & 2 \\ 5 & -3 & 1 \\ -2 & 4 & 1 \end{pmatrix}$, $B=\begin{pmatrix} 3 & 1 & 3 \\ -1 & 2 & -5 \\ -1 & -1 & 2 \end{pmatrix}$, $C=\begin{pmatrix} 4 & -1 & 3 \\ 1 & 1 & -2 \\ 2 & -3 & 1 \end{pmatrix}$ について，次を計算せよ．

(1) AB　(2) BA　(3) BC　(4) CB　(5) AC　(6) CA
(7) A^2　(8) B^2　(9) C^2　(10) ABC　(11) BAC
(12) CBA

□□□ [⇨ **13・3**]

問 13.4 次の行列の行列式を求めよ．

(1) $\begin{pmatrix} 2 & 5 & 4 \\ 1 & 4 & 3 \\ 1 & 3 & 2 \end{pmatrix}$　(2) $\begin{pmatrix} 1 & -1 & -1 \\ -1 & 2 & 2 \\ 2 & 1 & 2 \end{pmatrix}$

(3) $\begin{pmatrix} 2 & -1 & 0 \\ -1 & 1 & 4 \\ 3 & 1 & -2 \end{pmatrix}$　(4) $\begin{pmatrix} 1 & 2 & 3 \\ -3 & -2 & -1 \\ 2 & 1 & -2 \end{pmatrix}$

□□□ [⇨ **13・5**]

基本問題

問 13.5 次の行列の行列式が 0 になるような定数 a をすべて求めよ．

(1) $\begin{pmatrix} 1 & 3 \\ a & -2 \end{pmatrix}$　(2) $\begin{pmatrix} 2 & 1 & -1 \\ -1 & a & -1 \\ 1 & 2 & 1 \end{pmatrix}$　(3) $\begin{pmatrix} 1 & 2 & a \\ -1 & -2 & -3 \\ a & 0 & 3 \end{pmatrix}$

□□□ [⇨ **13・5**]

§14 行列の基本変形

§14 のポイント

- 行列には，和や積とは異なる，**基本変形**という計算がある．
- 基本変形により，行列は**簡約化**できる．
- 簡約化した行列の**主成分**をもつ行の個数を**階数**という．
- 行列の簡約化により，連立1次方程式を解くことができる．

行列を扱うときには，行列式の他にも，基本変形という和や積とは異なる独特な計算を行うことがある．行列の利用例の1つとして，連立1次方程式の解法があるが，これにも基本変形が使われるため，まずは具体的に連立1次方程式を解くことで基本変形がどのような計算かを見てみよう．

14・1 連立1次方程式

例えば，連立1次方程式

$$\begin{cases} x+2y-z=4 \\ -x+3y+2z=15 \\ 2x-y+3z=13 \end{cases} \tag{14.1}$$

を考える．この式をよく見ると，行列を使って表せることに気づく．左辺の係数の部分と未知数（変数 x, y, z）の部分，そして右辺の部分を行列（とベクトル）で表して，さらに積を用いて，

$$\begin{pmatrix} 1 & 2 & -1 \\ -1 & 3 & 2 \\ 2 & -1 & 3 \end{pmatrix} \begin{pmatrix} x \\ y \\ z \end{pmatrix} = \begin{pmatrix} 4 \\ 15 \\ 13 \end{pmatrix} \tag{14.2}$$

とすればよい．

注意 14.1　(14.2) の左辺の積を計算すれば，

$$\begin{pmatrix} x+2y-z \\ -x+3y+2z \\ 2x-y+3z \end{pmatrix} = \begin{pmatrix} 4 \\ 15 \\ 13 \end{pmatrix} \tag{14.3}$$

となるが，これは両辺の各行の成分がそれぞれ等しいということだから，元の連立1次方程式 (14.1) を表していることが確認できる．

注意 14.2 (14.2) の $\begin{pmatrix} 1 & 2 & -1 \\ -1 & 3 & 2 \\ 2 & -1 & 3 \end{pmatrix}$ のように，連立1次方程式の係数を集めた行列を**係数行列**という．

連立1次方程式は，消去法で未知数を減らし，1つの未知数に関する方程式にして解いた[1)]．いま，連立1次方程式 (14.1) を消去法で（逐次(ちくじ)整理しながら）解くと，次のように計算できる．

$$\begin{cases} x+2y-z=4 \\ -x+3y+2z=15 \\ 2x-y+3z=13 \end{cases} \quad \begin{matrix} 2\text{行目}+1\text{行目} \\ 3\text{行目}+(1\text{行目}\times(-2)) \end{matrix} \tag{14.4}$$

$$\begin{cases} x+2y-z=4 \\ \quad 5y+z=19 \\ -5y+5z=5 \end{cases} \quad 3\text{行目}+2\text{行目} \tag{14.5}$$

$$\begin{cases} x+2y-z=4 \\ \quad 5y+z=19 \\ \quad\quad 6z=24 \end{cases} \quad 3\text{行目}\times\frac{1}{6} \tag{14.6}$$

1) 連立1次方程式の解き方には，消去法の他に，代入法もあったが，両者は同じ「未知数を減らす」ということをやっている．

$$\begin{cases} x+2y-z=4 \\ \quad 5y+z=19 \\ \qquad z=4 \end{cases} \qquad \begin{matrix} 1\text{行目}+3\text{行目} \\ 2\text{行目}+(3\text{行目}\times(-1)) \end{matrix} \tag{14.7}$$

$$\begin{cases} x+2y \quad =8 \\ \quad 5y \quad =15 \\ \qquad z=4 \end{cases} \qquad 2\text{行目}\times\frac{1}{5} \tag{14.8}$$

$$\begin{cases} x+2y \quad =8 \\ \quad y \quad =3 \\ \qquad z=4 \end{cases} \qquad 1\text{行目}+(2\text{行目}\times(-2)) \tag{14.9}$$

$$\begin{cases} x \qquad =2 \\ \quad y \quad =3 \\ \qquad z=4 \end{cases} \tag{14.10}$$

14・2　行列で表した連立1次方程式

連立1次方程式が行列で表せるならば，行列で表した場合でも同様の方法で解けるはずである．途中式で，消した未知数は係数が0だと思えば，変化しているのは左辺の係数と右辺の数だけであるから，この計算で必要な情報はその2つである．左辺の係数部分は係数行列で表せるため，係数行列に残りの右辺の数を加えて新しい行列を作れば，必要な情報は1つの行列で表すことができる．(14.1) の場合，この新しい行列は

$$\left(\begin{array}{ccc|c} 1 & 2 & -1 & 4 \\ -1 & 3 & 2 & 15 \\ 2 & -1 & 3 & 13 \end{array}\right) \tag{14.11}$$

である．

注意 14.3 このように，係数行列に右辺の数を加えて作った行列を，**拡大係数行列**という．拡大係数行列は，係数部分と右辺の部分の間に実線を引く．

拡大係数行列 (14.11) で，消去法で解いたときと同じ操作をしてみる．

$$\left(\begin{array}{ccc|c} 1 & 2 & -1 & 4 \\ -1 & 3 & 2 & 15 \\ 2 & -1 & 3 & 13 \end{array}\right) \quad \begin{array}{l} 2\text{行目} + 1\text{行目} \\ 3\text{行目} + (1\text{行目} \times (-2)) \end{array} \tag{14.12}$$

$$\left(\begin{array}{ccc|c} 1 & 2 & -1 & 4 \\ 0 & 5 & 1 & 19 \\ 0 & -5 & 5 & 5 \end{array}\right) \quad 3\text{行目} + 2\text{行目} \tag{14.13}$$

$$\left(\begin{array}{ccc|c} 1 & 2 & -1 & 4 \\ 0 & 5 & 1 & 19 \\ 0 & 0 & 6 & 24 \end{array}\right) \quad 3\text{行目} \times \frac{1}{6} \tag{14.14}$$

$$\left(\begin{array}{ccc|c} 1 & 2 & -1 & 4 \\ 0 & 5 & 1 & 19 \\ 0 & 0 & 1 & 4 \end{array}\right) \quad \begin{array}{l} 1\text{行目} + 3\text{行目} \\ 2\text{行目} + (3\text{行目} \times (-1)) \end{array} \tag{14.15}$$

$$\left(\begin{array}{ccc|c} 1 & 2 & 0 & 8 \\ 0 & 5 & 0 & 15 \\ 0 & 0 & 1 & 4 \end{array}\right) \quad 2\text{行目} \times \frac{1}{5} \tag{14.16}$$

$$\left(\begin{array}{ccc|c} 1 & 2 & 0 & 8 \\ 0 & 1 & 0 & 3 \\ 0 & 0 & 1 & 4 \end{array}\right) \quad 1\text{行目} + (2\text{行目} \times (-2)) \tag{14.17}$$

$$\left(\begin{array}{ccc|c} 1 & 0 & 0 & 2 \\ 0 & 1 & 0 & 3 \\ 0 & 0 & 1 & 4 \end{array}\right) \tag{14.18}$$

この操作により得られた拡大係数行列 (14.18) もまた，実線の左側は連立 1 次方程式の係数部分，右側は右辺部分を表すから，連立 1 次方程式の形に戻せば，

$$\begin{pmatrix} 1 & 0 & 0 \\ 0 & 1 & 0 \\ 0 & 0 & 1 \end{pmatrix} \begin{pmatrix} x \\ y \\ z \end{pmatrix} = \begin{pmatrix} 2 \\ 3 \\ 4 \end{pmatrix} \tag{14.19}$$

となる．これは（左辺の積を計算すれば），

$$\begin{pmatrix} x \\ y \\ z \end{pmatrix} = \begin{pmatrix} 2 \\ 3 \\ 4 \end{pmatrix} \tag{14.20}$$

だから，$x=2$，$y=3$，$z=4$ を表す．

以上より，連立1次方程式を解く際，行列で表して，拡大係数行列を作り，消去法と同じ操作をして，拡大係数行列の実線の左側が単位行列と同じにすれば，実線の右側に連立1次方程式の解が出てくることがわかった．このときに行う「消去法と同じ操作」を行列の基本変形という．

定義 14.1（行列の基本変形）（重要）

行列の行に，次の操作 (i), (ii), (iii) のいずれかを施（ほどこ）すことを，行列の**基本変形**（きほんへんけい）という．

(i)　i 行目と j 行目を入れ替える．

(ii)　i 行目を定数倍する（ただし，0倍は除く）．

(iii)　i 行目に，j 行目の定数倍を加える．

注意 14.4　行列の基本変形は，拡大係数行列以外でも，任意の行列に対して施（ほどこ）すことができる．

注意 14.5　行列 A に基本変形を施して B になるとき，$A \to B$ と書く[2]．

注意 14.6　「基本変形を行う」とは，定義の (i), (ii), (iii) のいずれか1つを

---

2)　基本変形を行うとき，$A=B$ と書く初学者が多いが，和や積の場合と異なり，基本変形では A と B は等しくないので，$=$ を使ってはいけない．逆に，行列の計算では $\to$ を用いると考え，和や積の場合に $\to$ を書く初学者もいるが，これも誤りである．漫然（まんぜん）と記号を書くのではなく，何をしている計算なのか，またその記号の意味は何なのか，よく理解して書くこと．なお，なぜ基本変形という計算をしてよいのかは，ウェブ上の付録の §24 を読むと納得できるだろう．

一度だけ施すことをいうため，複数施す場合は，「基本変形をくり返す」というような表現となる．したがって，1つの → で計算できるのは，(i), (ii), (iii) のいずれか1つを一度だけというのが基本である[3]．

例題 14.1 行列 $\begin{pmatrix} 1 & 2 & -1 \\ -1 & 3 & 2 \\ 2 & -1 & 3 \end{pmatrix}$ に，次の基本変形を施せ．

(1) 1行目と3行目の入れ替え

(2) 1行目を2倍

(3) 3行目に1行目の -2 倍を加える

□□□

解 (1)

$$\begin{pmatrix} 1 & 2 & -1 \\ -1 & 3 & 2 \\ 2 & -1 & 3 \end{pmatrix} \to \begin{pmatrix} 2 & -1 & 3 \\ -1 & 3 & 2 \\ 1 & 2 & -1 \end{pmatrix} \tag{14.21}$$

(2)

$$\begin{pmatrix} 1 & 2 & -1 \\ -1 & 3 & 2 \\ 2 & -1 & 3 \end{pmatrix} \to \begin{pmatrix} 2 & 4 & -2 \\ -1 & 3 & 2 \\ 2 & -1 & 3 \end{pmatrix} \tag{14.22}$$

(3)

$$\begin{pmatrix} 1 & 2 & -1 \\ -1 & 3 & 2 \\ 2 & -1 & 3 \end{pmatrix} \to \begin{pmatrix} 1 & 2 & -1 \\ -1 & 3 & 2 \\ 0 & -5 & 5 \end{pmatrix} \tag{14.23}$$

◇

注意 14.7 定義 14.1 の基本変形は，正確には，行に関する基本変形，または，

---

3) とはいえ，上で見た，拡大係数行列に基本変形をくり返し施したときのように，実際には独立にできる基本変形をまとめて施してしまうこともよくあるが，まとめて施せない場合もあるため，慣れないうちは「一行一変形」を心がけた方がよい．

行(ぎょう)**基本変形**という．行列の基本変形は，行列の列に関しても行うことができ，定義中の「行」をすべて「列」に変えたものを，列に関する基本変形，または，**列**(れつ)**基本変形**という．

注意 14.8　連立1次方程式を解くときは，行に関する基本変形しか行ってはいけない．これは，拡大係数行列を方程式の形に戻すときに，係数行列に未知数のベクトルをかけるため，列に関する基本変形を行うと，別の未知数がかけられてしまう（例えば，x をかけるべき成分なのに y をかけてしまう）事態が生じるからである[4]．

14・3　簡約な行列と簡約化

定義 14.2（主成分）

行列の各行について，1番左にある0でない成分を**主成分**(しゅせいぶん)という．

注意 14.9　主成分は，成分がすべて0の行を除き，各行に存在する．一方，成分がすべて0の行には，主成分は存在しない．

例 14.1　行列 $\begin{pmatrix} 0 & 2 & -1 \\ 0 & 0 & 0 \\ 1 & 0 & -3 \end{pmatrix}$ について，1行目の主成分は2，2行目は主成分なし，3行目の主成分は1である．◆

定義 14.3（簡約な行列）（重要）

次の条件 (i)〜(iv) をすべてみたす行列を，**簡約な行列**(かんやく)という[5]．

---

[4] 正確には，列に関する基本変形を行っても，未知数のベクトルをかけるときに成分の未知数の順序を適切に変えればよいが，いたずらに複雑にするだけである．

[5] 4つの条件は日本語で覚えるとややこしいが，これは行列の“見た目”の条件といえるので，いくつかの具体例で「こういう行列のこと」と覚えた方がよいだろう．

(i) 成分がすべて 0 の行があれば，その行は他より下の行にある．

(ii) 主成分がある行の主成分は，下の行ほど右の列にある．

(iii) 主成分がある行の主成分は，すべて 1 である．

(iv) 主成分のある**列**の，他の成分はすべて 0 である．

例 14.2 簡約な行列

$$\begin{pmatrix} 1 & 0 & 0 \\ 0 & 1 & 0 \\ 0 & 0 & 1 \end{pmatrix}, \begin{pmatrix} 0 & 1 & 0 & 2 \\ 0 & 0 & 1 & 1 \\ 0 & 0 & 0 & 0 \end{pmatrix}, \begin{pmatrix} 0 & 1 & 0 & 2 & 0 & 0 \\ 0 & 0 & 1 & 3 & 0 & -1 \\ 0 & 0 & 0 & 0 & 1 & 1 \end{pmatrix}$$

簡約ではない行列

$$\begin{pmatrix} 0 & 2 & -1 \\ 0 & 0 & 0 \\ 1 & 0 & -3 \end{pmatrix}, \begin{pmatrix} 0 & 1 & 3 & 0 \\ 0 & 0 & -2 & 0 \\ 0 & 0 & 0 & 0 \end{pmatrix}, \begin{pmatrix} 0 & 1 & 0 & 2 & 0 & 0 \\ 0 & 0 & 1 & 3 & 0 & -1 \\ 1 & 0 & 0 & 0 & 1 & 1 \end{pmatrix}$$

◆

例題 14.2 例 14.2 で挙げた 3 つの簡約ではない行列は，定義 14.3 の条件 (i)～(iv) のどれをみたさないのか．それぞれ答えよ． □□□

解

$$\begin{pmatrix} 0 & 2 & -1 \\ 0 & 0 & 0 \\ 1 & 0 & -3 \end{pmatrix} : \text{(i), (ii), (iii)}, \quad \begin{pmatrix} 0 & 1 & 3 & 0 \\ 0 & 0 & -2 & 0 \\ 0 & 0 & 0 & 0 \end{pmatrix} : \text{(iii), (iv)},$$

$$\begin{pmatrix} 0 & 1 & 0 & 2 & 0 & 0 \\ 0 & 0 & 1 & 3 & 0 & -1 \\ 1 & 0 & 0 & 0 & 1 & 1 \end{pmatrix} : \text{(ii)}$$

◇

定義 14.3 の条件について，(i) と (ii) のみをみたす行列を**階段行列**(かいだん)という．

例 14.3 階段行列

$$\begin{pmatrix} 1 & 0 & 0 \\ 0 & 1 & 0 \\ 0 & 0 & 1 \end{pmatrix}, \begin{pmatrix} 0 & 1 & 3 & 0 \\ 0 & 0 & -2 & 0 \\ 0 & 0 & 0 & 0 \end{pmatrix}, \begin{pmatrix} 1 & 1 & 3 & 0 & 0 & 1 \\ 0 & 0 & -2 & 0 & 1 & 2 \\ 0 & 0 & 0 & 0 & 1 & -2 \end{pmatrix}$$

階段行列ではない　$\begin{pmatrix} 0 & 2 & -1 \\ 0 & 0 & 0 \\ 1 & 0 & -3 \end{pmatrix}$, $\begin{pmatrix} 0 & 1 & 0 & 2 & 0 & 0 \\ 0 & 0 & 1 & 3 & 0 & -1 \\ 1 & 0 & 0 & 0 & 1 & 1 \end{pmatrix}$ ◆

定義 14.4（簡約化）（重要）

行列に行基本変形をくり返して簡約な行列にすることを，**簡約化**（かんやくか）という．

行列を使って連立1次方程式を解く際に行っていたのは，拡大係数行列の簡約化である．

注意 14.10　簡約化を終えるまでの基本変形は一通りではない．簡約な行列の条件（とくに条件 (iv)）をみたすように，1列目からそろえていくのが1つのコツであるが，全体をよく見て工夫をすれば，順にそろえていくよりも簡単にできることもある．

例えば，すべての成分が0になる行ができることがすぐにわかる場合は，先に条件 (i) をみたすように変形する，条件 (iii) をみたすように変形すると他の成分に分数が現れる場合は，その変形は可能な限り後回しにする，など．

連立1次方程式は，解が1組に定まる場合，解が存在しない場合，解に任意定数が含まれる場合がある．どのタイプであるかは，その連立1次方程式の係数行列と拡大係数行列の関係で分類できる．

定義 14.5（階数）

行列 A を簡約化して得られた簡約な行列 B に対し，B の主成分をもつ行の個数を n とする．このとき，n を行列 A の**階数**（かいすう），または，ランクといい，$\operatorname{rank} A$ で表す．

例 14.4　(1)　ある行列 A を簡約化して $B = \begin{pmatrix} 1 & 0 & 0 \\ 0 & 1 & 0 \\ 0 & 0 & 1 \end{pmatrix}$ が得られたとき，$\operatorname{rank} A = 3$ である．

(2)　ある行列 A を簡約化して $B = \begin{pmatrix} 0 & 1 & 0 & 2 \\ 0 & 0 & 1 & 1 \\ 0 & 0 & 0 & 0 \end{pmatrix}$ が得られたとき，$\mathrm{rank}\, A = 2$ である．

(3)　ある行列 A を簡約化して $B = \begin{pmatrix} 0 & 1 & 0 & 2 & 0 & 0 \\ 0 & 0 & 1 & 3 & 0 & -1 \\ 0 & 0 & 0 & 0 & 1 & 1 \end{pmatrix}$ が得られたとき，$\mathrm{rank}\, A = 3$ である．◆

定理 14.1（連立1次方程式の解の個数）

n 個の未知数をもつ連立1次方程式の係数行列を A，拡大係数行列を B とする．このとき，その連立1次方程式は，

(i)　$\mathrm{rank}\, A = \mathrm{rank}\, B = n$ ならば，ただ1組の解をもつ．

(ii)　$\mathrm{rank}\, A = \mathrm{rank}\, B < n$ ならば，$(n - \mathrm{rank}\, A)$ 個の任意定数をもつ解をもつ．

(iii)　$\mathrm{rank}\, A < \mathrm{rank}\, B \leq n$ ならば，解は存在しない．

階数の意味と，簡約化による連立1次方程式の解き方が理解できていれば，なりたつことがわかるため，証明は省略する［⇨［藤岡1］pp.41–48］．

§14の問題

確認問題

問 14.1　次の行列を簡約化し，階数を求めよ．

(1) $\begin{pmatrix} 2 & -1 & 9 \\ -1 & 1 & -3 \\ 1 & -3 & -3 \end{pmatrix}$　(2) $\begin{pmatrix} 2 & -1 & 0 \\ -1 & 0 & 1 \\ 0 & 1 & -2 \end{pmatrix}$　(3) $\begin{pmatrix} 1 & 2 & 3 & 2 \\ 1 & 2 & 1 & 1 \\ 1 & 2 & -1 & 0 \end{pmatrix}$

(4) $\begin{pmatrix} 1 & -4 & 3 & 4 & -3 \\ 1 & -2 & 0 & 1 & -2 \\ -1 & 2 & 2 & 1 & 4 \end{pmatrix}$　　(5) $\begin{pmatrix} 3 & 1 & 1 \\ 1 & 2 & -1 \\ 2 & -1 & 2 \end{pmatrix}$

(6) $\begin{pmatrix} 2 & 2 & 0 & 1 \\ 1 & 3 & 0 & 0 \\ 2 & 1 & -2 & -2 \\ 1 & 4 & 2 & 3 \end{pmatrix}$

□□□ [⇨ 14・3]

問 14.2 次の連立1次方程式を拡大係数行列を用いて解け.

(1) $\begin{cases} 2x + y = 0 \\ -x + 2y = 1 \end{cases}$　　(2) $\begin{cases} x + 2y = 2 \\ 2x - 2y = 1 \end{cases}$　　(3) $\begin{cases} 3x - y = 0 \\ x + y = -4 \end{cases}$

(4) $\begin{cases} x + y + z = 3 \\ 2x + 2y + 3z = 7 \\ 2x + y + 5z = 9 \end{cases}$　　(5) $\begin{cases} 2x + 5y + 4z = 1 \\ x + 4y + 3z = 0 \\ x + 3y + 2z = 0 \end{cases}$

(6) $\begin{cases} -x + y + 3z = 2 \\ 2x - 3y + z = -1 \\ x + y - z = 0 \end{cases}$

□□□ [⇨ 14・2]

§15 正則行列

§15 のポイント

- 行列では割り算はできないが，逆数に対応する**逆行列**という行列が存在する場合がある．
- 逆行列をもつ行列を**正則行列**という．

15・1 逆行列

行列では割り算を考えることができない．しかし，割り算に対応するような計算はできないだろうか．

行列では，かけ算は定義できたため，逆数に対応する行列があれば，その行列とのかけ算が，割り算に対応するとみなしてよいのではないだろうか．そこで，逆数に対応する行列を考えてみる．

普通の数のときの逆数の性質としては，積が 1 になる必要があった．行列では，単位行列［⇨ **定義 13.5**］が 1 に対応する行列であったため，行列にある行列をかけたときに単位行列になるような行列があればよい．つまり，行列 A に対し，

$$AB = BA = E \tag{15.1}$$

をみたす行列 B があれば，B は A の逆数に対応する行列といえる．

注意 15.1　行列はかける順によって結果が変わることがあるため［⇨ **13・4**］，$AB = E$ だけでなく，$BA = E$ がなりたつことも必要になる．

行列 A の逆数に対応する行列 B がある場合，AB と BA の両方が計算できる必要があるため，少なくとも，A も B も正方行列でなければならない．

注意 15.2　行列 A の逆数に対応する行列が B ならば，B の逆数に対応する行列は A である．

逆数に対応する行列として $AB=BA=E$ がなりたつ行列としたが，そのような行列が実際に存在しなければ意味がない．しかし，次の例で見るように，そのような行列は存在する．

例 15.1 $A=\begin{pmatrix} 1 & -1 & 2 \\ 1 & 0 & 0 \\ -1 & 0 & 1 \end{pmatrix}, B=\begin{pmatrix} 0 & 1 & 0 \\ -1 & 3 & 2 \\ 0 & 1 & 1 \end{pmatrix}$ に対し，$AB=BA=E$ がなりたつ（✍）． ◆

注意 15.3 逆数に対応する行列は，すべての正方行列に存在するわけではない．例えば，$\begin{pmatrix} 1 & 0 \\ 0 & 0 \end{pmatrix}$ には存在しない．

例題 15.1 正方行列 $\begin{pmatrix} 1 & 0 \\ 0 & 0 \end{pmatrix}$ に逆数に対応する行列が存在しない理由を説明せよ． □□□ ✍

解 $A=\begin{pmatrix} 1 & 0 \\ 0 & 0 \end{pmatrix}$ の逆数に対応する行列 B が存在すると仮定すると，B は2次正方行列だから，ある定数 a,b,c,d を用いて，$B=\begin{pmatrix} a & b \\ c & d \end{pmatrix}$ と表せて，$AB=E$ をみたす．

しかし，$AB=\begin{pmatrix} 1 & 0 \\ 0 & 0 \end{pmatrix}\begin{pmatrix} a & b \\ c & d \end{pmatrix}=\begin{pmatrix} a & c \\ 0 & 0 \end{pmatrix}$ であるため，どのような定数 a,b,c,d を選んでも，$AB=E$ はなりたたない．

したがって，A に逆数に対応する行列は存在しない． ◇

この「逆数に対応する行列」を逆行列という．

定義 15.1（逆行列・正則行列）（重要）

n 次正方行列 A に対し，$AB = BA = E$ をみたす行列 B を A の**逆**（ぎゃく）**行列**といい，A^{-1} で表す [1]．また，逆行列 A^{-1} が存在する行列 A を**正則**（せいそく）**行列**という [2]．

注意 15.4 ある正則行列 A の逆行列 A^{-1} は，存在すればただ1つに決まることが知られている．また，$AA^{-1} = E$ がなりたてば，$A^{-1}A = E$ もなりたつことも知られている［⇨［藤岡 1］p.53］．

n 次正則行列 A の逆行列 A^{-1} を求めるには，n 次単位行列 E を A の右側に並べて $n \times 2n$ 行列 B を作り，B を**行基本変形で簡約化**すればよい．このときに得られる簡約な行列 C は，n 次単位行列 E の右側に A^{-1} を並べた形の $n \times 2n$ 行列になることが知られているからである［⇨［藤岡 1］pp.53–55］．

また，A が正則行列かわからない場合でも，同様にして $(n, 2n)$ 行列 B を作り，簡約化により簡約な行列 C を求めることで，判断することができる．C の左側が単位行列にならなければ，A は正則行列ではなく，A^{-1} も存在しないことが知られているからである [3]．

例 15.2 $A = \begin{pmatrix} 1 & -1 & 2 \\ 1 & 0 & 0 \\ -1 & 0 & 1 \end{pmatrix}$ の逆行列 A^{-1} を求める．

$$\left(\begin{array}{ccc|ccc} 1 & -1 & 2 & 1 & 0 & 0 \\ 1 & 0 & 0 & 0 & 1 & 0 \\ -1 & 0 & 1 & 0 & 0 & 1 \end{array}\right) \to \left(\begin{array}{ccc|ccc} 0 & -1 & 2 & 1 & -1 & 0 \\ 1 & 0 & 0 & 0 & 1 & 0 \\ -1 & 0 & 1 & 0 & 0 & 1 \end{array}\right)$$

1行目 + 2行目 × (−1)

---

1) 「エー　インバース」と読む．$\frac{1}{A}$ と書かないこと．

2) 正方行列と名前が似ているが，別物である．正則行列ならば正方行列であるが，正方行列だからといって正則行列であるとは限らない．

3) つまり，このとき C の右側がどのようになっていたとしても，それは A^{-1} ではない．

$$\to \left(\begin{array}{ccc|ccc} 0 & -1 & 2 & 1 & -1 & 0 \\ 1 & 0 & 0 & 0 & 1 & 0 \\ 0 & 0 & 1 & 0 & 1 & 1 \end{array}\right) \quad 3\text{行目} + 2\text{行目}$$

$$\to \left(\begin{array}{ccc|ccc} 1 & 0 & 0 & 0 & 1 & 0 \\ 0 & -1 & 2 & 1 & -1 & 0 \\ 0 & 0 & 1 & 0 & 1 & 1 \end{array}\right) \quad 1\text{行目} \leftrightarrow 2\text{行目}$$

$$\to \left(\begin{array}{ccc|ccc} 1 & 0 & 0 & 0 & 1 & 0 \\ 0 & 1 & -2 & -1 & 1 & 0 \\ 0 & 0 & 1 & 0 & 1 & 1 \end{array}\right) \quad 2\text{行目} \times (-1)$$

$$\to \left(\begin{array}{ccc|ccc} 1 & 0 & 0 & 0 & 1 & 0 \\ 0 & 1 & 0 & -1 & 3 & 2 \\ 0 & 0 & 1 & 0 & 1 & 1 \end{array}\right) \quad 2\text{行目} + 3\text{行目} \times 2 \tag{15.2}$$

より，$A^{-1} = \begin{pmatrix} 0 & 1 & 0 \\ -1 & 3 & 2 \\ 0 & 1 & 1 \end{pmatrix}$ である． ◆

注意 15.5　基本変形の計算は，計算ミスをしやすい．しかし，逆行列を求めるために基本変形を計算した場合，逆行列と元の行列との積をとれば単位行列になる事実を用いれば，**検算**しやすい[4]．実際，上の例でも，例 15.1 で確認したように，$\begin{pmatrix} 1 & -1 & 2 \\ 1 & 0 & 0 \\ -1 & 0 & 1 \end{pmatrix} \begin{pmatrix} 0 & 1 & 0 \\ -1 & 3 & 2 \\ 0 & 1 & 1 \end{pmatrix} = \begin{pmatrix} 1 & 0 & 0 \\ 0 & 1 & 0 \\ 0 & 0 & 1 \end{pmatrix}$ がいえる．

15・2　正則行列と行列式

正方行列 A が正則行列かわからない場合，簡約化をしなくても，行列式を計算することで判断する方法がある．

---

4)　筆者は授業でもこの検算法を教えるのだが，少し検算を試みればすぐにミスがあるとわかるような場合でも，そのまま解答を提出する学生が多いのはなぜだろう….

定理 15.1（正則行列と行列式の関係）

n 次正方行列 A が，正則行列であることと，$|A| \neq 0$ がなりたつことは同値である．

証明には，本書の内容を超える知識が必要になるため，省略する［⇨ 例えば，［藤岡 1］p.86］．

また，**2 次の場合に限り**，逆行列を求める便利な公式が存在する．

定理 15.2（2 次正則行列の逆行列の公式）

2 次正則行列 $A = \begin{pmatrix} a & b \\ c & d \end{pmatrix}$ に対し，逆行列 A^{-1} は

$$A^{-1} = \frac{1}{ad-bc}\begin{pmatrix} d & -b \\ -c & a \end{pmatrix} = \frac{1}{\det A}\begin{pmatrix} d & -b \\ -c & a \end{pmatrix} \tag{15.3}$$

となる．

［⇨ 証明は 問 15.4］

15・3　連立 1 次方程式（再び）

連立 1 次方程式は，拡大係数行列の簡約化により解くことができた．行列を用いた解き方としては，この他に，(i) 逆行列を用いる方法と，(ii) 行列式を用いる方法がある．どちらも，係数行列が正則行列であるときに限られた方法であるが，有用である．

(i) 逆行列を用いる方法

これは係数行列の逆行列を，連立 1 次方程式（を行列で表したもの）の両辺に左からかけるだけである．つまり，連立 1 次方程式 $A\boldsymbol{x} = \boldsymbol{b}$ の両辺に左から A^{-1} をかければ，左辺は $A^{-1}A\boldsymbol{x} = E\boldsymbol{x} = \boldsymbol{x}$ となるため，右辺の $A^{-1}\boldsymbol{b}$ を計算

すれば解が求まる，という理屈である．

例 15.3　連立1次方程式

$$\begin{pmatrix} 5 & -3 \\ -1 & 1 \end{pmatrix}\begin{pmatrix} x \\ y \end{pmatrix} = \begin{pmatrix} 2 \\ 1 \end{pmatrix} \tag{15.4}$$

を逆行列を用いて解く．

係数行列 $\begin{pmatrix} 5 & -3 \\ -1 & 1 \end{pmatrix}$ の逆行列は，

$$\begin{pmatrix} 5 & -3 \\ -1 & 1 \end{pmatrix}^{-1} = \frac{1}{2}\begin{pmatrix} 1 & 3 \\ 1 & 5 \end{pmatrix} \tag{15.5}$$

だから，これを (15.4) の両辺に左からかけると，

$$\begin{pmatrix} x \\ y \end{pmatrix} = \frac{1}{2}\begin{pmatrix} 1 & 3 \\ 1 & 5 \end{pmatrix}\begin{pmatrix} 2 \\ 1 \end{pmatrix} = \frac{1}{2}\begin{pmatrix} 5 \\ 7 \end{pmatrix}. \tag{15.6}$$

◆

(ii) 行列式を用いる方法

これは，次の公式を使う方法である．

定理 15.3（クラメルの公式）

係数行列 A が n 次正則行列である連立1次方程式 $A\boldsymbol{x} = \boldsymbol{b}$ に対し，解 $\boldsymbol{x} = \begin{pmatrix} x_1 \\ \vdots \\ x_n \end{pmatrix}$ の各成分は，$x_i = \dfrac{\det B_i}{\det A}$ である．ただし，$i = 1, \cdots, n$ で，行列 B_i は係数行列 A の第 i 列を列ベクトル $\boldsymbol{b}$ と入れ替えて作った行列である．

［⇨ 証明は，例えば［藤岡 1］pp.87–88］

例 15.4　連立1次方程式

$$\begin{pmatrix} 5 & -3 \\ -1 & 1 \end{pmatrix}\begin{pmatrix} x \\ y \end{pmatrix} = \begin{pmatrix} 2 \\ 1 \end{pmatrix} \tag{15.7}$$

をクラメルの公式を用いて解く．

$$\begin{vmatrix} 5 & -3 \\ -1 & 1 \end{vmatrix} = 2, \quad \begin{vmatrix} 2 & -3 \\ 1 & 1 \end{vmatrix} = 5, \quad \begin{vmatrix} 5 & 2 \\ -1 & 1 \end{vmatrix} = 7 \text{ より，} \boldsymbol{x} = \begin{pmatrix} \frac{5}{2} \\ \frac{7}{2} \end{pmatrix} = \frac{1}{2}\begin{pmatrix} 5 \\ 7 \end{pmatrix}.$$

◆

行列式は，行列の簡約化より楽に計算できることが多いので，クラメルの公式はよく使われる[5]．

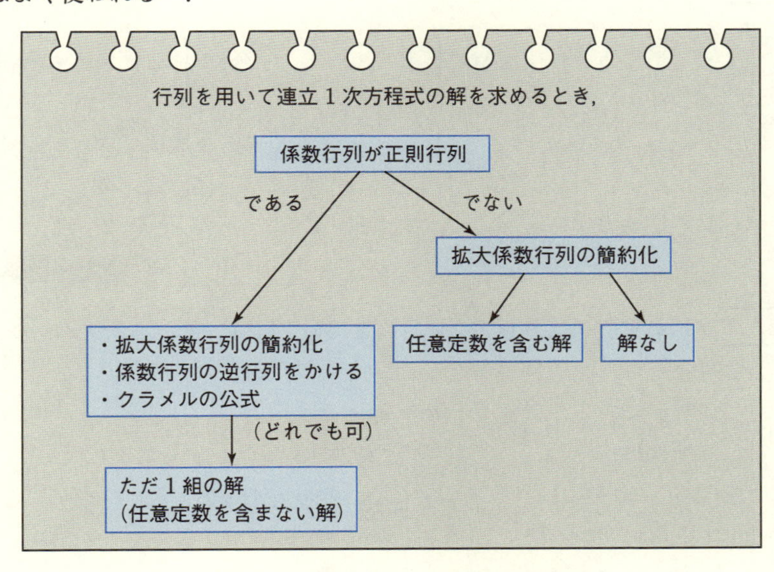

図 15.1　行列を用いた連立 1 次方程式の解き方のまとめ

§15 の問題

確認問題

問 15.1　次の行列の逆行列を求めよ．

---

5) クラメル (Cramer) は人名で，クラーメルやクラメールと表記されることもある．

(1) $\begin{pmatrix} 3 & 2 \\ 5 & 4 \end{pmatrix}$　　(2) $\begin{pmatrix} 1 & 4 \\ 3 & -2 \end{pmatrix}$　　(3) $\begin{pmatrix} 2 & -1 \\ -1 & -1 \end{pmatrix}$

□□□ [⇨ **15・1** **15・2**]

基本問題

問 15.2　次の行列が逆行列をもつか調べ，もつ場合は逆行列を求めよ．

(1) $\begin{pmatrix} 2 & -1 & -1 \\ 2 & 1 & 3 \\ -4 & 0 & -2 \end{pmatrix}$　　(2) $\begin{pmatrix} 2 & 5 & 4 \\ 1 & 4 & 3 \\ 1 & 3 & 2 \end{pmatrix}$　　(3) $\begin{pmatrix} 1 & -1 & -1 \\ -1 & 2 & 2 \\ 2 & 1 & 2 \end{pmatrix}$

(4) $\begin{pmatrix} 2 & -1 & 0 \\ -1 & 1 & 4 \\ 3 & 1 & -2 \end{pmatrix}$　　(5) $\begin{pmatrix} 1 & 2 & -3 \\ -2 & -3 & 1 \\ 1 & 1 & 2 \end{pmatrix}$　　(6) $\begin{pmatrix} 1 & 2 & 3 \\ -3 & -2 & -1 \\ 2 & 1 & -2 \end{pmatrix}$

□□□ [⇨ **15・1** **15・2**]

問 15.3　次の連立1次方程式を逆行列を用いて解け．また，クラメルの公式を用いて解け．

(1) $\begin{cases} 2x + y = 0 \\ -x + 2y = 1 \end{cases}$　　(2) $\begin{cases} x + 2y = 2 \\ 2x - 2y = 1 \end{cases}$　　(3) $\begin{cases} 3x - y = 0 \\ x + y = -4 \end{cases}$

(4) $\begin{cases} x + y + z = 3 \\ 2x + 2y + 3z = 7 \\ 2x + y + 5z = 9 \end{cases}$　　(5) $\begin{cases} 2x + 5y + 4z = 1 \\ x + 4y + 3z = 0 \\ x + 3y + 2z = 0 \end{cases}$

(6) $\begin{cases} -x + y + 3z = 2 \\ 2x - 3y + z = -1 \\ x + y - z = 0 \end{cases}$

□□□ [⇨ **15・3**]

問 15.4　定理 15.2 を示せ．　　□□□ [⇨ **15・2**]

チャレンジ問題

問 15.5　n 次正則行列 A, B に対し，次の問に答えよ．ただし，必要ならば，A, B が n 次正則行列のとき，積 AB も正則行列である事実を利用してよい．

(1)　$(AB)^{-1} = B^{-1}A^{-1}$ がなりたつことを示せ．

(2)　A と B が積について可換であるならば，A^{-1} と B^{-1} も積について可換であることを示せ．

(3)　A と B が積について可換であるならば，A^{-1} と B も積について可換であることを示せ．

□□□ [⇨ 15・1]

第4章のまとめ

ベクトルの内積 ［⇨ 12・3 12・4］

$\overrightarrow{\mathrm{AB}}, \overrightarrow{\mathrm{AC}}$ に対し，

- 間の角 $\angle\mathrm{BAC} = \theta$ を用いる場合：$\overrightarrow{\mathrm{AB}} \cdot \overrightarrow{\mathrm{AC}} = |\overrightarrow{\mathrm{AB}}||\overrightarrow{\mathrm{AC}}| \cos\theta$
- 成分 $\overrightarrow{\mathrm{AB}} = (a, b), \overrightarrow{\mathrm{AC}} = (c, d)$ を用いる場合：$\overrightarrow{\mathrm{AB}} \cdot \overrightarrow{\mathrm{AC}} = (a, b) \cdot (c, d) = ac + bd$

行列の積 ［⇨ 13・3］

$$m \times n \text{ 行列 } A = \begin{pmatrix} a_{11} & a_{12} & \cdots & a_{1n} \\ a_{21} & a_{22} & \cdots & a_{2n} \\ \vdots & \vdots & \ddots & \vdots \\ a_{m1} & a_{m2} & \cdots & a_{mn} \end{pmatrix} \text{ と}$$

$$n \times l \text{ 行列 } B = \begin{pmatrix} b_{11} & b_{12} & \cdots & b_{1l} \\ b_{21} & b_{22} & \cdots & b_{2l} \\ \vdots & \vdots & \ddots & \vdots \\ b_{n1} & b_{n2} & \cdots & b_{nl} \end{pmatrix} \text{ に対し，積 } AB \text{ は}$$

$$AB = \begin{pmatrix} c_{11} & c_{12} & \cdots & c_{1l} \\ c_{21} & c_{22} & \cdots & c_{2l} \\ \vdots & \vdots & \ddots & \vdots \\ c_{m1} & c_{m2} & \cdots & c_{ml} \end{pmatrix}.$$

（ただし，$c_{ij} = \sum_{k=1}^{n} a_{ik} b_{kj}$）

一般に，$AB \neq BA$.

行列式（サラスの方法） ［⇨ 13・5］

- 2次正方行列 $A = \begin{pmatrix} a & b \\ c & d \end{pmatrix}$ のとき：$|A| = ad - bc$

◦ 3 次正方行列 $A = \begin{pmatrix} a & b & c \\ d & e & f \\ g & h & i \end{pmatrix}$ のとき：

$|A| = aei + bfg + cdh - ceg - bdi - afh$

（行）基本変形 [⇨ 14・2]

行列の行に，次の操作 (i), (ii), (iii) のいずれかを施すこと．

(i)　i 行目と j 行目を入れ替える．

(ii)　i 行目を定数倍する（ただし，0 倍は除く）．

(iii)　i 行目に，j 行目の定数倍を加える．

簡約な行列 [⇨ 14・3]

次の条件 (i)〜(iv) をすべてみたす行列．

(i)　成分がすべて 0 の行があれば，その行は他より下の行にある．

(ii)　主成分がある行の主成分は，下の行ほど右の列にある．

(iii)　主成分がある行の主成分は，すべて 1 である．

(iv)　主成分のある列の，他の成分はすべて 0 である．

行列の簡約化 [⇨ 14・3]

行列に行基本変形をくり返して簡約な行列にすること．

正則行列と逆行列 [⇨ 15・1]

◦ n 次正方行列 A に対し，$AB = BA = E$ をみたす行列 B を A の**逆行列** A^{-1} という．

◦ 逆行列 A^{-1} が存在する行列 A を**正則行列**という．A が正則行列であることと，$|A| \neq 0$ がなりたつことは同値．

2次正則行列の逆行列の公式［⇨ 15・2］

$A = \begin{pmatrix} a & b \\ c & d \end{pmatrix}$ に対し，$A^{-1} = \dfrac{1}{ad-bc}\begin{pmatrix} d & -b \\ -c & a \end{pmatrix}$

クラメルの公式［⇨ 15・3］

係数行列 A が n 次正則行列である連立1次方程式 $A\boldsymbol{x} = \boldsymbol{b}$ に対し，解

$\boldsymbol{x} = \begin{pmatrix} x_1 \\ \vdots \\ x_n \end{pmatrix}$ の各成分は，$x_i = \dfrac{\det B_i}{\det A}$.

（ただし，$i = 1, \cdots, n$ で，行列 B_i は係数行列 A の第 i 列を列ベクトル $\boldsymbol{b}$ と入れ替えて作った行列）

確率と統計

§16 統計の基本事項

§16 のポイント

- 統計を利用するときは，データの入手方法や取り扱いから注意する必要があり，取り扱いやその後の計算に間違いがなくても，得られた数値だけを見て，判断してはいけない．
- データの傾向を見る場合，個々のデータに興味はなく，全体を見る必要がある．その際，**度数分布表**や**ヒストグラム**を利用して，データを整理することができる．
- データの傾向を見る際，**平均値**や**分散**といった，**代表値**を利用することもできる．

16・1 統計学をまなぶ際の注意事項

統計は自然科学，社会科学，人文科学と文理問わずどの分野でも利用することがある数学である．昨今(さっこん)流行(はや)りのデータサイエンスの分野も例外ではない．学問の世界だけでなく，日常生活の中にも統計はあふれている．

統計を利用するときには，アンケートなどの調査や，実験などで得た数値（データ）が必要だが，その１つ１つの数値を見るのではなく，得たデータ全体を見て，その傾向などを調べる．これは統計の，他の数学の分野と大きく異なる点である．また，結果が分数より小数で表されることが多いという特徴もある [1)]．

統計を利用するときは，計算や考察をする以前に，データの入手方法や取り扱いに注意する必要がある．例えば，正しい手段でデータを集める，集めたデータの中に都合の悪い数値があっても除外せずに使う，集めたデータを改ざんしない，などがある．誤解を恐れずにいえば，統計は間違った使い方をすれば，自分の好きなどんな数値でも出せてしまう [2)]．したがって，**間違った取り扱いをしたデータを用いて得た結果は，どんなに理想的な結果だったとしても，統計的には無意味のため使えないし，信用もできない**．また，統計は「傾向」を見るものであるため，**いくら正しい取り扱いをしていたとしても，導出された数値を盲信（もうしん）してはいけない**．数値だけからは判断できないのである [3)]．

例 16.1　ある商品に対し，「お客様満足度 90％以上」と謳（うた）う広告

満足度 90％以上は，数値だけ見れば相当な高評価である．しかし，この情報だけでは，数値に嘘がなかったとしても，例えば次のような疑問が出てくる．

- その商品を購入（利用）したすべての客を対象とした満足度か？
  リピーターを対象としていれば，満足しているからリピートするので，満

---

1) 小数の小数点以下の桁はそろえる必要がある．例えば，小数第二位まで表す場合は，0.1 は 0.10 と書く．また，小数での計算時は，一桁〜二桁ほど余分に残して計算し，計算後にそろえる必要がある．例えば，小数第二位まで表す場合，計算は小数第三位，または第四位まで残した状態で行い，計算後に小数第二位にそろえる．

2) もちろん，悪意の有無（うむ）にかかわらず，間違った使い方をしてはいけない．

3) たとえ数字自体に嘘がなくても，数字は嘘をつく．出版が古いため，使われている例なども古いが，［ハフ］では現在でも通用する統計学の注意事項が（主に間違った使い方の面から）説明されている．これを読めば，統計の結果を提示する側だけでなく，それを受け取る側にも，統計学の正しい知識が必要であることがよくわかるだろう．

足度は上がる．

- 満足度はどのように計算しているのか？
  アンケート結果を数値化した結果だったとしても，自宅に送られてきたアンケート用紙に満足度を数値で選んで提出した結果なのか，店頭で店員から「満足しましたか?」の問に「はい」か「いいえ」で答えた結果なのかでも結果は変わることがある．面と向かって「いいえ」と答えにくい人は多いし，とくに不満がない場合で2択なら「満足した」と答える人は多いだろう．
- 未回答者を除いた割合ではないのか？
  すべての客を対象としたアンケートの結果だとしても，満足しているわけでもないし不満があるわけでもないという客はアンケートに答えない可能性がある．不満と回答した客が少なく未回答の客が多いときに，未回答者を除いて満足度を出せば，満足度は上がる．
- 回答者は何人なのか？
  少人数に聞いた結果であれば，信用度は低い．10人だけに聞いて9人が満足と答えれば，90％以上となる．より極端な例では，1人だけに聞いて満足と答えれば，100％が満足したことになり，満足度90％以上である．

など．◆

16・2　度数分布表

数値（データ）からその傾向などを調べる際，そのデータを得た順に並べるだけでは見にくいし，わかることも少ない．データの整理が必要であるし，表やグラフを使うことで見やすくすることもできる．

例 16.2　20人分の年収のデータ（単位：万円）

452.1, 425.0, 649.7, 550.4, 555.5, 558.1, 756.2, 257.2, 356.6, 462.4,

365.0, 255.3, 461.8, 348.9, 467.4, 358.7, 560.8, 652.9, 561.0, 467.2

を値の小さい順に整理すると，

255.3, 257.2, 348.9, 356.6, 358.7, 365.0, 425.0, 452.1, 461.8, 462.4,

467.2, 467.4, 550.4, 555.5, 558.1, 560.8, 561.0, 649.7, 652.9, 756.2

となる．◆

データの傾向を見る場合，個々のデータに興味はない．興味があるのは，例えば，どの範囲にあるデータがどのくらいあるのか，といった“ざっくりとした”全体の情報である．

例 16.3　例 16.2 の年収のデータでは，300.0 万円未満の人は 2 人，300.0 万円以上 400.0 万円未満の人は 4 人，400.0 万円以上 500.0 万円未満の人は 6 人，500.0 万円以上 600.0 万円未満の人は 5 人，600.0 万円以上 700.0 万円未満の人は 2 人，700.0 万円以上の人は 1 人いる．◆

例 16.3 のように，データの値を重ねることなく等間隔に分けた区間を**階級**（かいきゅう）といい[4]，階級の大きさを**階級の幅**，階級の真ん中の値（階級の両端の値を足して 2 で割った値）を**階級値**（かいきゅうち）という．また，各階級に含まれるデータの個数を**度数**（どすう）という．

これらの情報を表にしたものを**度数分布表**という．

例 16.4　例 16.2 の年収のデータを，例 16.3 のように分類したときの度数分布表は，**図 16.1** のように書ける．◆

また，階級の幅（階級の両端の値の差）を横の長さとして，度数を縦の長さとする長方形を隣どうし接して並べたグラフを**ヒストグラム**という[5]．

---

4)　各階級は両端の値（境界の値）に注意すること．「〜以上・・・以下」のようにしてしまうと，端の値が重複（ちょうふく）してしまう．

5)　ヒストグラ**フ**ではなく，ヒストグラ**ム**である．

階級（万円）	階級値	度数（人）
200.0〜300.0	250.0	2
300.0〜400.0	350.0	4
400.0〜500.0	450.0	6
500.0〜600.0	550.0	5
600.0〜700.0	650.0	2
700.0〜800.0	750.0	1
計		20

図 16.1　例 16.2 の度数分布表

例 16.5　例 16.2 の年収のデータのヒストグラムは，**図 16.2** のようになる．◆

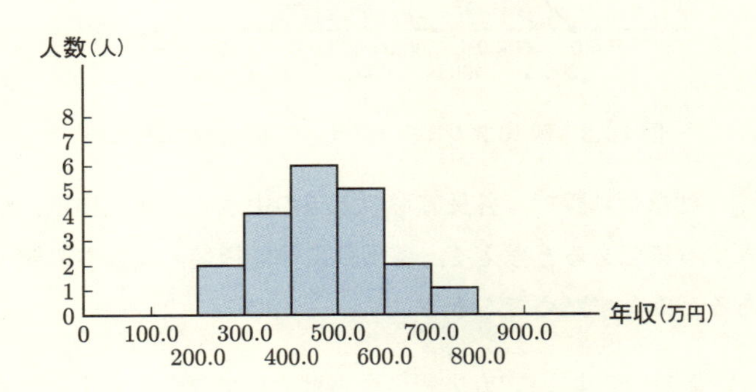

図 16.2　例 16.2 のヒストグラム

ヒストグラムは，左端の長方形を縦軸に重ねないように書く．また，横軸の目盛りは，左右とも長方形 1 つ分の幅の余裕をもたせるとよい．とくに左端は，さらに少しの余裕（空白部分）をもたせておく．縦軸も横軸も適宜（てきぎ）目盛りを書くが，目盛りの数値や，左端の長方形と縦軸との間は，各長方形の大きさとのバランスなどを考慮して，必要に応じて省略する．

注意 16.1　これはグラフの見やすさのためである．例えば，いまの例のように，20 人ほどの 200〜800 万円程度の年収のデータを扱うときは，50 や 100 といった縦軸の目盛りや，10 や 20，2000 や 3000 といった横軸の目盛りは必要ない．このようなとき，いたずらに必要以上の細かい目盛りや “何もない” 部分を見せる必要はないし，むしろ，それらがあることによって見る側に（視覚的に）誤解をあたえる可能性もある．

ヒストグラムは，各長方形の上辺の**中点**を線分で結んだ折れ線を重ねることもある．この折れ線を**度数折れ線**という（**図 16.3**）．

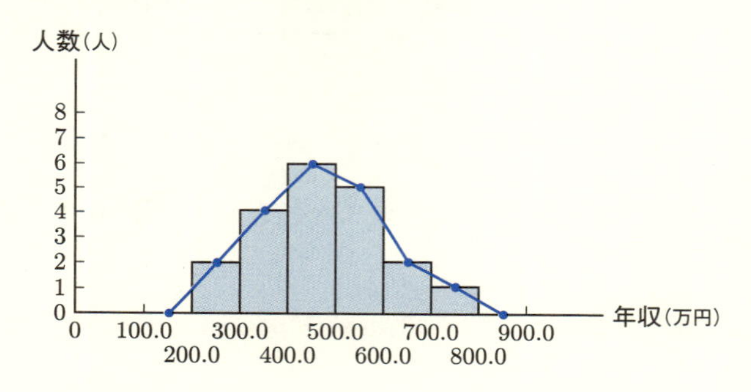

図 16.3　例 16.2 のヒストグラムに重ねた度数折れ線

注意 16.2　度数折れ線で，各長方形の上辺の中点を結ぶ理由は，階級値が各階級を代表する値であると考えて，各階級には階級値の大きさのデータが度数の分だけあるとみなすためである [6)]．

例えば，いまの例のように 20 人程度ならば人数で見た方がよいかもしれないが，これが 2000 人や 20000 人のような大人数の場合や，少人数でも人数の異なる複数のグループ間でデータを比較したい場合もある．そのような場合は，年収 300〜400 万円が何人なのかを知るよりも，何パーセントなのかを知った方がよい場合が多い．つまり割合であるが，これは度数でも考えることができる．各階級の度数が全体のうちに占める割合，つまり，度数を全体のデータの数で

6)　長方形の横線の中点は階級値である．

割った値を，その階級の**相対度数**（そうたいどすう）という[7]．

また，年収400万円以下は何人か，あるいは何パーセントかを知りたい場合もある．度数の場合，各階級で，その階級以下の度数をすべて足した値を**累積度数**（るいせきどすう），その階級以下の相対度数をすべて足した値を**累積相対度数**という．

度数分布表には，相対度数や累積度数，累積相対度数の情報を加えることもできる（**図 16.4**）．それぞれ，相対度数分布表，累積度数分布表，累積相対度数分布表という．また，ヒストグラムは，度数の代わりに累積度数を用いて書くこともできる．ただし，累積度数を用いた場合も，度数折れ線のように折れ線を重ねることもできるが，この場合は，各長方形の上辺の**右端の点**を線分で結んだ折れ線を重ねる．この折れ線は**累積度数折れ線**という（**図 16.5**）．

階級（万円）	階級値	度数（人）	相対度数	累積度数	累積相対度数
200.0〜300.0	250.0	2	0.10	2	0.10
300.0〜400.0	350.0	4	0.20	6	0.30
400.0〜500.0	450.0	6	0.30	12	0.60
500.0〜600.0	550.0	5	0.25	17	0.85
600.0〜700.0	650.0	2	0.10	19	0.95
700.0〜800.0	750.0	1	0.05	20	1.00
計		20	1.00		

図 16.4 例 16.2 の累積相対度数分布表

注意 16.3 累積度数折れ線で，各長方形の上辺の右端の点を結ぶ理由は，累積度数がその階級**まで**のデータの個数を表しているからである．階級の真ん中の値である階級値（中点）を選んだ場合，それよりも大きい値がその階級に含まれている可能性があるため，実際よりも少ない個数しか表せていないことになってしまう．

---

7) 相対度数自体は0以上1以下の値で，単位はない．パーセントで表したければ，×100をする必要がある．

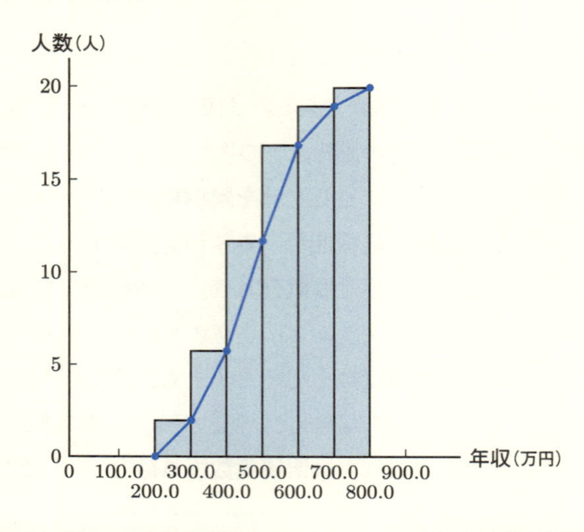

図 16.5　例 16.2 の累積度数のヒストグラムに重ねた累積度数折れ線

相対度数や累積相対度数は，小数を適当なところで四捨五入や切り上げ，切り捨てなどをして表すが，丸める方法は統一する必要がある．また，その関係で，合計がピッタリ 1 にならないこともあるが，度数分布表に書くときは，最後の「計」の部分で調整をして 1 とする．

16・3　基本統計量

統計はデータ全体の傾向を調べるもので，度数分布表やヒストグラムを利用できることは前小節までに述べたが，他にも，**代表値**(だいひょうち)とよばれる数値も利用できる．

代表値はいくつかの値の総称で，例えば，平均値，中央値，分散，標準偏差などがある．テストの結果で気になる人も多い偏差値も代表値の一種である．

代表的な代表値をいくつか紹介する [8)]．

8)　代表値の用語はその記号の関係で，英語名も同時に覚えた方がよいため，併記する．

• **平均値**（mean）

いわゆる「平均」のこと．

定義 16.1（平均値）

n 個のデータ $x_1, x_2, \cdots, x_n$ に対し，次で定義する $\bar{x}$ を**平均値**という．

$$\bar{x} = \frac{1}{n}\sum_{i=1}^{n} x_i = \frac{1}{n}(x_1 + x_2 + \cdots + x_n) \tag{16.1}$$

平均値は m や μ で表すこともある．

例 16.6　$2, 4, 1, 0, 8, 6$ の平均値 $\bar{x}$ は，$\bar{x} = \frac{1}{6}(2+4+1+0+8+6) = 3.5$. ◆

• **中央値**（median）

データを大きさ順に並べ替えたときの真ん中にある値のこと．

定義 16.2（中央値）

n 個のデータ $x_1, x_2, \cdots, x_n$ を値の小さい順，または，大きい順に並べ替える．ただし，同じ値が複数ある場合は，省略せずにすべて並べる．

このとき，データが奇数個の場合は，その並びの真ん中にある値を**中央値**という．データが偶数個の場合は，その並びの真ん中にある 2 つの値の平均値（足して 2 で割った値）を**中央値**という [9]．

中央値は $\tilde{x}$，または，$Me(x)$，または，$me(x)$ で表す．

例 16.7　$2, 4, 1, 0, 8, 6$ の中央値 $\tilde{x}$ は，データを小さい順に並べ替えると $0, 1, 2, 4, 6, 8$ で，データは偶数個あるから $\tilde{x} = \frac{1}{2}(2+4) = 3$. ◆

注意 16.4　平均値と中央値を比べると，すべてのデータが式中に現れる平均

---

9) データが奇数個と偶数個で定義が違うのは，奇数個の場合は真ん中にある値は 1 つであるが，偶数個の場合は 2 つあるからである．偶数個の場合，その 2 つの値の真ん中をとることにして，2 つの値の平均値を考える．

値に対し，中央値はデータが奇数個ならば1つ，偶数個ならば2つしか使っていないように見える．しかし，中央値はデータを並べ替えるところで（間接的に）データをすべて使っているため，「すべて使っていない」ことはない．

平均値は日常の中でもよく目にする代表値のため，多くの人にとって馴染みのあるわかりやすいものであろう．平均なのだから，その考察対象の実態をよく表すものだと信じている人もいるのではないだろうか．しかし，次の例題で見るように，そこには**大きな落とし穴**がある．

例題 16.1　全10世帯からなる過疎の村（A村）がある．A村の各世帯の世帯年収は等しく300万円である．

(1)　A村の平均世帯年収はいくらか．

(2)　A村に，世帯年収1億円の家族が引っ越してきた．A村の平均世帯年収はいくらになったか．　□□□

解　(1)　計算するまでもなく，300万円だとわかる．あえて式を書けば，$\frac{1}{10} \times (3000000 \times 10) = 3000000$ である．

(2)　全部で11世帯になったので，式は $\frac{1}{11} \times (3000000 \times 10 + 100000000) = 11818181.8\cdots$ となるが，適当なところで四捨五入して，約1180万円．　◇

この例題では，たった1世帯が引っ越してきただけでA村の全世帯の平均年収は300万円から1180万円になってしまった．もし，この結果だけを知ったら，例えば，A村を知らない人が「ここA村は，平均世帯年収が1180万円です！」という報道を聞いた場合，どう思うだろうか．A村の実態は，我々が「平均」という言葉からイメージする意味とは異なると思う．しかし，平均値の計算は間違っていないし，データを改ざんしたわけでもない．正しい結果なのである．

では，どこに問題があるかといえば，この例では平均値を使うことが不適切だというところである．この例のように，他の数値と比べて極端に大きい，あるいは小さい数値（**外れ値**（はずれち）という）が少しだけある場合は中央値の方が代表値に適している[10]．実際，この例での中央値は300万円のため，中央値の方がA村の平均世帯年収の実態を表す代表値として相応しいことがわかるだろう[11]．

注意 16.5 代表値は考察対象によって適切なものを考える必要があり，常に平均値だけ考えればよいわけではない．よくニュースなどで見かける「日本人の平均年収」も，少数の高所得者やごく一部の超高所得者が平均値を引き上げており，中央値を考えると平均値より下がることは有名な話である[12]．

- **最頻値**（さいひんち）（mode）

  その字のごとく，最も頻出（ひんしゅつ）する（多くある）値のこと．

定義 16.3（最頻値）

n 個のデータ $x_1, x_2, \cdots, x_n$ のうち，最も多くある値を**最頻値**といい，$\tilde{x}_0$，または，$Mo(x)$，または，$mo(x)$ で表す．

---

10) このときの「少しだけ」というのは，全体に比べて少しという意味である．全体で100万人いる場合は100人でも少しである．

11) もちろん，その場合は「平均」ではないため，「平均世帯年収」という用語も変更しなければならない．

12) 平均だけを見ていては，実態は見えないということだ．実際，厚生労働省の2022年国民生活基礎調査の概況（がいきょう）によると，世帯所得の平均値が545.7万円なのに対し，中央値は423万円であり，所得が平均値以下の割合は61.6％，400万円未満の割合は47.0％である．そして，階級の幅を100万円とした場合，200万円～300万円の割合が14.6％で最も多い．

平均値だけしか見ないと，おおよそ半数が平均値以上，半数が平均値以下で，平均値付近の世帯が1番多いと考えがちだが，実際は所得が平均値以上の世帯より，それより100万円以上低い中央値にも足りない世帯の方が多いことがわかる．そして，中央値にすごく足りない世帯や全然足りない世帯も多くいることもわかる．つまり，年収の低い方に偏（かたよ）りがひどいことがわかる．

例 16.8　1, 5, 2, 2, 1, 5, 8, 2 の最頻値 $\tilde{x}_0$ は，1 が 2 個，2 が 3 個，5 が 2 個，8 が 1 個あるので，$\tilde{x}_0 = 2$. ◆

平均値や中央値と異なり，最頻値は複数存在することもある．

例 16.9　1, 5, 2, 2, 1, 5, 8, 2, 1 の最頻値 $\tilde{x}_0$ は，1 が 3 個，2 が 3 個，5 が 2 個，8 が 1 個あるので，$\tilde{x}_0 = 1, 2$. ◆

16・4　分散

別の代表値を使って導く代表値として，分散がある．分散は平均値を用いて導出する．

- **分散**（ぶんさん）(variance)

  データのばらつきの度合いを表す．平均値とともに考えることが多い．

定義 16.4（分散）

n 個のデータ $x_1, x_2, \cdots, x_n$ に対し，次で定義する s_x^2 を**分散**という．

$$s_x^2 = \frac{1}{n}\sum_{i=1}^{n}(x_i - \bar{x})^2$$
$$= \frac{1}{n}\Big\{(x_1 - \bar{x})^2 + (x_2 - \bar{x})^2 + \cdots + (x_n - \bar{x})^2\Big\} \qquad (16.2)$$

ただし，$\bar{x}$ は $x_1, x_2, \cdots, x_n$ の平均値である．

分散は $\sigma^2(x)$ で表すこともある[13]．

分散は平均値からの「差」の平均値を考えることで，データの散らばり具合を見る．したがって，その値が大きいほどデータのばらつきが大きく，値が小さいほどばらつきも小さいことを表す．

注意 16.6　定義式 (16.2) より，分散は必ず 0 以上の値をとる．

---

13) σ はシグマと読む．Σ の小文字である［⇨ **表見返し**］．

データの分布が異なっても，平均値が等しくなることがある．そこで，データの分布が，データのすべての値が平均値にあった場合と比較して，どのくらい離れているか（散らばっているか）を考える場合，分散が役立つ．

例題 16.2　次のデータに対し，平均値と分散をそれぞれ求めよ．

(1)　1, 5, 1, 5　　(2)　3, 2, 4, 3

解　**平均値**　(1)　$\bar{x} = \frac{1}{4}(1+5+1+5) = 3$　(2)　$\bar{y} = \frac{1}{4}(3+2+4+3) = 3$

分散　(1)　$s_x^2 = \frac{1}{4}\left\{(1-3)^2 + (5-3)^2 + (1-3)^2 + (5-3)^2\right\} = 4$　(2)　$s_y^2 = \frac{1}{4}\left\{(3-3)^2 + (2-3)^2 + (4-3)^2 + (3-3)^2\right\} = 0.5$　◇

この例題の 2 種類のデータでは，2 つの平均値は等しい．しかし，(2) のデータが平均値の 3 の近くに集まっているのに対し，(1) のデータは平均値の 3 から離れたところに分布している．このように，平均値だけからでは，そのデータがどのように分布しているのかはわからない．そこで分散を考えることで，(2) の方が散らばり度合いが小さい，つまり，データが平均値の近くに集まっていることが数値でわかるようになる．

注意 16.7　分散の定義［⇨ **定義 16.4**］で，平均値との差の 2 乗を考えているが，なぜ 2 乗するのだろうか．それには次のような理由がある．

各データと平均値を数直線上にプロットしてみよう（✍）．このとき，各データと平均値との差というのは，その 2 点間の距離を意味する．しかし，距離は正の値である．もし 2 乗をしていなければ，定義式の各項でデータと平均値の大小関係を気にする必要が生じて非常に大変である．あるいは，2 乗ではなく，各項に絶対値をつけても同じことができるが，式としては扱いにくいものになってしまう．そのため，2 乗をすることでデータと平均値の大小関係を気にせず，しかも計算しやすくしている．

ちなみに，分散の定義で 2 乗をせずに和をとると，どのようなデータや平均値でも常に0になってしまう［⇨ 問 16.3］．

分散を計算するときは，次の公式を利用すると便利なことがある．

定理 16.1（分散の公式）

$$s_x^2 = \overline{(x^2)} - (\bar{x})^2 \tag{16.3}$$

証明　分散の定義式 (16.2) より，

$$s_x^2 = \frac{1}{n}\sum_{i=1}^{n}(x_i - \bar{x})^2 \overset{\because (3.11)}{=} \frac{1}{n}\sum_{i=1}^{n}(x_i^2 - 2\bar{x}x_i + (\bar{x})^2)$$

$$= \frac{1}{n}\sum_{i=1}^{n}x_i^2 - \frac{2\bar{x}}{n}\sum_{i=1}^{n}x_i + \frac{(\bar{x})^2}{n}\sum_{i=1}^{n}1 \overset{\because (16.1),\ (3.30)}{=} \overline{(x^2)} - 2\bar{x}\cdot\bar{x} + \frac{(\bar{x})^2}{n}\cdot n$$

$$= \overline{(x^2)} - (\bar{x})^2. \tag{16.4}$$

◇

注意 16.8　この公式はよく使う．しかし，分散は公式からだけでなく，定義式からも計算できるようにしておくとよい．

また，平均値と分散に関して，次の公式も便利である．

定理 16.2（平均値の線形性・分散の非線形性）

定数 a, b に対し，

(1)　$\overline{ax+b} = a\bar{x} + b$　(16.5)

(2)　$\overline{x+y} = \bar{x} + \bar{y}$　(16.6)

(3)　$s_{ax+b}^2 = a^2 s_x^2$　(16.7)

例題 16.3　定理 16.2 を示せ．

解　(1)　平均値の定義［⇨ **定義 16.1**］より，

$$\overline{ax+b} = \frac{1}{n}\sum_{i=1}^{n}(ax_i+b) = \frac{1}{n}\left(a\sum_{i=1}^{n}x_i + b\sum_{i=1}^{n}1\right)$$
$$= \frac{a}{n}\sum_{i=1}^{n}x_i + \frac{b}{n}\times n = a\bar{x}+b. \tag{16.8}$$

(2)　平均値の定義［⇨ **定義 16.1**］より，

$$\overline{x+y} = \frac{1}{n}\sum_{i=1}^{n}(x_i+y_i) = \frac{1}{n}\sum_{i=1}^{n}x_i + \frac{1}{n}\sum_{i=1}^{n}y_i = \overline{x}+\overline{y}. \tag{16.9}$$

(3)　分散の定義［⇨ **定義 16.4**］より，(1) を用いて，

$$s_{ax+b}^2 = \frac{1}{n}\sum_{i=1}^{n}\left\{(ax_i+b) - \overline{ax+b}\,\right\}^2 = \frac{1}{n}\sum_{i=1}^{n}\left\{(ax_i+b)-(a\bar{x}+b)\right\}^2$$
$$= \frac{1}{n}\sum_{i=1}^{n}\left\{a(x_i-\bar{x})\right\}^2 = \frac{a^2}{n}\sum_{i=1}^{n}(x_i-\bar{x})^2 = a^2 s_x^2. \tag{16.10}$$

◇

注意 16.9　定理 16.2 で，(2) のような平均値での関係式は，分散でも存在するが複雑になる．定義 17.1 で定義する共分散 s_{xy} を用いることで，$s_{ax+by+c}^2 = a^2s_x^2 + 2abs_{xy} + b^2s_y^2$ がなりたつことが知られている．

• **標準偏差**（ひょうじゅんへんさ）(standard deviation)

分散は，その定義式からわかるように，データの各値を 2 乗している．そのため，「単位」まで 2 乗されてしまい，元のデータや平均値と「単位」が合わず，数値での比較が難しくなる．そこで，分散の平方根をとることで，「単位」を元のデータや平均値とそろえて比較しやすくした散らばり具合のこと．

定義 16.5（標準偏差）

分散の平方根（ルート），すなわち，$\sqrt{s_x^2}$ を**標準偏差**という．

標準偏差は，分散と記号を合わせて，s_x や $\sigma(x)$ で表す．

よりみち 16.1　標準偏差の記号で $\sigma(x)$ を使うことから，**シグマ限界**とよぶ品質管理の評価方法がある．

例えば工業製品では，大きさなどの規格が決まっていて，その規格に合うように作られているが，どうしても誤差が生じてしまう．通常はその誤差も込みで（ある程度許容して）製品は作られるが，製品を作る機械が故障するなどのトラブルがあると，この誤差が大きくなる．

トラブルはいつも目に見えて現れるとは限らないし，製造されるすべてを検査するわけにもいかない．トラブルがなくても誤差が大きい製品（不良品）が作られることもある．

そこで，平常時に作られる製品での誤差の平均値 μ からのずれ，つまり標準偏差 σ を利用する．ランダムにいくつか製品を取り出して検査し，平均値からどのくらいのずれがあるかを確かめるのである．そしてそのずれが $\mu \pm n\sigma$ を超えた製品がどのくらいあるのかで，トラブルが起きたかを判断する．

このとき，n は 1, 2, 3 がよく使われる．どれを使うかは製品などによって異なるが，それぞれの数をつけて，1 シグマ限界，2 シグマ限界，3 シグマ限界とよぶこともある．

16・5　いろいろな平均値

16・3 で，平均値を定義した際，「いわゆる平均のこと」と紹介したが，実は平均にはいくつかの種類がある．いわゆる平均である，定義 16.1 での平均値は，**算術平均**（さんじゅつへいきん）や**相加平均**（そうかへいきん）とよばれるものである．

他にも，幾何平均（相乗平均），加重平均（重みつき平均），調和平均などがある．

定義 16.6（幾何平均）

n 個のデータ $x_1, x_2, \cdots, x_n$ に対し，$\sqrt[n]{x_1 x_2 \cdots x_n}$ を**幾何平均**（きかへいきん），または，**相乗平均**（そうじょうへいきん）という．

定義 16.7（加重平均）

n 個のデータ $x_1, x_2, \cdots, x_n$ とそれぞれの重み $w_1, w_2, \cdots, w_n$ に対し，$\dfrac{w_1x_1 + w_2x_2 + \cdots + w_nx_n}{w_1 + w_2 + \cdots + w_n}$ を**加重平均**（かじゅうへいきん）という．

注意 16.10 $w_1 = w_2 = \cdots = w_n$ のとき，加重平均は算術平均（普通の平均）と一致するため，算術平均は加重平均の特別な場合と考えることができる．

加重平均の「重み」は考えている対象によって異なるが，各データの価値のようなものと考えればよい．例えば，10 人が受けたある試験の点数の平均点を出す場合，10 人全員の点数がわかっていれば普通に算術平均を計算すればよい．しかし，5 人グループ，3 人グループ，2 人グループとグループ分けされていて，それぞれのグループでの平均点しかわかっていない場合，各グループの平均点がそれぞれ 50 点，40 点，70 点だったとすると，$\dfrac{1}{5+3+2}(50 \times 5 + 40 \times 3 + 70 \times 2) = 51$ という計算をするだろう．これは加重平均を計算していて，このときの重みは 5, 3, 2 という各グループの人数となる．

注意 16.11 データが度数分布表でしかあたえられていないときに平均値を計算したい場合は，階級値を x_i，度数を w_i とした加重平均を計算することになる．このとき，中央値も階級値を用いる．

定義 16.8（調和平均）

n 個のデータ $x_1, x_2, \cdots, x_n$ に対し，$\left(\dfrac{1}{n}\left(\dfrac{1}{x_1} + \dfrac{1}{x_2} + \cdots + \dfrac{1}{x_n}\right)\right)^{-1}$ を**調和平均**（ちょうわへいきん）という．

注意 16.12　それぞれの平均は使う場面が異なる［⇨ 問 16.4］ため，同じデータで計算しても，通常，値は異なる．

他にも，生活の中で見る平均に移動平均とよばれるものがある．これはデータに時間的な順序があって，時間順に並んでいるデータ（時系列（じけいれつ）データ）に対して考えることができる．

定義 16.9（移動平均）

n 個の時系列データ $x_1, x_2, \cdots, x_n$ に対し，$\dfrac{1}{n}(x_1 + x_2 + \cdots + x_n)$ を**移動平均**という [14]．

移動平均は全時間をまとめて考えるのではなく，あらかじめ区切った一定の時間ごとに考える．また，1つ1つの値を重視するよりも，大局的なデータの「流れ」を見たい場合に用いることがある．

例 16.10　株価の5日線は，5日前までの終値（おわりね）（その日の最後についた株価）に関する移動平均を折れ線で結んだものである．◆

株価は1日ごとに見れば上がったり下がったりしていても，数日や数週間，数ケ月をまとめて見れば上がっているということがある [15]．投資という観点では，このような長い目で見たときに上昇する株を買いたいため，移動平均を見る [16]．

他にも，感染症の陽性者数なども，陽性者数の移動平均が増えているのか減っているのかを見ることで，拡大しているのか収束に向かっているのかを判断する．

---

14)　難しく感じるかもしれないが，要（よう）は時間的な順序があって，時間順に並んでいるデータの算術平均（普通の平均）である．

15)　もちろんその逆もある．

16)　投機では1日ごとの株価が重要になるかもしれないが….

§16の問題

確認問題

問 16.1 代表値について，平均値，中央値，最頻値のそれぞれの特徴を簡潔に述べよ．また，どのような場合にどの代表値が最適か，それぞれ具体例を考えよ．

□□□ [⇨ 16・3]

問 16.2 50 個のみかんの重さを量ったところ，70 g 以上 75 g 未満が 2 個，75 g 以上 80 g 未満が 3 個，80 g 以上 85 g 未満が 8 個，85 g 以上 90 g 未満が 8 個，90 g 以上 95 g 未満が 12 個，95 g 以上 100 g 未満が 5 個，100 g 以上 105 g 未満が 2 個，105 g 以上 110 g 未満が 7 個，110 g 以上 115 g 未満が 3 個であった．このとき，次の問に答えよ．

(1) 度数分布表を書け．　(2) ヒストグラムを書け．

(3) (1) で書いた度数分布表を拡張して，累積相対度数分布表を書け．

(4) 重さの平均値を求めよ．　(5) 重さの中央値を求めよ．

□□□ [⇨ 16・2 16・5]

基本問題

問 16.3 任意の n 個のデータ $x_1, x_2, \cdots, x_n$ とその平均値 $\bar{x}$ に対し，分散の定義 [⇨ **定義 16.4**] で各項を 2 乗をせずに和をとると 0 になること，すなわち，$\dfrac{1}{n}\sum_{i=1}^{n}(x_i - \bar{x}) = 0$ を示せ．

□□□ [⇨ 16・4]

問 16.4 平均を考える際，幾何平均を用いるのが適切な例を調べよ．また，調和平均を用いるのが適切な例を調べよ．

□□□ [⇨ 16・5]

チャレンジ問題

問 16.5　ある試験を10人が受けた．この試験では採点後，自分の点数を教えてもらえる．また，80点以上が優，60〜79点が良，59点以下が可の評価が成績として出る．この試験の平均点は70.2点であったが，これを知ったAさんは他の人の得点を知りたいと思い，受験者全員に聞いて回ったところ，自分の点数を含め，8人の点数がわかった．それぞれ，60，47，91，61，79，75，75，56点であった．残りの2人であるBさんとCさんは，Aさんには得点も評価も教えてくれなかったが，Cさんの評価を知っていたBさんは自分もCさんと同じ評価だったとだけ教えてくれた．ところが，Aさんはこの情報だけでBさんとCさんの点数を当てることができた．それはなぜか，説明せよ．ただし，嘘をついている人はいないこととする．　□□□ [⇨ 16・3]

§17 相関関係

§17 のポイント

- 2種類のデータどうしの関係を知りたいときは，**相関関係**を調べることで，両者の関係性を見ることができる．しかし，関係性があるような結果が偶然得られることもあるため，注意が必要である．
- **因果関係**と相関関係は別物である．相関関係があるから因果関係があるとはいえない．

17・1 相関関係と因果関係

例えば，ある店舗での毎日の売り上げとその日の気温の関係や，株価と為替レートの関係といったように，組で表せる2種類のデータどうしの関係を知りたいとき，**相関関係**を調べることができる．

相関関係は，組で表せるものなら，どのようなものでも得ることができる．しかし，それが意味のある相関関係であるかどうかは別の話であるため，数値や結果だけから結論を出してはいけない．

例えば，ある大学に通う学生の身長と通学時間を調べて，高身長ほど通学時間が短いという結果が出た場合，その結果にあまり意味はないと考えられる．

注意 17.1　相関関係と似たものに**因果関係**があるが，この2つはまったく別の関係であることにも注意しなければならない．

相関関係は，2つの間の関係の傾向を見るものである．一方，因果関係は，あることが起きた原因とその結果の関係のことである．つまり，相関関係と因果関係は考えている関係の対象自体が異なる．したがって，相関関係があるから因果関係もある，とはいえない．

逆に，因果関係があれば相関関係はある．しかし，相関係数［⇨ **定義 17.2**］が0でなければ相関関係はあるといえてしまうため，それが意味のある主張かどうかは別の話である．

相関関係には，一方のデータの値が大きくなるほど，もう一方のデータの値も大きくなる傾向がある**正の相関**，一方のデータの値が大きくなるほど，もう一方のデータの値は小さくなる傾向がある**負の相関**，どちらの傾向も見られない**無相関**の3種類がある[1)]．また，正の相関と負の相関は，それぞれの傾向が強いときに**強い相関**，傾向が弱いときに**弱い相関**と区別することがある．

注意 17.2　正の相関と無相関，負の相関と無相関，強い正/負の相関と弱い正/負の相関の境界はどれも曖昧で，はっきりと決まっているわけではないため，場合によってそれらの境界は多少ゆらぐことがある．

相関関係を見る場合は**散布図**(さんぷず)とよばれる図を描くと，視覚的にわかりやすい（**図 17.1**）．散布図は，各データが組であたえられていることを利用して，デー

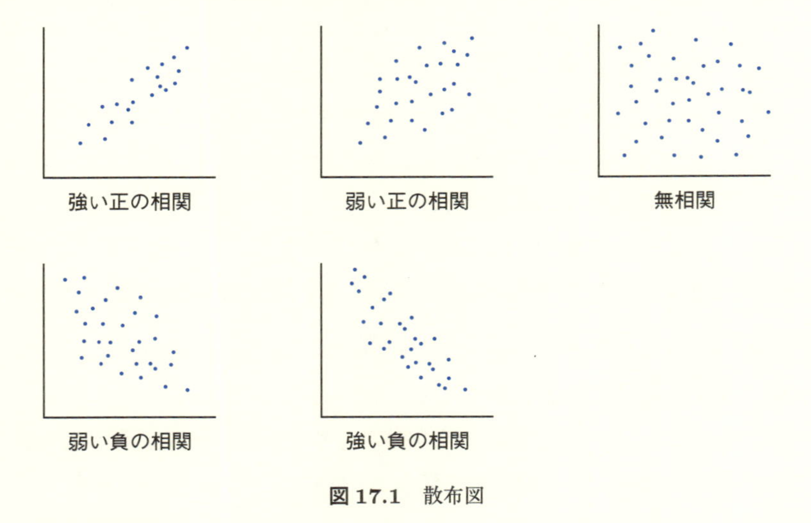

図 17.1　散布図

1)　無相関であることからただちに，両者に何の関係もないということはいえない．あくまでも傾向が見られないのであって，傾向がないといっているわけではないからである．また，データ数が増えれば，正か負かどちらかの相関が見られるようになる可能性もある．

タを座標平面上に点としてプロットしたものである．

17・2　相関係数

定義 17.1（共分散）

n 個のデータの組 $(x_1, y_1), (x_2, y_2), \cdots, (x_n, y_n)$ に対し，

$$s_{xy} = \frac{1}{n}\sum_{i=1}^{n}(x_i - \bar{x})(y_i - \bar{y})$$
$$= \frac{1}{n}\left\{(x_1 - \bar{x})(y_1 - \bar{y}) + (x_2 - \bar{x})(y_2 - \bar{y}) + \cdots + (x_n - \bar{x})(y_n - \bar{y})\right\} \tag{17.1}$$

で定義される量 s_{xy} を**共分散**（きょうぶんさん）(covariance) という．

ただし，$\bar{x}$ は $x_1, x_2, \cdots, x_n$ の平均値 [⇨ **定義 16.1**]，$\bar{y}$ は $y_1, y_2, \cdots, y_n$ の平均値である．

共分散は，$Cov(x, y)$ や $cov(x, y)$ で表すこともある．

定義からわかるように，分散［⇨ **定義 16.4**］は同じデータの組の共分散と考えることができる[2)]．しかし，分散は負の値になることはないが，（x と y が異なるとき）共分散は負の値をとることもある．

注意 17.3　単位つきの量で考えれば，共分散も分散同様，2 乗に相当する単位を考えていることになるが，x で表しているデータと y で表しているデータの単位は異なっていても構わない．

共分散は 2 種類のデータ間の相関関係を数値で表したもので，共分散が正の大きい値ほど，強い正の相関関係を表し，負の大きい値ほど，強い負の相関を表す．そして，値が 0 に近いほど弱い相関関係を表し，無相関に近づく．

しかし，共分散はデータによって，正へも負へも無制限に大きくなり得（え）てしま

2)　$s_{xx} = s_x^2$ ということ．

う．また，データによって，取り得る値の大きさの標準値も変わってくる．例えば，データが大きな数ばかりの場合，大きな数をかけたり足したりすることになるため，自然と共分散は大きな値になる．しかし，このような場合でも，散布図を描けば弱い相関関係と判断するような形になることがある．逆に，データが小さな数ばかりの場合は，強い相関関係があっても，共分散の値が0に近い数になることもある．

このように，データの種類（大きさや単位）によって，相関関係を調べるための数値の標準値が変わっていては扱いにくいため，その問題点を解決するための方法として，相関係数を導入する．

定義 17.2（相関係数）（重要）

n 個のデータの組 $(x_1, y_1), (x_2, y_2), \cdots, (x_n, y_n)$ の共分散を s_{xy} とする．また，$x_1, x_2, \cdots, x_n$ の標準偏差［⇨ **定義 16.5**］を s_x として，$y_1, y_2, \cdots, y_n$ の標準偏差を s_y とする．このとき，

$$r = \frac{s_{xy}}{s_x s_y} \tag{17.2}$$

で定義される量 r を**相関係数**（そうかんけいすう）(correlation coefficient) という．

相関係数は，ρ や $r(x, y)$ で表すこともある[3]．

注意 17.4　相関係数は，分子の共分散は x と y が表しているデータの単位を1つずつもち，分母には x の方の単位を1つもつ標準偏差と y の方の単位を1つもつ標準偏差が1つずつあるため，単位が"約分"されて単位なしの量（**無次元量**）になる．

相関係数は，常に $-1 \leq r \leq 1$ をみたす[4]．つまり，どんなに強い相関関係が

---

3) ρ はローと読むギリシャ文字の小文字である［⇨ **表見返し**］．

4) この証明にはコーシー・シュワルツの不等式とよばれる関係式を利用する［⇨ **問 17.4**］．

あっても，大きさが1を超えることはない．これは，共分散と標準偏差を使って単位なしの量にすることで，$[-1, 1]$ の範囲に収まるように，共分散の大きさを適切に拡大縮小して調整しているからである．これにより，データの種類によらずに相関関係を数値で判断することができるようになる．

注意 17.5 $-1 \leq r \leq 1$ の不等式の等号は，理論上は含まれるが，実際には大きさが1ちょうどになることは，まずあり得ない．

注意 17.6 相関係数に100をかければ，値を％で表すことができる．

17・3 共分散と相関関係の関係性

なぜ共分散の正負は相関関係の正負と関係があるのだろうか．また，共分散の大きさが相関関係の強弱と関係があるのはなぜだろうか．これは共分散の定義式（17.1）と散布図を比較すると理解しやすい．

散布図の領域分け

散布図上に，x で表したデータの平均値 $\bar{x}$ と，y で表したデータの平均値 $\bar{y}$ をとる．そして，直線 $x = \bar{x}$ と $y = \bar{y}$ を軸とする，新しい座標を重ねる．この2本の直線の交点は新しい座標の原点 O′ になるが，この新しい座標により，散布図の領域は4つに分けられる（**図 17.2**）．

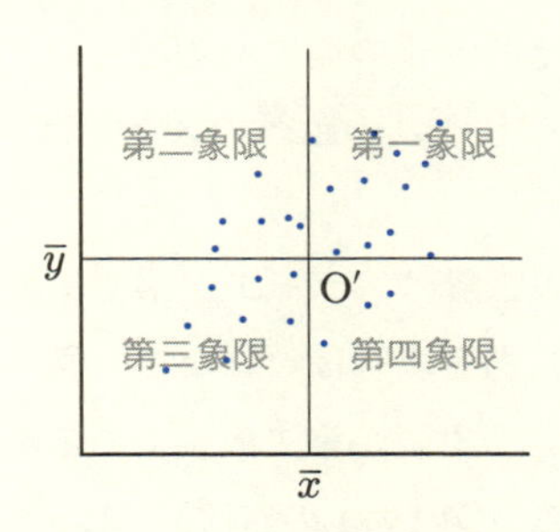

図 17.2 新しい座標を重ねた散布図

相関の強さとの関係

正の相関がある場合,「一方の数値が大きくなるほどもう一方の数値も大きくなる」傾向があるということなので，データは新しい座標の第一象限と第三象限に多く分布しており，第二象限と第四象限には少ないはずである．さらに，第一象限と第三象限に分布するデータは，原点 O′ から離れた位置にも多くあり，一方で，第二象限と第四象限に分布するデータは O′ から離れた位置には少ないはずである．この傾向は相関が強いほど強くなる．なぜなら，相関が強いほど「一方の数値は大きいが，もう一方の数値はあまり大きくない」というデータの数は少なくなるはずだからである（**図 17.3**）.

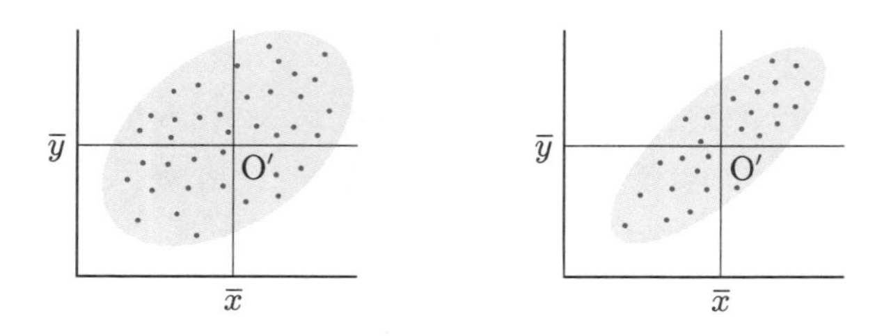

図 17.3　各象限のデータの数の比較

共分散との関係

共分散の各項（の分子）$(x_i - \bar{x})(y_i - \bar{y})$ は，新しい座標の x 軸（$y = \bar{y}$ の直線）からの距離と y 軸（$x = \bar{x}$ の直線）からの距離の積である．ただし，この距離は符号つきで，それぞれ，正の側にある場合に正の距離に，負の側にある場合に負の距離になる．それぞれの距離の大きさは，原点 O′ から離れるほど大きくなる．

したがって，y 軸からの距離は，データが第一象限か第四象限にある場合は正，第二象限か第三象限にある場合は負になる（**図 17.4** の左図）．また，x 軸からの距離は，データが第一象限か第二象限にある場合は正，第三象限か第四象限にある場合は負になる（**図 17.4** の右図）．よって，これらの符号つき距離の積は，データが第一象限か第三象限にある場合は正，第二象限か第四象限にある場合は負になる．この和が共分散の分子である．

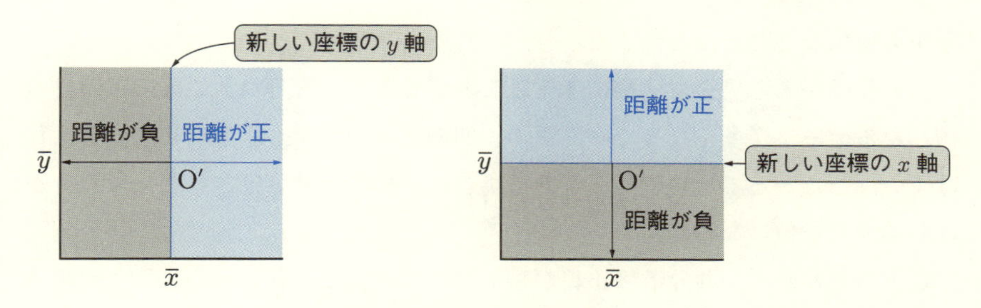

図 17.4　新しい座標の軸からの距離の正負

正の相関がある場合，相関が強いほど第一象限と第三象限に分布するデータが多く，原点 O′ から離れた位置にも分布しているということであった．つまり，符号つき距離の積が正の値，しかもその大きさも大きいデータが多いことになる．逆に，符号つき距離の積が負の値のデータは少なく，その大きさは小さいものが多いことになる（**図 17.5**）．

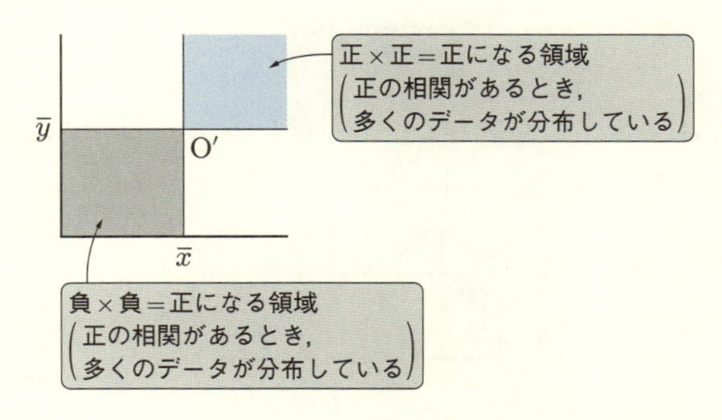

図 17.5　正の相関があるときに多くのデータが分布する領域

結果として

具体的に，この正の値や負の値がどのような数になるのかはわからなくても，これらをすべて足すと，全体の結果としては正の値になるはずである．例えば，100 や 200 のような大きな正の数をたくさん足したものに，-1 や -2 のような（絶対値の）小さな負の数を少し足したときを想像すればよい．そして，相関が強ければ，大きな正の数がよりたくさんあることになるため，結果もより大きな正の値になることがわかるだろう．

負の相関がある場合も同様に考えることができる．符号つき距離の積が負の値になるデータが多くなるため，正の相関のときの話で，正と負を入れ替えればよい．したがって，負の相関がある場合は，相関が強いほど，共分散の分子は負の大きな値になる．

以上の考察から，共分散の正負が相関関係の正負と，共分散の大きさが相関関係の強弱と関係があることが理解できたと思う．相関係数は，共分散の大きさを $[-1, 1]$ の範囲に収まるように等しく調整したものだったため，大きさの見た目の違いはあるが，この関係性もそのまま適用できる．

§17の問題

確認問題

問 17.1　ある4人が2種類のテストを受験した．得点が下の表のようであったとき，2つのテストの得点の相関係数を求めよ．

	A	B	C	D
Test 1	2	9	5	4
Test 2	4	5	6	6

□□□ [⇨ 17・2]

基本問題

問 17.2　ある10人が2種類のテストを受験した．得点が下の表のようであったとき，次の問に答えよ．

	A	B	C	D	E	F	G	H	I	J
Test 1	3	8	10	2	4	4	2	5	7	10
Test 2	4	5	10	4	4	2	7	8	5	7

(1)　2つのテストの得点の相関係数を求めよ．

(2)　採点ミスがあり，G さんの Test 1 の点数は 9 点であった．このとき，相関係数を求め直せ．

□□□ [⇨ 17・2]

問 17.3　次の表はある2つの町の4日分の気温をまとめたものである．ただし，気温の単位は °C である．このとき，この2つの町の気温に，あなたはどのような相関関係がある，あるいは，ないと考えるか．理由とともに答えよ．

Days	1	2	3	4
City 1	5	2	3	-1
City 2	8	8	4	5

□□□ [⇨ 17・1 17・2]

チャレンジ問題

問 17.4　不等式

$$\left(\sum_{k=1}^{n}(a_k b_k)\right)^2 \leq \left(\sum_{k=1}^{n} a_k^2\right)\left(\sum_{k=1}^{n} b_k^2\right) \tag{17.3}$$

を**コーシー・シュワルツの不等式**という．

任意の n 個のデータの組 $(x_1, y_1), (x_2, y_2), \cdots, (x_n, y_n)$ に対する相関係数 r が $-1 \leq r \leq 1$ をみたすことを，コーシー・シュワルツの不等式を用いて示せ．

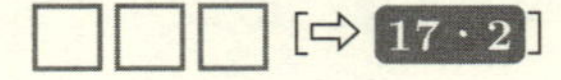

§18 確率の基本事項

§18のポイント

- 同じ条件のもとで何度でもくり返し行うことができることを**試行**といい，その結果起こることを**事象**という．
- **確率**とは，ある試行について，どの事象が起こることも同じ程度に期待できるときに計算できるものである．

18・1 事象と確率

「確率」という用語は，日常生活の中でもよく耳にするが，数学用語としての確率とは異なる意味で使われることもある．確率が使える状況には条件があるが，その条件の説明のために，まずは用語を定義する．

同じ条件のもとで何度でもくり返し行うことができることを**試行**（しこう）という．そして，その結果起こることを**事象**（じしょう）という．

例 18.1　神社のおみくじで，筒を振って中の棒を出し，その棒に書かれた番号を伝えて結果の紙をもらうタイプのものを考える．このとき，試行はこのおみくじを引く（筒を振って番号の書かれた棒を出す）ことで，事象は番号の書かれた棒が出ることである．◆

事象は集合を使って表され，記号も集合と同様に大文字のアルファベットを使うことが多い．表記方法も集合［⇨ 1・2］と同様である．

例 18.2　おみくじの例［⇨ 例 18.1］では，1～10の書かれた棒が1本ずつ入っている場合，このおみくじを引いたときに出る番号の事象は，$A=\{1,2,3,4,5,6,7,8,9,10\}$ と表される．また，1～5の書かれた棒が2本ずつ入っている場合は，$A=\{1,1,2,2,3,3,4,4,5,5\}$ となるが，同じ要素は省略して，$A=\{1,2,3,4,5\}$

と書くことができる[1]. ◆

また，ある試行について，その起こり得(う)るすべての事象からなる集合を**全事象**(ぜんじしょう)，決して起こり得(え)ない事象を**空事象**(くうじしょう)という．全事象は Ω や U で表されることが多く，全体集合［⇨ **定義 1.11**］に対応するものである．一方，空事象は空集合［⇨ **定義 1.4**］に対応するもので，記号も同じ $\emptyset$ を使う．

注意 18.1 ある試行のすべての事象は，その試行の全事象の部分事象（部分集合［⇨ **定義 1.5**］に対応）になる．空事象も全事象の部分事象である．

例 18.3 おみくじの例では，筒に 1〜10 の番号の書かれた棒が 1 本ずつ入っていた場合，全事象は $\Omega = \{1, 2, 3, 4, 5, 6, 7, 8, 9, 10\}$ である．一方，このおみくじを引いても 11 の番号の書かれた棒は出てこないため，11 が出る事象は空事象 $\emptyset$ となる． ◆

他の集合の用語も事象に対応するが，名前が変わるものもある．

和集合［⇨ **定義 1.8**］に対応するものは**和事象**という．事象 A, B の和事象は $A \cup B$ で表される．これは A と B の少なくとも一方（両方でもよい）が起こる場合の事象である．一方，共通部分［⇨ **定義 1.7**］に対応するものは（大きく名前が変わり），**積事象**という．記号は同じで，事象 A, B の積事象は $A \cap B$ である．これは A と B の両方が起こる場合の事象である．

また，積事象が空事象になる場合，つまり，A と B が同時に起こり得ない場合（記号では $A \cap B = \emptyset$ がなりたつ場合）は**排反事象**(はいはん)，または，**互いに排反**であるという．補集合［⇨ **定義 1.12**］に対応する事象は，**余事象**(よ)という．事象 A の余事象は $\overline{A}$ で表される．これは全体のうち，A でない事象が起こる場合の事象である．

---

[1] 確率を考える場合，同じ数でも区別したいときがある．その場合は同じ要素とはみなさないため，省略しない．

定義 18.1（確率）（重要）

ある試行について，どの事象が起こることも同じ程度に期待できるとき，それらの事象は**同様に確からしい**という．同様に確からしい試行について，全事象 Ω の要素の数（起こり得るすべての場合の数）を $\sharp\Omega$，事象 A の要素の数（A の起こる場合の数）を $\sharp A$ とするとき [2)]，

$$P(A) = \frac{\sharp A}{\sharp\Omega} \tag{18.1}$$

で定義される値 $P(A)$ を，事象 A が起こる**確率**という．

とくに理由のない限り，確率は既約分数で表す．小数で表すこともあるが，このとき，$\times 100$ をすれば % 表記にできる．

例 18.4　1〜10 の書かれた棒が 1 本ずつ入っているおみくじを引く試行で，偶数の番号が出る事象 A の確率 $P(A)$ は，$\sharp\Omega = 10$, $\sharp A = 5$ より，$P(A) = \dfrac{5}{10} = \dfrac{1}{2}$ となる．$\dfrac{1}{2} = 0.5$ だから，$P(A) = 0.5$ や $P(A) = 50\ \%$ と表すこともできる．◆

例題 18.1　当たると賞金がもらえるくじがある．賞金と本数は**図 18.1** の通りであるとき，次の設問に答えよ．

(1)　1 本引いて，1 等が当たる確率 $P(A)$ を求めよ．

(2)　1 本引いて，賞金がもらえる確率 $P(B)$ を求めよ．　□□□

解　(1)　1 等が当たる確率と，賞金がいくらであるかは無関係であることに注意する．くじは全部で 100 本あり，うち 5 本が 1 等だから，$P(A) = \dfrac{5}{100} = \dfrac{1}{20}$.

(2)　1 等か 2 等か 3 等が当たれば賞金がもらえるので，$P(B) = \dfrac{5+10+20}{100} = \dfrac{7}{20}$.

◇

---

2) $\sharp A$ は集合 A の要素の個数を表す．事象は集合であるため，事象の要素の個数としてもこの記号を用いるが，$n(A)$ と書くこともある．

	賞金（円）	本数（本）
1 等	300	5
2 等	100	10
3 等	50	20
はずれ	0	65

図 18.1 くじの賞金と本数の表

本節の最初に述べた「確率が使える条件」とは，「試行が同様に確からしい」ことである．同様に確からしくない試行の場合に確率を考えても，正しい確率を求めることはできない．しかし逆に，それを利用して，考えている確率の対象が同様に確からしい試行かどうかを調べることができる．

例 18.5 ギャンブルでイカサマが行われていれば，同様に確からしい試行ではなくなるため，その試行が同様に確からしいとして理論的に得た確率と，実際に観測で得た確率を比較することで推測できる 3)． ◆

確率の定義からわかるように，どのような確率も 1 を超えることはなく，0 を下回ることもない．つまり，任意の事象 A に対し，$0 \leq P(A) \leq 1$ がなりたつ．また，$P(A) = 1$ となるのは，A が全事象，つまり $A = \Omega$ のときで，$P(A) = 0$ となるのは，A が空事象，つまり $A = \emptyset$ のときである．

注意 18.2 % 表記では，$0\ \% \leq P(A) \leq 100\ \%$ がなりたつことになるため，確率 120 % などという値は存在し得ない．

---

3) ただし，あくまでもできるのは「推測」であって，イカサマがある場合でもない場合でも，「断定」はできないところに注意が必要である．例えば，サイコロを振って出た目を観測して，100 回中 50 回も 1 の目が出れば，イカサマに違いないと判断するだろう．しかし，可能性は低くても本当に偶然ということもあり得るため，イカサマであると断定はできない．逆に，理論通り，どの目も 16, 17 回程度（およそ 1/6）出たとしても，イカサマ（サイコロに細工がしてある）はないと断定はできない．細工がしてあっても，偶然理論通りの目が出た可能性があるからである．

18・2　確率の和

確率は四則演算を考えることもできるが，常にどのような四則演算をしてもよいわけではない[4]．和と差は，事象を集合と見て，ベン図［⇨ 1・3］とともに考えるとよい．

和は和集合によりできた部分の確率のことであるため，

$$P(A \cup B) = P(A) + P(B) \tag{18.2}$$

であると思うかもしれない．しかし，確率の和の場合，単純に足すだけでは問題が生じる場合がある．確率の定義式 (18.1) で要素の個数を用いているためである．**図 18.2** からもわかるように，A と B の共通部分に要素がある場合，つまり，積事象が空事象でない場合，この部分の要素の数を二重に数えてしまう．

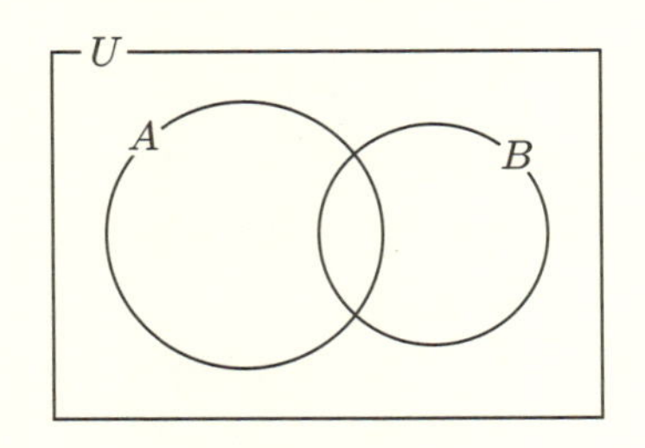

図 18.2　ベン図

したがって，(18.2) は事象 A, B が互いに排反の場合（**図 18.3**）にしかなりたたない．事象 A, B が互いに排反ではない場合には二重で数えている部分を調整する必要がある．つまり，次がなりたつ．

定理 18.1（(確率の）加法定理）

$$P(A \cup B) = P(A) + P(B) - P(A \cap B) \tag{18.3}$$

注意 18.3　(18.3) は，移項して $P(A) + P(B) = P(A \cup B) + P(A \cap B)$ の形で表した方が理解しやすい読者もいるかもしれない．

---

4)　これはそれぞれの意味とともに理解しよう．

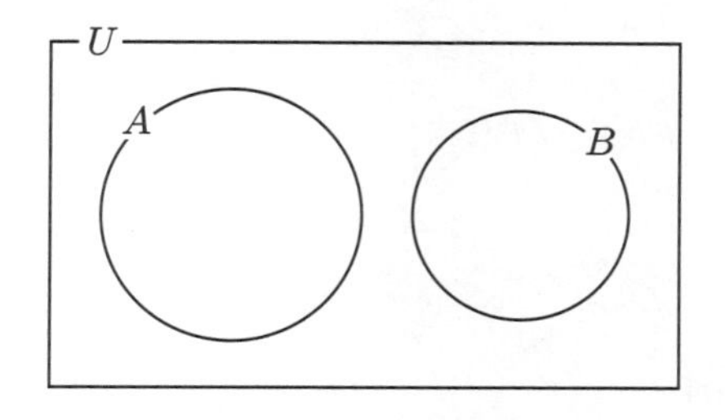

図 18.3　事象 A, B が互いに排反のときのベン図

注意 18.4　(18.2) と (18.3) を分けて覚えてはいけない．事象 A, B が互いに排反ならば，$P(A \cap B) = 0$ であるため，(18.3) から (18.2) は自然に導出できる．つまり，(18.2) は (18.3) の特別な場合である．

差も和と同様に考えるが，常に $P(A) - P(B)$ のような計算ができるかというと，そうではない．集合として考えたときに，要素を取り除くことができる場合に限られる．したがって，例えば，事象 A, B が互いに排反のときには $P(A) - P(B)$ も $P(B) - P(A)$ も考えることはできない．共通部分がある場合でも，引けるのは共通部分の要素のみであるため，B が A に完全に含まれている（内包されている）ような場合（**図 18.4**）でなければ単純な引き算はできない．図 18.4 のような状況であれば $P(A) - P(B)$ を考えることができ，この意味は「事象 A のうち，事象 B 以外が起こる確率」である．

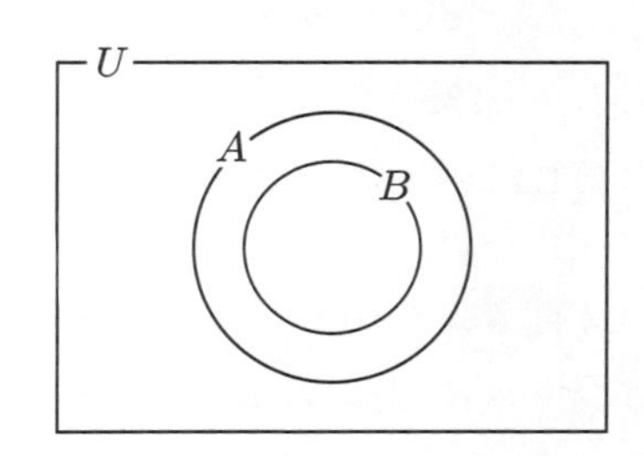

図 18.4　事象 B が事象 A に完全に内包されているときのベン図

注意 18.5　どのような事象も全事象には完全に含まれているため，余事象の

確率に関して，

$$P(\overline{A}) = P(\Omega) - P(A) = 1 - P(A) \tag{18.4}$$

がなりたつ．

18・3 確率の積

確率の積は，異なる試行による確率との間で考えることができる．ただし，試行は互いに影響をあたえないという条件がなりたっていることが必要である．このとき，試行は**独立**(どくりつ)であるという．一方，独立でないときは**従属**(じゅうぞく)であるという．

例 18.6 神社で，筒を振って番号の書かれた棒を出すタイプのおみくじは独立である条件をみたす．一度出した棒をまた筒に戻したものを次の人が引くためである．

しかし，神社のおみくじでも，箱の中から直接に結果の書かれた紙を取り出すタイプはこの条件をみたさない．1つ取り出すと，取り出したものは戻さないため，次の人は1つ減った状態でおみくじを引くことになるが，これは前の人の結果に依存した状態で次の人が引くことになり，独立とはいえないためである．したがって，このタイプのおみくじは互いに従属な試行である．

また，細かい注意であるが，筒のタイプでも，次の人が引くときは，筒を振って中身をよく交ぜてから引かなければ独立であるという条件はみたさない．交ぜずに引けば，前の人と同じ棒が出やすくなるためである．◆

ある試行 E_A で事象 A が起き，その後，E_A と独立な試行 E_B で事象 B が起きたとき，その確率は $P(A) \times P(B)$ となる．ここで，重要なのは E_A と E_B が独立な試行である点で，2つの試行の順は逆でも同時でもよい．

このように積で計算できる理由も，やはり確率の定義式 (18.1) に戻って，集合の考え方を使って考えればよい．試行 E_A での全事象を Ω_A とすると，確率の定義より，$P(A) = \dfrac{\sharp A}{\sharp \Omega_A}$ である．同様に，試行 E_B の全事象を Ω_B とすると，$P(B) = \dfrac{\sharp B}{\sharp \Omega_B}$ である．いま，E_A と E_B は独立な試行であるため，事象 A と B が両方起こったときの事象の要素は，A の事象の要素と B の事象の要素の組で表すことができる．つまり，直積集合 $A \times B$［⇨ **定義 1.9**］で表されることになる．

例 18.7　$A = \{1, 2, 3\}, B = \{0, 1\}$ のとき，A と B が両方起こる事象は

$$\{(1, 0), (1, 1), (2, 0), (2, 1), (3, 0), (3, 1)\} \tag{18.5}$$

である．◆

注意 18.6　これより，A と B が両方起こる事象を $A \cup B$ と書いてはいけないこともわかる．

したがって，$A \times B$ の要素の個数は，A の要素の個数と B の要素の個数の積と等しいため，$\sharp(A \times B) = (\sharp A) \times (\sharp B)$ となる [5]．全事象も同様であるため，$\sharp \Omega_{A \times B} = (\sharp \Omega_A) \times (\sharp \Omega_B)$ である．これより，試行 E_A で事象 A が起き，E_A と独立な試行 E_B で事象 B が起きる確率 $P(A \times B)$ は

$$\begin{aligned} P(A \times B) &= \frac{\sharp(A \times B)}{\sharp \Omega_{A \times B}} = \frac{(\sharp A) \times (\sharp B)}{(\sharp \Omega_A) \times (\sharp \Omega_B)} \\ &= \frac{\sharp A}{\sharp \Omega_A} \times \frac{\sharp B}{\sharp \Omega_B} = P(A) \times P(B) \end{aligned} \tag{18.6}$$

となり，A と B のそれぞれの確率の積で計算できることがわかった．

18・4　ベイズの定理

前小節では，積を異なる試行の事象で考えたが，同じ試行の事象で考えることもできる．

---

5)　直積集合の記号と数のかけ算の記号は同じ $\times$ を使うため，注意すること．

定義 18.2（条件付き確率）（重要）

ある試行で事象 A が起こった**あと**，同じ試行で別の事象 B が起こる確率を**条件付き確率**といい，$P(B|A)$，または，$P_A(B)$ で表す．

$$P(B|A) = \frac{\sharp(A \cap B)}{\sharp A} \tag{18.7}$$

で定義する．

例 18.8　おみくじの例［⇨ **例 18.1**，**例 18.2**］で，（番号を伝えてもらった紙に書かれていた）結果が大吉だったとき，引いた棒が1番である確率は，条件付き確率である．◆

例 18.9　ウイルスに感染したことが判明しているとき，検査を行って陽性である確率は，条件付き確率である（**図 18.5**）[6]．◆

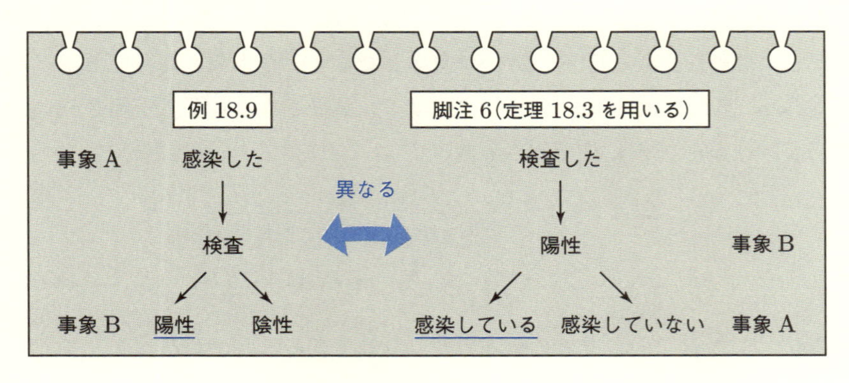

図 18.5　例 18.9 と脚注 6) の状況の違い

6)　ややこしいが，検査を行って陽性だったときに，そのウイルスに感染している確率（ベイズの定理［⇨ **定理 18.3**］）とは異なる．両方とも条件付き確率であるが，両者の違いは，検査をウイルスに感染したことがわかっている状態でしているのか，わかっていない状態でしているのかである（現実では，感染しているかわかっていないから検査をして判断する）．これは，いわゆる偽陽性・偽陰性の話とも関係がある．残念ながら偽陽性や偽陰性はどちらも0にすることはできない．これは検査の精度の問題ではなく，確率の理論的な問題である．

注意 18.7　先程との違いは，同じ試行内での話である他に，事象の起こる順序があることである．つまり，A と B の間に因果関係がある．

したがって，B が起こったときに A が起こる確率は $P(A|B)$ であり，一般には $P(B|A) \neq P(A|B)$ がなりたつ．

条件付き確率の定義式が (18.7) のようになる理由は，次の通りである．

事象 A, B はともに全事象 Ω の部分事象であるため，確率の定義より，$P(A)$ も $P(B)$ も分母は $\sharp\Omega$ である．しかし，条件付き確率 $P(B|A)$ は，A が起こったことが確定した後で B が起こるため，集合で考えれば，A のうちの B の部分の話になる（**図 18.6**）．B のうち，A に含まれない部分は考えないということである．

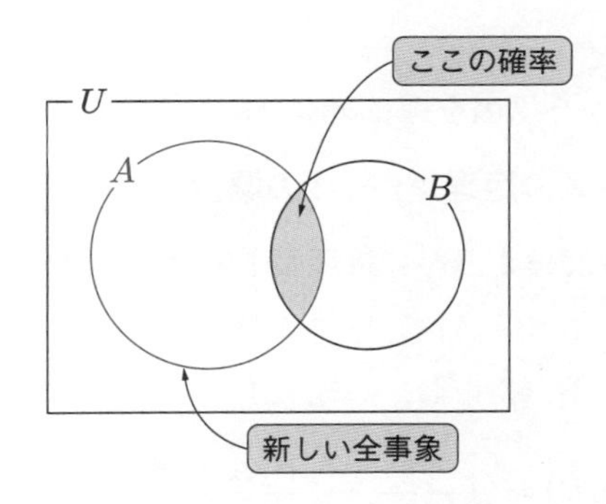

図 18.6　条件付き確率のベン図

これは A を新しい全事象として B を考えることと同じであるため，条件付き確率 $P(B|A)$ の定義式は (18.7) のようになるのである．ここで，分子を $\sharp B$ でなく $\sharp(A \cap B)$ としているのは，A に含まれない B の要素の個数を除く必要があるためである．

(18.7) は，$P(A) = \dfrac{\sharp A}{\sharp\Omega}$, $P(A \cap B) = \dfrac{\sharp(A \cap B)}{\sharp\Omega}$ より，

$$P(B|A) = \frac{\sharp(A \cap B)}{\sharp A} = \frac{P(A \cap B) \times \sharp\Omega}{P(A) \times \sharp\Omega} = \frac{P(A \cap B)}{P(A)} \qquad (18.8)$$

と，確率の商の形に変形できる．この右辺の分母を払えば，次がなりたつ．

定理 18.2（(確率の) 乗法定理）

$$P(A \cap B) = P(A)P(B|A) \tag{18.9}$$

確率を考える場面で，A が起こったとき，その原因が B である確率はどれくらいかと考えることも多い．

例えば，自動車はいくつもの部品からできているが，自動車が故障したときにその故障の原因となった部品を見つける場合，故障の状態からでは原因の部品を1つに絞れないことも多い．このような場合，故障の状態から判断した部品を，可能性（確率）の高い順に調べていく．もちろん実際には，この可能性の判断には整備士の勘なども入っているだろうし，厳密に数値化して得た確率の高い順に調べるとは限らないが，考え方としては，このようなときに使う確率のことである．

このような，結果から原因を探る確率を得る定理を**ベイズの定理**という．

定理 18.3（ベイズの定理：$i=2$ の場合）

ある試行 E の全事象 Ω が互いに排反な事象 A_1, A_2 の和事象のとき，つまり，$\Omega = A_1 \cup A_2$，かつ，$A_1 \cap A_2 = \emptyset$ がなりたつとき，試行 E の事象 B の起こった原因が A_i（ただし，$i = 1, 2$）である確率 $P(A_i|B)$ は，

$$P(A_i|B) = \frac{P(A_i \cap B)}{P(A_1)P(B|A_1) + P(A_2)P(B|A_2)} \tag{18.10}$$

であたえられる（**図 18.7**）．

証明　条件付き確率の定義式 (18.7) より，

$$P(A_i|B) = \frac{P(A_i \cap B)}{P(B)} \tag{18.11}$$

である．また，A_1 と A_2 が互いに排反であることに注意すると，加法定理［⇨ **定理 18.1**］と乗法定理［⇨ **定理 18.2**］より，

$$\begin{aligned} P(B) &= P(A_1 \cap B) + P(A_2 \cap B) \\ &= P(A_1)P(B|A_1) + P(A_2)P(B|A_2) \end{aligned} \tag{18.12}$$

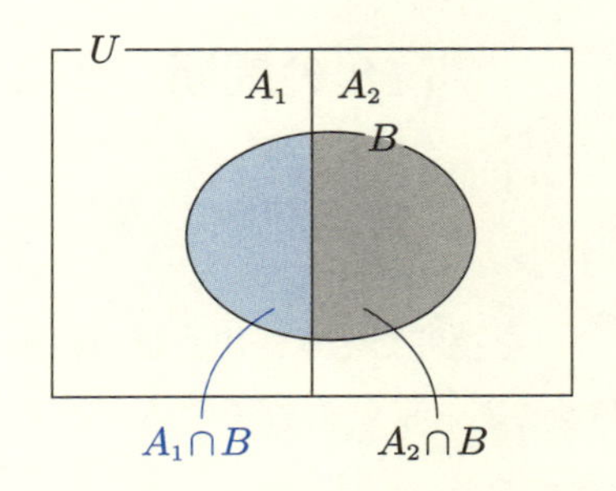

図 18.7 ベイズの定理（$i=2$）のベン図

とできる．よって，

$$P(A_i|B) = \frac{P(A_i \cap B)}{P(B)} = \frac{P(A_i \cap B)}{P(A_1)P(B|A_1) + P(A_2)P(B|A_2)} \tag{18.13}$$

がいえる． ◇

注意 18.8 ベイズの定理で注意すべきは，事象が起きた順序としては A_i が先で B が後であるが，知ったのは B が起きたことだけであり，A_i が起きたことを知らなかったという状況を考えている点である．また，このとき，$P(A_i|B)$ を**事後確率**，$P(A_i)$ を**事前確率**という．

ベイズの定理は次のように一般化できる．

定理 18.4（ベイズの定理）（重要）

ある試行 E の全事象 Ω が互いに排反な事象 $A_1, A_2, \cdots, A_n$ の和事象のとき，つまり，$\Omega = A_1 \cup A_2 \cup \cdots \cup A_n$，かつ，$i \neq j$ に対し $A_i \cap A_j = \emptyset$ がなりたつとき，試行 E の事象 B の起こった原因が A_i である確率 $P(A_i|B)$ は，

$$P(A_i|B) = \frac{P(A_i \cap B)}{P(A_1)P(B|A_1) + P(A_2)P(B|A_2) + \cdots + P(A_n)P(B|A_n)} \tag{18.14}$$

であたえられる（ただし，$i, j = 1, 2, \cdots, n$）．

証明は $i=2$ のときと同様のため，省略する（✍）．

§18 の問題

確認問題

問 18.1　2個のサイコロを投げたとき，出た目の和が4の倍数である事象を A，出た目の積が5の倍数である事象を B とする．このとき，A と B は互いに排反か，理由とともに答えよ．

□□□ [⇨ 18・1]

基本問題

問 18.2　互いに排反でない事象 A, B しか起こらないある試行において，事象 A が起こる確率は事象 B が起こる確率の3倍である．また，両方の事象が起こる確率は事象 B が起こらない確率の $\dfrac{1}{3}$ である．このとき，事象 A が起こる確率はいくつか．

□□□ [⇨ 18・2]

問 18.3　A市でペットを飼っている家庭を調べたところ，A市の全家庭のうちの20%があるB町では40%の家庭が何らかのペットを飼っていたが，B町以外ではあわせて20%の家庭しかペットを飼っていなかった．一方，ペットを飼っている家庭のうちイヌを飼っている家庭を調べたところ，B町でもB町以外をあわせたA市の町でも40%と同じ割合だった．このとき，次の問に答えよ．

(1)　B町でペットを飼っている家庭は，A市の全家庭のうち，何%であるか答えよ．

(2)　A市でペットを飼っている家庭を無作為に選んだとき，それがB町の家庭である確率を求めよ．

(3)　A市でイヌを飼っている家庭を無作為に選んだとき，それがB町の家庭である確率を求めよ．

□□□ [⇨ 18・3 18・4]

§19 確率分布

§19 のポイント

- 確率を考えるときにも変数を使うことができ，この変数を**確率変数**という．また，このとき関数のような対応づけができるが，この対応を**確率分布**という．
- 確率変数は，離散的な値をとる場合と，連続的な値をとる場合がある．
- 確率分布には名前がつけられているものもあるが，中でも**二項分布**と**正規分布**はとくに重要な確率分布である．

19・1 確率変数と確率分布

例えば，ある試行の全事象 $\Omega = \{1, 2, 3\}$ を考える．この試行を 1 回行えば，1 か 2 か 3 のどれかの結果が 1 つ出る．このとき，結果が出るまではどの数が出るかわからないため，「数 X が出る」と考えてみると，この X は変数となる．

また，いま，X が出るときの確率も考えることができる．$1, 2, 3$ が等確率で出るならば，（関数のように，）$P(X) = \dfrac{1}{3}$ と表せる．

このように考えると，確率を考えるときにも変数を使うことができ，関数のように値と値を対応づけることができる．このときの変数を**確率変数**といい，関数のような対応を**確率分布**という．

注意 19.1　関数を $f(x)$ のように書くのと違い，確率変数では，$P(X = 0)$ や $P(X \geq 1)$ のような書き方をする．

確率分布は表で書く場合と式で書く場合がある．表で書く場合は，例 19.1 の**図 19.1** のように書く．

注意 19.2　確率分布を考えるとき，各確率変数の確率の総和が 1 になっていなければならない．

例 19.1　表と裏が等確率で出るコインを2回投げる試行で，表の出る回数を X とすると，X として取り得る値は $X=0,1,2$ である．事象の要素は1回目の結果と2回目の結果の組で表せるので，表を1，裏を0で表すことにすると，全事象は $\Omega=\{(0,0),(0,1),(1,0),(1,1)\}$ となる．よって，$P(X=0)=\dfrac{1}{4}$，$P(X=1)=\dfrac{1}{2}$，$P(X=2)=\dfrac{1}{4}$ であるから，確率分布は**図 19.1** のようになる．◆

X	0	1	2	計
P	$\frac{1}{4}$	$\frac{1}{2}$	$\frac{1}{4}$	1

図 19.1　確率分布の例

確率変数は上の例のように離散的（とびとび）な値をとる場合と，普通の関数のときの変数のように，連続的な値をとる場合がある．それぞれ，**離散的確率変数**，**連続的確率変数**とよぶ．

離散的な場合は $P(X=0)$ のような1点での確率を考えることができるが，連続的な場合，同様に1点での確率を考えると，X がどのような値であっても，その確率は0になる [⇨ 注意 19.3]．そのため，連続的確率変数の場合，確率の範囲は区間で表される．なお，その区間の境界は含んでいてもいなくても確率は変わらない．

例 19.2　X が連続的確率変数のとき，例えば $P(0\leq X\leq 2)=\dfrac{1}{2}$ であっても，$P(X=1)=0$ である．同様に $P(X=0)=0$，$P(X=2)=0$ もいえるため，$P(0\leq X\leq 2)=P(0<X\leq 2)=P(0\leq X<2)=P(0<X<2)$ がなりたつ．◆

確率分布を式で表す場合は関数の形で表す．離散的確率変数の場合，この関数を**確率関数**という．確率関数を $f(x)$ とすると，

$$P(X=x)=f(x) \tag{19.1}$$

である．確率は 0 を下回ることも 1 を上回ることもないため，確率関数はどの点でも $0 \leq f(x) \leq 1$ の値をとる（**図 19.2**）．また，定義域で関数の値の総和をとると必ず 1 になる．つまり，

$$0 \leq f(x) \leq 1, \tag{19.2}$$

$$\sum_{x=a}^{b} f(x) = 1 \tag{19.3}$$

を両方ともみたす必要がある．

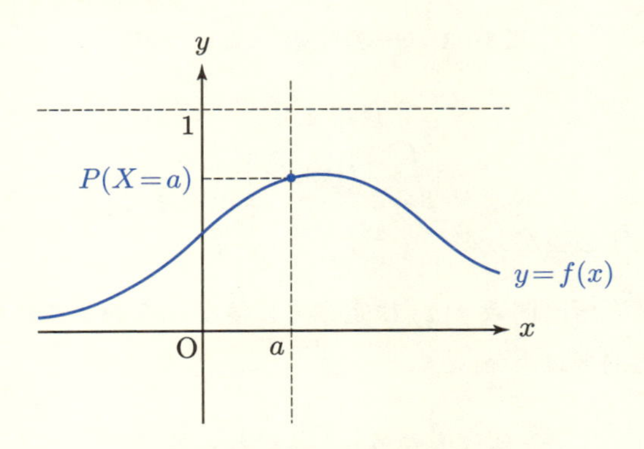

図 19.2　確率関数と確率の関係

連続的確率変数のときは，**確率密度関数**とよばれる関数とその積分を使って表す．確率密度関数 $f(x)$ と x 軸に囲まれた部分の面積が確率になる．つまり，確率密度関数を $f(x)$ とすると，

$$P(a \leq X \leq b) = \int_a^b f(x)\,dx \tag{19.4}$$

である（**図 19.3**）．

注意 19.3　離散的確率変数と違い，連続的確率変数の場合，(19.4) より，$a = b$ のときを考えれば，1 点での確率が 0 であることもわかる．

連続的確率変数の場合も，確率は非負の値をとり，総和が 1 になる必要があるため，

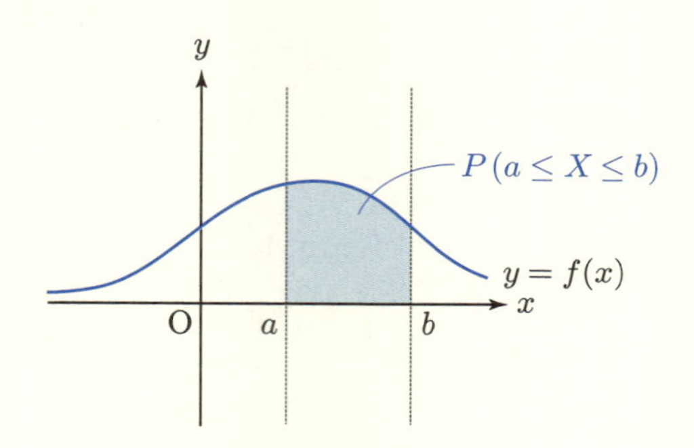

図 19.3　確率密度関数と確率の関係

$$f(x) \geq 0, \tag{19.5}$$

$$\int_{-\infty}^{\infty} f(x)\,dx = 1 \tag{19.6}$$

を両方ともみたす必要がある．

注意 19.4　確率密度関数 $f(x)$ は定積分の値が 1 を超えなければよいため，$f(x) \leq 1$ である必要はない．

注意 19.5　(19.6) の左辺は広義積分とよばれる積分で，

$$\int_{-\infty}^{\infty} f(x)\,dx = \lim_{a \to -\infty} \lim_{b \to \infty} \int_a^b f(x)\,dx \tag{19.7}$$

のことである［⇨［藤岡 2］pp.126–127］．

19・2　期待値と分散

確率変数の平均値[1)]を**期待値**（きたいち）といい，$E[X]$，または，$E(X)$ で表す．一般に，各確率変数に対して，対応する確率が異なるため，その調整をした平均値のことである．

1)　正確には，確率の重みをつけた平均，あるいは，加重平均という［⇨ **定義 16.7**］．

定義 19.1（期待値）（重要）

(1)　確率変数 X が離散的な場合，n 個の確率変数 $x_1, x_2, \cdots, x_n$ に対し，対応する確率をそれぞれ $p_1, p_2, \cdots, p_n$ とするとき，期待値 $E[X]$ を

$$E[X] = \sum_{i=1}^{n} x_i p_i \tag{19.8}$$

で定義する．

(2)　確率変数 X が連続的な場合，確率密度関数 $f(x)$ に対し，期待値 $E[X]$ を

$$E[X] = \int_{-\infty}^{\infty} x f(x)\, dx \tag{19.9}$$

で定義する．

期待値とは，文字通り，結果が期待できる値と考えることができる．また，離散的確率変数の場合，各確率変数に対応する確率がすべて等確率ならば，平均値と同様の考え方で計算することもできる．

例 19.3　サイコロを 1 回投げたときに出る目の期待値は，

$$\begin{aligned} E[X] &= 1 \times \frac{1}{6} + 2 \times \frac{1}{6} + 3 \times \frac{1}{6} + 4 \times \frac{1}{6} + 5 \times \frac{1}{6} + 6 \times \frac{1}{6} \\ &= \frac{1}{6} \times (1+2+3+4+5+6) = \frac{7}{2} \end{aligned} \tag{19.10}$$

である [2]．◆

確率変数に対して，**分散**も考えることができ，$V(X)$，または，$V[X]$ で表す．意味は平均値のときの分散［⇨ **16・4**］と同じで，期待値（平均値）からのずれの度合いを表す．

---

2)　確率 p_i がすべて同じ場合は，2 行目から書いてもよい．

定義 19.2（分散）

(1) 確率変数 X が離散的な場合，n 個の確率変数 $x_1, x_2, \cdots, x_n$ に対し，対応する確率をそれぞれ $p_1, p_2, \cdots, p_n$ とするとき，分散 $V(X)$ を

$$V(X) = \sum_{i=1}^{n}(x_i - \mu)^2 p_i \tag{19.11}$$

で定義する．ただし，$\mu = E[X]$ とおいた．

(2) 確率変数 X が連続的な場合，確率密度関数 $f(x)$ に対し，分散 $V(X)$ を

$$V(X) = \int_{-\infty}^{\infty}(x - \mu)^2 f(x)\,dx \tag{19.12}$$

で定義する．

確率変数が離散的，連続的にかかわらず，分散 $V(X)$ に対し，定理 16.1 と同じ公式がなりたつ．

定理 19.1（分散の公式）

$$V(X) = E[X^2] - (E[X])^2 \tag{19.13}$$

[⇨ 証明は 問 19.3]

例題 19.1　サイコロを 1 回投げたときに出る目の分散 $V(X)$ を求めよ．

解　例 19.3 より，サイコロを 1 回投げたときに出る目の期待値 $E[X]$ は，$E[X] = \frac{7}{2}$ である．よって，

$$V(X) = \left(1 - \frac{7}{2}\right)^2 \times \frac{1}{6} + \left(2 - \frac{7}{2}\right)^2 \times \frac{1}{6} + \left(3 - \frac{7}{2}\right)^2 \times \frac{1}{6} + \left(4 - \frac{7}{2}\right)^2 \times \frac{1}{6} + \left(5 - \frac{7}{2}\right)^2 \times \frac{1}{6} + \left(6 - \frac{7}{2}\right)^2 \times \frac{1}{6}$$

$$= \frac{1}{6} \times \left(\frac{25}{4} + \frac{9}{4} + \frac{1}{4} + \frac{1}{4} + \frac{9}{4} + \frac{25}{4} \right) = \frac{35}{12}. \tag{19.14}$$

別解

$$E[X^2] = 1^2 \times \frac{1}{6} + 2^2 \times \frac{1}{6} + 3^2 \times \frac{1}{6} + 4^2 \times \frac{1}{6} + 5^2 \times \frac{1}{6} + 6^2 \times \frac{1}{6}$$
$$= \frac{1}{6} \times (1 + 4 + 9 + 16 + 25 + 36) = \frac{91}{6} \tag{19.15}$$

だから，定理 19.1 より，

$$V(X) = E[X^2] - (E[X])^2 = \frac{91}{6} - \frac{49}{4} = \frac{35}{12}. \tag{19.16}$$

◇

期待値 $E[X]$ と分散 $V(X)$ に関して，定理 16.2 と同じ公式もなりたつ．

定理 19.2（期待値の線形性・分散の非線形性）

定数 a, b に対して，

(1) $E[aX + b] = aE[X] + b$ (19.17)

(2) $E[X + Y] = E[X] + E[Y]$ (19.18)

(3) $V(aX + b) = a^2 V(X)$ (19.19)

証明は定理 16.2 と同様のため，省略する（✍）．

19・3 二項分布

確率分布に関して，有名なものは名前がつけられている．いくつか知られているが，中でもよく使われるものを，離散的確率変数と連続的確率変数でそれぞれ 1 つずつ紹介する．

本小節では離散的確率変数での代表的な確率分布である二項分布について説明する．

定義 19.3（二項分布）（重要）

確率 p で事象 A が起こる試行を，独立に n 回くり返すときに A が起こる回数 X の分布を**二項分布** (binomial distribution) といい，$B(n,p)$，または，$Bin(n,p)$ で表す．二項分布の確率関数は

$$P(X=k) = {}_nC_k\, p^k (1-p)^{n-k} \tag{19.20}$$

である[3]．

簡単にいうと，二項分布は事象 A が起こるか起こらないかという二択にできる場合の分布である．事象が A か B か C かの三択のような状況であっても，A か A 以外（B か C）かという場合ならば二項分布で考えることができる．ただし，n 回の試行のうち，何回目に A が起こるか（つまり A が起こる順番）は考えない．

注意 19.6　二項分布では，「独立に」n 回くり返すという条件が重要である．この「独立に」というのは，1 回の試行後，次の試行の前に，初めの状態に戻す（リセットする）ことを意味する．つまり，毎回同じ状態や条件のもとで n 回行われる必要がある．

二項分布の確率関数がこのような形になる理由は次のように考える．

事象 A が起こる確率が p ならば，A が起こらない確率は $1-p$ である．このとき，A が n 回中 k 回起こる確率は p^k となる．また，A が起こるか起こらないかを考えているため，n 回中 k 回 A が起こるならば，A が起こらないのは n 回中 $n-k$ 回である．よって，A が起こらない確率は $(1-p)^{n-k}$ となる．そして，二項分布では n 回のうち，何回目に A が起こるかは考えていないため，**A が起こる k 回と起こらない $n-k$ 回の起こる順は組合せで ${}_nC_k$ 通りある**[4]．以上より，n 回中 k 回 A が起こる確率は ${}_nC_k\, p^k (1-p)^{n-k}$ となるため，(19.20)

---

3) ${}_nC_k$ は組合せ記号である［⇨ **定義 4.3**］．

4) つまり，「A が起こる」と「A が起こらない」を順に並べる並べ方を考えている．

が得られる．

定理 19.3（二項分布の期待値・分散）

二項分布 $B(n,p)$ の期待値 $E[X]$ と分散 $V(X)$ は，それぞれ，

$$E[X] = np, \qquad V(X) = np(1-p) \tag{19.21}$$

である．

[⇨ 証明は 問 19.10]

19・4　正規分布

本節では連続的確率変数での代表的な確率分布である正規分布について紹介する．

定義 19.4（正規分布）（重要）

連続的確率変数 X に対し，確率密度関数が

$$f(x) = \frac{1}{\sqrt{2\pi\sigma^2}} e^{-\frac{(x-\mu)^2}{2\sigma^2}} \tag{19.22}$$

であたえられるときの X の分布を**正規分布** (normal distribution) といい，$N(\mu, \sigma^2)$ で表す．

注意 19.7　正規分布はさまざまなところに現れることがわかっている．誤解を恐れずにいうと，自然の現象（大勢の人間が関係している場合も含む）を考える場合には，とりあえず正規分布に従うと仮定すればよいといっても過言ではない．

正規分布の確率密度関数は複雑に見えるが，期待値と分散に関しては，非常に単純な形になる．

定理 19.4（正規分布の期待値・分散）

正規分布 $N(\mu, \sigma^2)$ の期待値 $E[X]$ と分散 $V(X)$ は，それぞれ，

$$E[X] = \mu, \qquad V(X) = \sigma^2 \tag{19.23}$$

である．

証明は，本書で扱う内容を超える微積分の知識が必要になるため，省略する．

この定理からわかるように，正規分布の期待値と分散には，確率密度関数に現れている数値 μ と σ がそのまま出てくる [5]．

正規分布の確率密度関数 (19.22) のグラフを描いてみると，**図 19.4** のようになる．

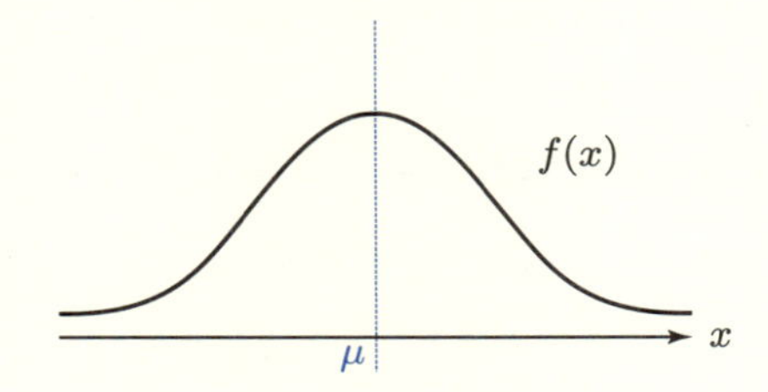

図 19.4　正規分布の確率密度関数のグラフ

このグラフは $x = \mu$ で $f(x)$ の値が最も大きくなり，また，ここを軸に左右対称で，両端へ行くほど0に近づく形になっている．つまり，期待値（平均値）μ が分布のピークで，期待値（平均値）からずれるほど分布は少なくなるということである．

注意 19.8　x は実数全域をとるが，$f(x)$ と x 軸に囲まれた部分の面積は1である．

さらに，グラフからはすぐにはわからないが，このピークの膨らみは，σ の値が小さいほど尖り，大きいほどなだらかになる（**図 19.5**）．これは σ の値が

[5] 実は，これが「正規分布がさまざまなところに現れる」ことと関係がある．

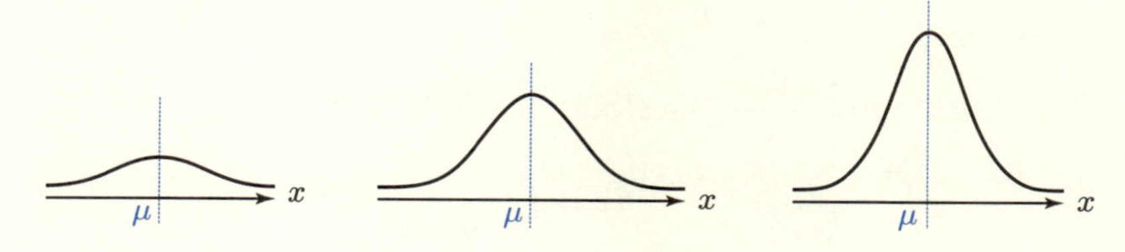

図 19.5　σ を変えた正規分布（右のグラフほど σ が小さい）

小さいほど，すなわち，分散が小さいほど，期待値（平均値）の周りに集中して分布していることを意味する[6)].

正規分布は，標準化という変数変換の操作により，どのような μ や σ の値をもつ場合でも，**標準正規分布**とよばれる $\mu=0, \sigma=1$ の正規分布 $N(0,1)$ に変換することができる.

定理 19.5（標準化）（重要）

確率変数 X が正規分布 $N(\mu, \sigma^2)$ に従うとき，確率変数

$$Z = \frac{X-\mu}{\sigma} \tag{19.24}$$

は標準正規分布 $N(0,1)$ に従う.

証明　X は正規分布 $N(\mu, \sigma^2)$ に従うから，

$$\begin{aligned} P(a \leq X \leq b) &\overset{\because (19.4)}{=} \int_a^b f(x)\,dx \\ &\overset{\because 定義 19.4}{=} \int_a^b \frac{1}{\sqrt{2\pi\sigma^2}} e^{-\frac{(x-\mu)^2}{2\sigma^2}}\,dx \end{aligned} \tag{19.25}$$

である．$Z = \dfrac{X-\mu}{\sigma}$ と変数変換すると，左辺は，

$$P(a \leq X \leq b) = P\left(\frac{a-\mu}{\sigma} \leq Z \leq \frac{b-\mu}{\sigma}\right) = P(a' \leq Z \leq b') \tag{19.26}$$

6)　「自然は平均を好むため，平均から大きく外れるものは少ない．だから自然現象の多くは正規分布に従うのだ」という話を聞いたことがある．数学的には中心極限定理という定理がなりたつためであるが，筆者はこの「自然は平均を好む」という話の方が好きだ.

とできる．ただし，$a' = \dfrac{a-\mu}{\sigma}, b' = \dfrac{b-\mu}{\sigma}$ とおいた．

一方，右辺は，$z = \dfrac{x-\mu}{\sigma}$ の置換積分［⇨ **定理 11.2**］より，

$$\int_a^b \frac{1}{\sqrt{2\pi\sigma^2}} e^{-\frac{(x-\mu)^2}{2\sigma^2}} dx = \int_{a'}^{b'} \frac{1}{\sqrt{2\pi\sigma^2}} e^{-\frac{z^2}{2}} \cdot \sigma \, dz$$
$$= \int_{a'}^{b'} \frac{1}{\sqrt{2\pi}} e^{-\frac{z^2}{2}} dz \qquad (19.27)$$

となる．

したがって，

$$P(a' \leq Z \leq b') = \int_{a'}^{b'} \frac{1}{\sqrt{2\pi}} e^{-\frac{z^2}{2}} dz \qquad (19.28)$$

がなりたつが，これは Z が正規分布 $N(0,1)$ に従うことを意味する．　◇

(19.24) の変数変換を **Z（ゼット）変換**といい，この変換を行うことを**標準化**という．

注意 19.9　正規分布の確率密度関数は難しい形をしている．確率を求めるためにはこの関数を積分する必要があるが，その計算も難しい．しかし，Z 変換により，Z の確率変数で考えて得た結果を，もう一度 Z 変換を（$X = \sigma Z + \mu$ の形で）使って X の確率変数に戻せば，標準正規分布だけを考えればよいことになる．標準正規分布のときの結果（確率）は**標準正規分布表**としてあたえられている［⇨ **裏見返し**］．

標準正規分布表を見れば，いちいち難しい計算をしなくても標準正規分布の確率を得ることができる．そして，元の正規分布の確率も，単純な足し算やかけ算のみから得ることができる．

この表の見方は，縦の欄で変数 z の小数第一位までを探し右に見ていって，横の欄で小数第二位を探し下に見ていく．このときに交差したところにある値が確率 $P(0 \leq Z \leq z)$ である[7]．また，この表は標準正規分布の確率密度関数の

7)　z が小数第三位以下まである場合は，第二位での両側の値の平均をとればよい．

グラフが，平均（$z=0$）を境にして左右対称であることを利用して，半分しか書かれていない．そのため，z の負の側の確率を知りたい場合は，範囲を $z=0$ で分けて，負の方は正の側の対応する値を見ればよい．

注意 19.10　確率が 1 を超えることはないため，本書の表では整数部分の 0 は省略して，小数点から書いているが，省略されずに書かれることもある．また，小数第五位以下は省略されているが，切り上げか切り捨てか四捨五入かは表によって異なるし，省略される位も異なることがある．さらに，標準正規分布の確率密度関数は指数関数的な減少をするため，あまり大きな z では変化量が小さくなり，書かれていないことも多いため，注意すること．

例題 19.2　確率変数 Z が標準正規分布に従うとき，標準正規分布表を利用して［⇨ **裏見返し**］，次の確率を小数第三位まで求めよ．

(1)　$P(0 \leq Z \leq 1.96)$　　(2)　$P(-0.22 \leq Z \leq 0)$

(3)　$P(-0.22 \leq Z \leq 1.96)$

解　(1)　表の縦の 1.9，横の .06 のところに .4750 とあるので，$P(0 \leq Z \leq 1.96) = 0.4750 \fallingdotseq 0.475$.

(2)　$P(-0.22 \leq Z \leq 0) = P(0 \leq Z \leq 0.22)$ だから，表の縦の 0.2，横の .02 のところを見て，$P(-0.22 \leq Z \leq 0) = 0.0871 \fallingdotseq 0.087$.

(3)　$P(-0.22 \leq Z \leq 1.96) = P(-0.22 \leq Z \leq 0) + P(0 \leq Z \leq 1.96)$ だから，(1), (2) より，$P(-0.22 \leq Z \leq 1.96) = 0.0871 + 0.4750 = 0.5621 \fallingdotseq 0.562$.　◇

離散的確率変数の確率分布である二項分布と，連続的確率変数の確率分布である正規分布の間に，次の関係があることが知られている．

定理 19.6（ラプラスの定理）

確率変数 X が二項分布 $B(n, p)$ に従うとき，n が十分大きいならば，X は

近似的に正規分布 $N(np, np(1-p))$ に従う [8].

証明は本書を超える統計学の知識が必要のため，省略する．

注意 19.11 近似的に従う正規分布の期待値と分散は，二項分布の期待値と分散と一致している．

§19の問題

確認問題

問 19.1 ある確率変数 X の期待値 $E[X]$ と分散 $V(X)$ が，それぞれ $E[X]=\dfrac{7}{2}$, $V(X)=45$ であるとき，$Y=2X+3$ であたえられる確率変数 Y の期待値 $E[Y]$ と標準偏差 $\sigma(Y)$ をそれぞれ求めよ．

□□□ [⇨ 19・2]

問 19.2 確率変数 X が二項分布 $B\left(25, \dfrac{2}{5}\right)$ に従うとき，X の期待値 $E[X]$ と分散 $V(X)$，および，X^2 の期待値 $E[X^2]$ を求めよ．

□□□ [⇨ 19・3]

問 19.3 定理 19.1 を，離散的確率変数と連続的確率変数のそれぞれの場合について示せ．

□□□ [⇨ 19・2]

問 19.4 図 18.1 を参考にして，このくじを 1 本引いたときに得られる賞金の期待値と標準偏差を求めよ．

□□□ [⇨ 19・2]

基本問題

問 19.5 次の関数 $f(x)$ は確率密度関数になり得るか，理由とともに答えよ．

---

8) 筆者は，初めてこの定理を知ったとき，別々に考えていた離散の変数と連続の変数をつないでいて，なかなかすごいことをいっている定理だと感じた．

また，なり得る場合は期待値と分散も答えよ．

(1)　$f(x)=\begin{cases} x+1 & (0\leq x\leq 1) \\ 0 & (\text{その他}) \end{cases}$　(2)　$f(x)=\begin{cases} \dfrac{3}{2}(x^2-1) & (0\leq x\leq 2) \\ 0 & (\text{その他}) \end{cases}$

(3)　$f(x)=\begin{cases} -\dfrac{1}{9}x^3+\dfrac{1}{3}x+\dfrac{7}{18} & (0\leq x\leq 2) \\ 0 & (\text{その他}) \end{cases}$

□□□ [⇨ 19・1 19・2]

問 19.6　ある連続的確率変数 X の確率密度関数 $f(x)$ はある正の定数 a に対し，$1<x<a$ の範囲では関数 $g(x)=x+1$ に従い，それ以外の範囲では 0 であることがわかっている．このとき，次の問に答えよ．

(1)　a を求めよ．　(2)　X の期待値を求めよ．

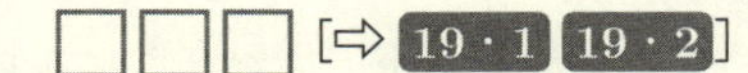

問 19.7　等確率で表か裏が出るコインを投げる．ただし，コインが立つことはないとする．このとき，次の問に答えよ．

(1)　コインを 5 回投げたとき，表が 2 回出る確率を求めよ．

(2)　コインを 500 回投げたとき，表が出るのが 230 回以上，270 回以下である確率を求めよ．ただし，500 回は十分大きいとしてよい．

□□□ [⇨ 19・3 19・4]

問 19.8　等確率で 1 から 6 の整数を出すサイコロ投げのプログラムを書いた．このプログラムは実行回数を指定すると，指定された回数を続けて実行するが，1 回ごとの結果はメモリに記憶させるだけで表示はせず，すべて実行後にどの数が何回出たかの結果だけを表示する．しかし，プログラムにミスがあり，2 から 5 は出ず，しかも 1 を出す確率が 6 を出す確率の $\dfrac{1}{6}$ になっていた．このとき，次の問に答えよ．ただし，小数第 2 位を四捨五入して答えること．

(1)　このミスがあったプログラムを 5 回実行したところ，1 を 2 回出したが，この確率は何 % か．

(2)　このプログラムを正しく修正し，再び 5 回実行したところ，また 1 を 2 回

出したが，この確率は何％か．　□□□ [⇨ 19・3]

チャレンジ問題

問 19.9　当たれば賞金がもらえるくじがある．特賞は1本で賞金5万円，1等は1本で1万円，2等は3本で5000円，3等は10本で1000円，4等は20本で100円，残り65本ははずれである．このくじについて次の問に答えよ．

(1)　このくじを1回引いたとき，当たりを引く確率を求めよ．

(2)　このくじを1回引いたとき，3等が当たった．くじを元に戻さずにもう一度引いたときに2等以上が当たる確率を求めよ．

(3)　このくじを引いたときにもらえる賞金の期待値を求めよ．

(4)　このくじを引いたときにもらえる賞金の分散と標準偏差を求めよ．

(5)　あなたがこのくじを売るなら，1回の価格はいくらに設定するか．理由とともに答えよ．ただし，くじを売る際に法律による制限はないものとする．

(6)　あなたがこのくじを1回300円で売ろうとしたとき，はずれを何本以上にすれば損をしないと考えるか．理由とともに答えよ．ただし，くじを売る際に法律による制限はないものとする．　□□□ [⇨ 19・2]

問 19.10　定理19.3を示せ．　□□□ [⇨ 19・3]

第 5 章のまとめ

度数分布表［⇨ 16・2］

- **階級**：データの値を重ねることなく等間隔に分けた区間
- **階級の幅**：階級の大きさ（階級の上端の値から下端の値を引いた値）
- **階級値**：階級の真ん中の値（階級の両端の値を足して 2 で割った値）
- **度数**：各階級に含まれるデータの個数
- **度数分布表**：階級，階級値，度数をまとめた表
- **ヒストグラム**：横の長さを階級の幅，縦の長さを度数とする長方形を，隣どうし接して並べたグラフ

代表値［⇨ 16・3　16・4］

n 個のデータ $x_1, x_2, \cdots, x_n$ に対し，

- **平均値（算術平均・相加平均）**：$\bar{x} = \dfrac{1}{n}(x_1 + x_2 + \cdots + x_n)$
- **中央値**：$x_1, x_2, \cdots, x_n$ を小さい順（または大きい順）に並べたときの真ん中の値（データが偶数個のときは真ん中の 2 つの値の平均値）
- **最頻値**：$x_1, x_2, \cdots, x_n$ のうち，最も多くある値
- **分散**：$s_x^2 = \dfrac{1}{n}\left\{(x_1 - \bar{x})^2 + (x_2 - \bar{x})^2 + \cdots + (x_n - \bar{x})^2\right\}$
- **標準偏差**：$s_x = \sqrt{s_x^2}$

平均値と分散の公式［⇨ 16・4］

- $s_x^2 = \overline{(x^2)} - (\bar{x})^2$
- $\overline{ax + b} = a\bar{x} + b$
- $\overline{x + y} = \bar{x} + \bar{y}$
- $s_{ax+b}^2 = a^2 s_x^2$

共分散［⇨ 17・2］

n 個のデータの組 $(x_1, y_1), (x_2, y_2), \cdots, (x_n, y_n)$ に対し，

$$s_{xy} = \frac{1}{n}\left\{(x_1 - \bar{x})(y_1 - \bar{y}) + (x_2 - \bar{x})(y_2 - \bar{y}) + \cdots + (x_n - \bar{x})(y_n - \bar{y})\right\}$$

相関係数［⇨ 17・2］

n 個のデータの組 $(x_1, y_1), (x_2, y_2), \cdots, (x_n, y_n)$ に対し，

$$r = \frac{s_{xy}}{s_x s_y}$$

（データによって大きさに限度がない共分散と違い，必ず $-1 \leq r \leq 1$ をみたす）

条件付き確率［⇨ 18・4］

$$P(B|A) = \frac{\sharp(A \cap B)}{\sharp A}$$

確率の加法定理［⇨ 18・2］

$$P(A \cup B) = P(A) + P(B) - P(A \cap B)$$

確率の乗法定理［⇨ 18・4］

$$P(A \cap B) = P(A)P(B|A)$$

ベイズの定理［⇨ 18・4］

$$P(A_i|B) = \frac{P(A_i \cap B)}{P(A_1)P(B|A_1) + P(A_2)P(B|A_2) + \cdots + P(A_n)P(B|A_n)}$$

期待値［⇨ 19・2］

- 確率変数 X が離散的な場合：$E[X] = \displaystyle\sum_{i=1}^{n} x_i p_i$
- 確率変数 X が連続的な場合：$E[X] = \displaystyle\int_{-\infty}^{\infty} x f(x)\, dx$

分散［⇨ 19・2］

- 確率変数 X が離散的な場合：$V(X) = \displaystyle\sum_{i=1}^{n} (x_i - \mu)^2 p_i$

◦ 確率変数 X が連続的な場合：$V(X) = \int_{-\infty}^{\infty} (x-\mu)^2 f(x)\,dx$

（ただし，$\mu = E[X]$）

期待値と分散の公式［⇨ 19・2］

◦ $V(X) = E[X^2] - (E[X])^2$

◦ $E[aX+b] = aE[X] + b$

◦ $E[X+Y] = E[X] + E[Y]$

◦ $V(aX+b) = a^2 V(X)$

二項分布［⇨ 19・3］

確率 p で事象 A が起こる試行を，独立に n 回くり返すときに A が起こる回数 X の分布．確率関数は

$$P(X=k) = {}_nC_k p^k (1-p)^{n-k}$$

で，$E[X] = np$, $V(X) = np(1-p)$.

正規分布［⇨ 19・4］

連続的確率変数 X に対し，確率密度関数が

$$f(x) = \frac{1}{\sqrt{2\pi\sigma^2}} e^{-\frac{(x-\mu)^2}{2\sigma^2}}$$

であたえられるときの X の分布．$E[X] = \mu$, $V(X) = \sigma^2$.

問題解答とヒント

節末問題の略解あるいはヒントをあたえる．なお，これだけでは行間が埋まらず完全な解答をつくることが難しい読者のために，丁寧で詳細な問題解答を裳華房のウェブページ

https://www.shokabo.co.jp/author/1604/1604answer.pdf

から無料でダウンロードできるようにした．自習学習に役立ててほしい．読者が手を動かしてくり返し問題を解き，理解を完全なものにすることを願っている．また，本文中の「✍」の記号の「行間埋め」の具体的なやり方については，

https://www.shokabo.co.jp/author/1604/1604support.pdf

に別冊で公開した．読者の健闘と成功を祈る．

§1 の問題解答

解 1.1 (1) 画数が多いか少ないかは主観によるものだから，命題ではない．(2) 画数が全25画であるかどうかは，客観的に判断できるから，命題である．また，「愛媛」は全25画であるから，真である．(3) 等式がなりたつかどうかは客観的に判断できるから，命題である．しかし，$(a+b)^2 = a^2 + 2ab + b^2$ は a, b が複素数でもなりたつから，偽である．(4) 簡単かどうかは主観による判断になるので，命題ではない．(5) 芸術が爆発であるかは主観によるので，命題ではない．

解 1.2 (1) -1 は A の要素ではないので，正しくない．(2) $\{0\}$ は A の要素ではないので，正しくない．(3) $0, 1$ はどちらも A の要素であるので，正しい．(4) A は $\{\emptyset\}$ を要素にもつが，集合 $\{0, 1, 2, \{1, 0\}, \{0, 1, 2\}\}$ は $\{\emptyset\}$ を要素にもたないので，正しくない．(5) 2 は集合でないので，正しくない．(6) $\{1\}$ は A の要素ではないので，正しくない．(7) $\{\{1\}\}$ は A の要素ではないので，正しくない．(8) $\emptyset$ は A の要素ではないので，正しくない（**注**：空集合を要素にもつ集合は A の部分集合であるかを問われているため）．

解 1.3 (1) $B = \{0, 1, 3\}$　(2) $A \cup B = \{0, 1, 3, 5, 7\}$　(3) $\overline{A} \cap B = \{0\}$　(4) $\overline{A \cap B} = \{0, 2, 5, 6, 7\}$

§2の問題解答

解 2.1 (1)

p	q	$p \vee q$	$\neg(p \vee q)$
1	1	1	0
1	0	1	0
0	1	1	0
0	0	0	1

(2)

p	q	$\neg p$	$(\neg p) \vee q$
1	1	0	1
1	0	0	0
0	1	1	1
0	0	1	1

(3)

p	q	$\neg p$	$\neg q$	$(\neg p) \wedge (\neg q)$
1	1	0	0	0
1	0	0	1	0
0	1	1	0	0
0	0	1	1	1

(4)

p	q	$\neg p$	$\neg q$	$(\neg p) \vee (\neg q)$
1	1	0	0	0
1	0	0	1	1
0	1	1	0	1
0	0	1	1	1

解 2.2 (i) $n=1$ のとき，$1^2=1$ だから，命題成立．(ii) $n=k$（ただし，k は自然数）のとき，1 から $2k-1$ までのすべての奇数の和が k^2 であると仮定すると，$\displaystyle\sum_{l=1}^{k}(2l-1)=k^2$ がなりたつ．よって，$n=k+1$ のとき，1 から $2(k+1)-1$ までのすべての奇数の和は，$\displaystyle\sum_{l=1}^{k+1}(2l-1)=2(k+1)-1+\sum_{l=1}^{k}(2l-1)=2k+1+k^2=(k+1)^2$ より，命題成立．(i), (ii) より，すべての自然数 n で命題成立．

解 2.3 (1)

p	q	r	$p \wedge q$	$(p \wedge q) \vee r$
1	1	1	1	1
1	1	0	1	1
1	0	1	0	1
1	0	0	0	0
0	1	1	0	1
0	1	0	0	0
0	0	1	0	1
0	0	0	0	0

(2)

p	q	r	$p \wedge q$	$\neg(p \wedge q)$	$p \vee r$	$(\neg(p \wedge q)) \wedge (p \vee r)$
1	1	1	1	0	1	0
1	1	0	1	0	1	0
1	0	1	0	1	1	1
1	0	0	0	1	1	1
0	1	1	0	1	1	1
0	1	0	0	1	0	0
0	0	1	0	1	1	1
0	0	0	0	1	0	0

(3)

p	q	r	$p \vee r$	$\neg(p \vee r)$	$\neg q$	$(\neg(p\vee r))\wedge(\neg q)$	$\neg r$	$q \vee (\neg r)$	$((\neg(p\vee r))\wedge(\neg q))$ $\wedge(q \vee (\neg r))$
1	1	1	1	0	0	0	0	1	0
1	1	0	1	0	0	0	1	1	0
1	0	1	1	0	1	0	0	0	0
1	0	0	1	0	1	0	1	1	0
0	1	1	1	0	0	0	0	1	0
0	1	0	0	1	0	0	1	1	0
0	0	1	1	0	1	0	0	0	0
0	0	0	0	1	1	1	1	1	1

解 2.4 ① m^2 ② m ③ $m = 2k$ ④ $n^2 = 2k^2$ ⑤ 既約分数

§3の問題解答

解 3.1 単項式 x^2y (次数3), -1 (次数0)　多項式 $2ab+1$ (次数2), $2a^2b^3c+3a^2b^2$

（次数 6），$-x^2y^2+y^2z^2$（次数 4），$5y+zx-1$（次数 2），$-3x+1$（次数 1）

解 3.2 (1) x^2-x-2 (2) $x^2+8x+15$ (3) $-2x^2-x+3$ (4) $6x^2+7x-3$ (5) $-12x^2-7x+10$ (6) x^2+6x+9 (7) $9x^2-12x+4$ (8) $x^3+9x^2+27x+27$ (9) $4x^2-1$ (10) $8x^3+36x^2+54x+27$ (11) $64x^3-48x^2+12x-1$

解 3.3 (1) $(x+1)^2$ (2) $(x-1)(x+4)$ (3) $(2x+1)(x-3)$ (4) $-(x-1)(x+2)$ (5) $(3x-1)(2x+5)$ (6) $(2x-1)(2x+3)$ (7) $(2x-3)(2x+3)$ (8) $-(3x-1)(3x+1)$ (9) $(3x+13)(x+1)$

解 3.4 (1) 2600 (2) 671750 (3) 2046 (4) 3840

解 3.5 (1) $3+9i$ (2) $-1+6i$ (3) $5i$ (4) $3-2i$ (5) $3-i$ (6) $12-5i$ (7) $-i$ (8) $\dfrac{2}{5}+\dfrac{4}{5}i$ (9) $\dfrac{7}{13}+\dfrac{4}{13}i$ (10) $-\dfrac{2}{5}+\dfrac{23}{15}i$

解 3.6 (1) $x^3+6x^2+11x+6$ (2) $-2x^3+x^2+8x-4$ (3) x^3+3x^2+3x+2 (4) x^4+4

解 3.7 (1) $(x+2)^3$ (2) $(x+1)(x^2+1)$ (3) $(x+1)(x-1)^2$ (4) $(x+1)^2(x-2)$ (5) $(x+3)(2x-1)(2x+1)$ (6) $(x-3)(x+4)(2x+1)$ (7) $(x-1)(x+1)(x-2)(x-4)$ (8) $(x-1)(x+1)(x^2+1)$

§4 の問題解答

解 4.1 (1) 6 (2) 120 (3) 3628800 (4) 6 (5) 336 (6) 55440 (7) 10 (8) 15 (9) 220

解 4.2 336 通り

解 4.3 9880 通り

解 4.4 (1) $x^4+8x^3y+24x^2y^2+32xy^3+16y^4$ (2) $a^2+b^2+c^2+2ab+2bc+2ca$ (3) $a^3+b^3+c^3+3a^2b+3a^2c+3ab^2+3ac^2+3b^2c+3bc^2+6abc$

解 4.5 (1) $(x-3y)^3$ (2) $(a-b+2c)^2$

§5 の問題解答

解 5.1 (1) (i) 等差数列 (ii) $a_k=a_{k-1}+2, a_1=3$ (iii) $a_k=2k+1$ (iv) $S_n=n(n+2)$ (2) (i) 等比数列 (ii) $a_k=2a_{k-1}, a_1=1$ (iii) $a_k=2^{k-1}$ (iv) $S_n=2^n-1$ (3) (i) 等比数列 (ii) $a_k=-2a_{k-1}, a_1=-3$ (iii) $a_k=-3\cdot(-2)^{k-1}$ (iv) $S_n=(-2)^n-1$ (4) (i) 等差数列 (ii) $a_k=a_{k-1}-2, a_1=3$ (iii) $a_k=-2k+5$ (iv) $S_n=-n(n-4)$ (5) (i) 等比数列 (ii) $a_k=\dfrac{1}{2}a_{k-1}, a_1=8$ (iii) $a_k=2^{4-k}$ (iv) $S_n=16(1-2^{-n})$ (6) (i) 等差数列

(ii) $a_k = a_{k-1} + 2, a_1 = 0$ (iii) $a_k = 2(k-1)$ (iv) $S_n = n(n-1)$

解 5.2 (1) 発散する (2) 収束する. $\displaystyle\sum_{n=1}^{\infty}\left(\frac{1}{5}\right)^n = \frac{1}{4}$ (3) 発散する (4) 収束する. $\displaystyle\sum_{n=1}^{\infty}(-2)^{-n} = -\frac{1}{3}$ (5) 収束する. $\displaystyle\sum_{n=1}^{\infty}\left(\left(\frac{1}{2}\right)^n - \left(\frac{1}{3}\right)^n\right) = \frac{1}{2}$

§6 の問題解答

解 6.1 (1) $x = 2$ (2) $x = 1, 2, 3$ (3) $x = \pm 1, 2$ (4) $x = 2, \frac{1}{2}, -4$ (5) $x = \pm 1, \pm 2$ (6) $x = 0, \pm 2, \pm 3$ (7) $x = \pm 1, \pm 2, \pm 3$

解 6.2 (1) -13 (2) 211 (3) -3016

解 6.3 (1) 3 (2) -1 (3) 0

解 6.4 (1) $x = \frac{1}{3}$ (2) $x = -\frac{5}{3}, 2$ (3) $x = -\frac{1}{2}$ (4) $x = 2, 3$ (5) $x = 2$ (6) $x = 2 + \sqrt{5}$ (7) $x = 4$ (8) $x = \log_2 3$ (9) $x = \frac{3}{2}$ (10) $x = 0, 1$ (11) $x = 4$ (12) $x = -\frac{1}{2}, 7$

§7 の問題解答

解 7.1 (1) $\frac{2}{3}\pi$ rad (2) $180°$ (3) $\frac{3}{4}\pi$ rad (4) $72°$ (5) $\frac{11}{18}\pi$ rad

解 7.2 $\mathrm{BC} = \sqrt{2}$, $\mathrm{AC} = \dfrac{1+\sqrt{3}}{\sqrt{2}}$

解 7.3 (1) $\dfrac{1+\sqrt{3}}{2\sqrt{2}}$ (2) $\sqrt{2} - 1$ (3) $-\dfrac{\sqrt{3}-1}{2\sqrt{2}}$ (4) $-\dfrac{1}{\sqrt{2}}$

解 7.4 (1) $2\sin\left(\theta + \frac{\pi}{3}\right)$ (2) $-2\sin\left(\theta - \frac{\pi}{4}\right)$ (3) $\sqrt{5}\sin(\theta + \alpha)$. ただし, α は $\sin\alpha = -\frac{1}{\sqrt{5}}$, $\cos\alpha = \frac{2}{\sqrt{5}}$ をみたす実数.

解 7.5 (1) $\sin(3\theta) = \sin(\theta + 2\theta) = \sin\theta\cos(2\theta) + \cos\theta\sin(2\theta) = \sin\theta(1 - 2\sin^2\theta) + \cos\theta\cdot 2\sin\theta\cos\theta = \sin\theta - 2\sin^3\theta + 2\sin\theta(1 - \sin^2\theta) = 3\sin\theta - 4\sin^3\theta$ (2) $\cos(3\theta) = \cos(\theta + 2\theta) = \cos\theta\cos(2\theta) - \sin\theta\sin(2\theta) = \cos\theta(2\cos^2\theta - 1) - \sin\theta\cdot 2\sin\theta\cos\theta = 2\cos^3\theta - \cos\theta - 2\cos\theta(1 - \cos^2\theta) = 4\cos^3\theta - 3\cos\theta$

解 7.6 n を整数とする. (1) $x = \frac{\pi}{18} + \frac{2}{3}n\pi, \frac{5}{18}\pi + \frac{2}{3}n\pi$ (2) $x = -\frac{\pi}{5} + 2n\pi$ (3) $x = -\frac{\pi}{6} + 2n\pi, \frac{\pi}{2} + 2n\pi$ (4) $x = \frac{\pi}{2} + n\pi$ (5) $x = n\pi, n\pi \pm \frac{\pi}{4}$ (6) $x = \frac{\pi}{2} + n\pi$ (7) $x = n\pi, n\pi \pm \frac{\pi}{3}$

解 7.7 ① $\mathrm{OP}^2 + \mathrm{OQ}^2 - 2\cdot\mathrm{OP}\cdot\mathrm{OQ}\cdot\cos(\alpha - \beta)$ ② OR ③ PR ④ OS ⑤ QS ⑥ ピタ

ゴラス

解 7.8 (1) $\sin(2x) = 2\sin x\cos x$ より，$\cos x = \dfrac{\sin(2x)}{2\sin x}$ だから，

$$\begin{aligned}\prod_{k=0}^{n-1}\cos(2^k x) &= \cos x\cdot\cos(2x)\cdot\cos(4x)\cdot\cdots\cdot\cos(2^{n-1}x)\\ &= \frac{\sin(2x)}{2\sin x}\cdot\frac{\sin(4x)}{2\sin(2x)}\cdot\frac{\sin(8x)}{2\sin(4x)}\cdot\cdots\cdot\frac{\sin(2^n x)}{2\sin(2^{n-1}x)}\\ &= \frac{\sin(2^n x)}{2^n\sin x}\end{aligned}$$

(2) $\dfrac{1}{8}$

§8 の問題解答

解 8.1 (1) 20　(2) -3　(3) $\dfrac{1}{2}$　(4) 0

解 8.2 (1) 1　(2) 1　(3) $-\infty$　(4) ∞　(5) 1　(6) 2

§9 の問題解答

解 9.1 (1) $f'(x) = 2, f''(x) = 0$　(2) $f'(x) = \sqrt{3}, f''(x) = 0$　(3) $f'(x) = -2x+3, f''(x) = -2$　(4) $f'(x) = 4x-1, f''(x) = 4$　(5) $f'(x) = 3x^2+2x+1, f''(x) = 6x+2$　(6) $f'(x) = -9x^2+2x+2, f''(x) = -18x+2$　(7) $f'(x) = -x^2-6x, f''(x) = -2x-6$　(8) $f'(x) = 4x^3, f''(x) = 12x^2$　(9) $f'(x) = 4x^3+6x^2-1, f''(x) = 12x^2+12x$

解 9.2 (1) $f'(x) = 2x, f''(x) = 2$　(2) $f'(x) = 4(2x+1), f''(x) = 8$　(3) $f'(x) = -6x+4, f''(x) = -6$　(4) $f'(x) = 6x^2+2, f''(x) = 12x$　(5) $f'(x) = 9x^2+14x+8, f''(x) = 18x+14$　(6) $f'(x) = 4x^3+3x^2-8x-1, f''(x) = 12x^2+6x-8$　(7) $f'(x) = 6x(x^2+1)^2, f''(x) = 6(x^2+1)(5x^2+1)$　(8) $f'(x) = 2(3x^2+x-2), f''(x) = 2(6x+1)$　(9) $f'(x) = 2x(2x^2-5), f''(x) = 2(6x^2-5)$　(10) $f'(x) = 3(x-1)(x+1), f''(x) = 6x$　(11) $f'(x) = 3x^2+10x-4, f''(x) = 6x+10$　(12) $f'(x) = 16x^3(x^4-1)^3, f''(x) = 48x^2(x^4-1)^2(5x^4-1)$

解 9.3 (1) $f'(x) = -\dfrac{1}{(x-1)^2}$　(2) $f'(x) = 0$　(3) $f'(x) = \dfrac{5}{(2x+1)^2}$　(4) $f'(x) = -\dfrac{6x^2+x+6}{(2x^2+x-2)^2}$　(5) $f'(x) = 1$　(6) $f'(x) = -\dfrac{2(x^2+2x)}{(x^2+x+1)^2}$　(7) $f'(x) = \dfrac{1}{2\sqrt{x+1}}$　(8) $f'(x) = \dfrac{1}{\sqrt{2x-1}}$　(9) $f'(x) = \dfrac{x}{\sqrt{x^2+1}}$　(10) $f'(x) = \dfrac{3}{2}\sqrt{x-1}$

(11) $f'(x) = -\dfrac{1}{2\sqrt{(x+2)^3}}$　(12) $f'(x) = -\dfrac{1}{\sqrt{(x-3)^3}}$　(13) $f'(x) = \dfrac{x+1}{\sqrt{(2x+1)^3}}$

(14) $f'(x) = \dfrac{1}{2\sqrt{x-1}}$　(15) $f'(x) = \dfrac{x-3}{\sqrt{(2x-1)^3}}$

解 9.4　**微分可能性**　和積の公式（定理 7.19）より，任意の実数 c に対し，

$$\lim_{x\to c}\frac{\cos x - \cos c}{x-c} = \lim_{x\to c}\frac{1}{x-c}\cdot(-2)\sin\frac{x-c}{2}\sin\frac{x+c}{2}$$
$$= -\lim_{x\to c}\frac{\sin\frac{x-c}{2}}{\frac{x-c}{2}}\sin\frac{x+c}{2}$$

とできる．$y = \dfrac{x-c}{2}$ とおくと，$x\to c$ のとき，$y\to 0$ だから，

$$-\lim_{x\to c}\frac{\sin\frac{x-c}{2}}{\frac{x-c}{2}}\sin\frac{x+c}{2} = -\lim_{y\to 0}\frac{\sin y}{y}\sin(y+c).$$

定理 8.3 より，$\displaystyle\lim_{y\to 0}\frac{\sin y}{y} = 1$ だから，

$$-\lim_{y\to 0}\frac{\sin y}{y}\sin(y+c) = -\sin c.$$

よって，$\cos x$ は微分可能である．

導関数　加法定理（定理 7.15）より，

$$\lim_{h\to 0}\frac{\cos(x+h)-\cos x}{(x+h)-x} = \lim_{h\to 0}\frac{\cos x\cos h - \sin x\sin h - \cos x}{h}$$
$$= \lim_{h\to 0}\left(\frac{\cos x(\cos h - 1)}{h} - \frac{\sin x\sin h}{h}\right)$$
$$= \cos x\lim_{h\to 0}\frac{(\cos h-1)(\cos h+1)}{h(\cos h+1)} - \sin x\lim_{h\to 0}\frac{\sin h}{h}$$
$$= \cos x\lim_{h\to 0}\frac{\cos^2 h - 1}{h(\cos h+1)} - \sin x$$
$$= \cos x\lim_{h\to 0}\frac{-\sin^2 h}{h(\cos h+1)} - \sin x$$
$$= -\cos x\lim_{h\to 0}\left(\frac{\sin h}{h}\right)^2\cdot\frac{h}{\cos h+1} - \sin x$$
$$= -\sin x.$$

解 9.5　(1) $f'(x) = \dfrac{1}{x+1}$　(2) $f'(x) = 2\cos(2x)$　(3) $f'(x) = 2e^{2x+1}$

(4) $f'(x) = 2x\cos(x^2+1)$　(5) $f'(x) = -2\sin(2x-1)$　(6) $f'(x) = \dfrac{2x}{x^2+2}$　(7) $f'(x) = 2xe^{x^2}$　(8) $f'(x) = (6x-1)\cos(3x^2-x-1)$　(9) $f'(x) = \dfrac{2}{\cos^2(2x)}$

解 9.6 (1)

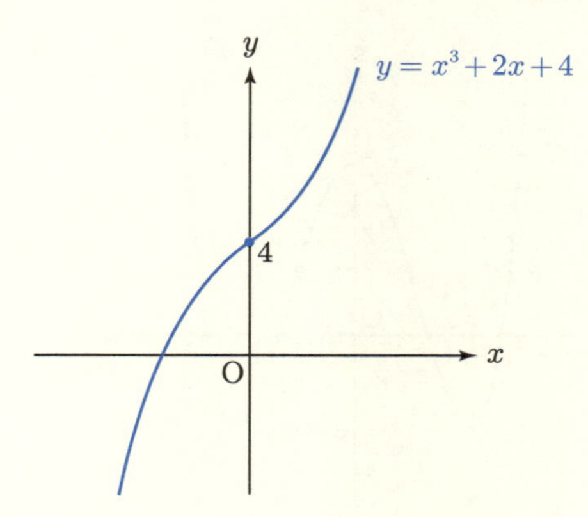

(2)

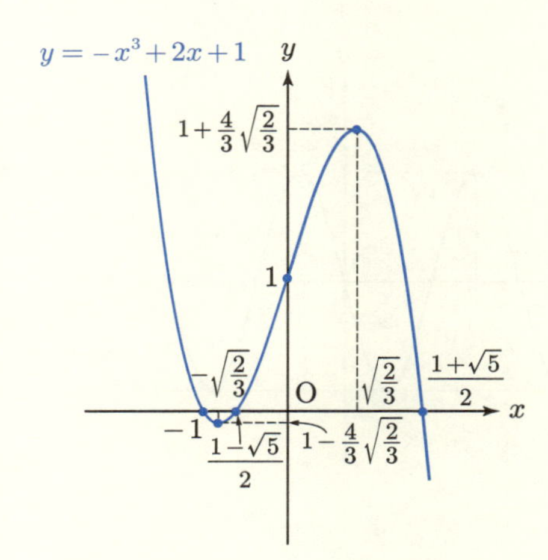

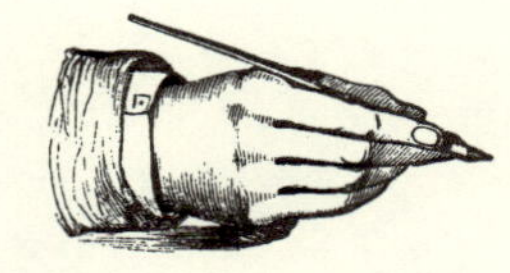

[⇨次のページにつづく]

(3)

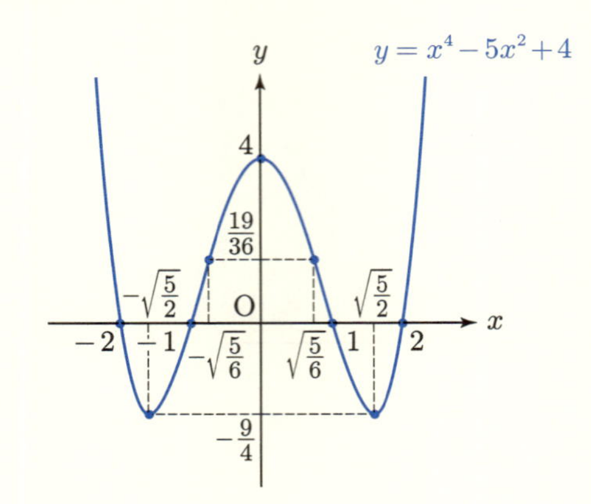
$y = x^4 - 5x^2 + 4$
y
4
$\frac{19}{36}$
$-\sqrt{\frac{5}{2}}$
O
$\sqrt{\frac{5}{2}}$
x
-2
-1
$-\sqrt{\frac{5}{6}}$
$\sqrt{\frac{5}{6}}$
1
2
$-\frac{9}{4}$

(4)

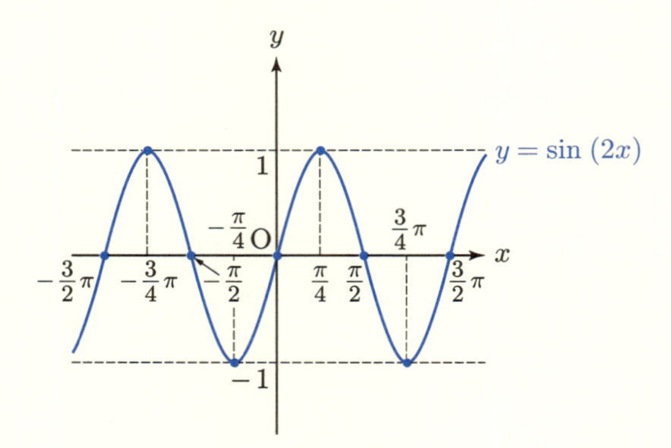
y
$y = \sin(2x)$
1
$-\frac{\pi}{4}$
O
$\frac{3}{4}\pi$
x
$-\frac{3}{2}\pi$
$-\frac{3}{4}\pi$
$-\frac{\pi}{2}$
$\frac{\pi}{4}$
$\frac{\pi}{2}$
$\frac{3}{2}\pi$
-1

(5)

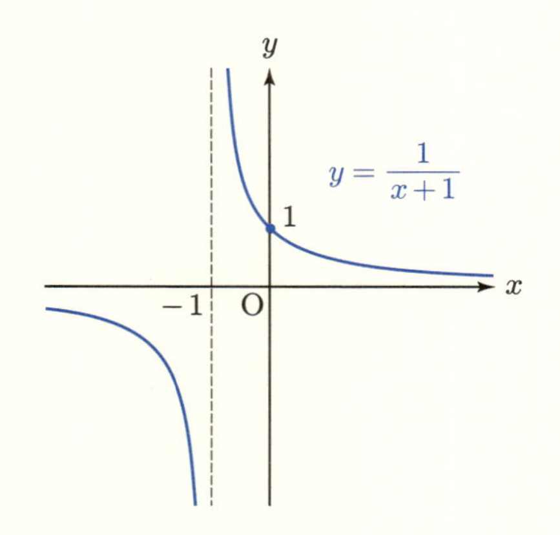
y
$y = \frac{1}{x+1}$
1
x
-1
O

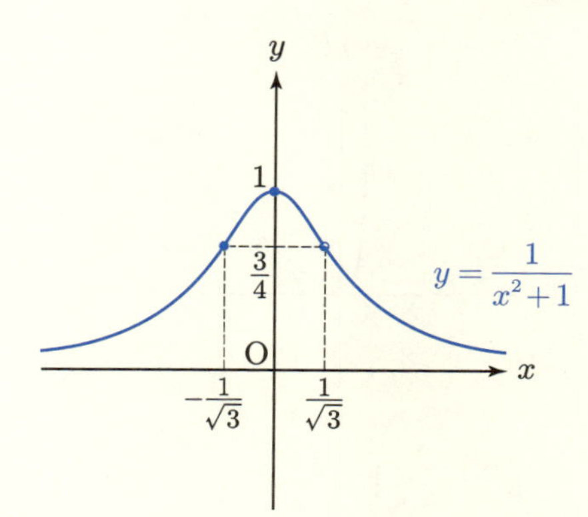
y
1
3/4
O
x
$-\frac{1}{\sqrt{3}}$
$\frac{1}{\sqrt{3}}$
$y=\frac{1}{x^2+1}$

(7)

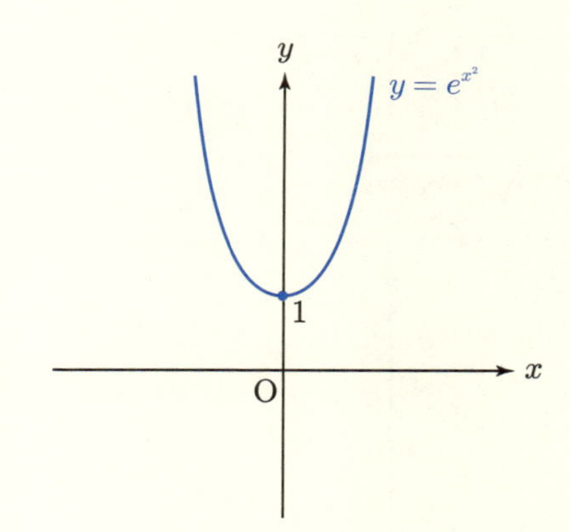
y
$y=e^{x^2}$
1
O
x

(8)

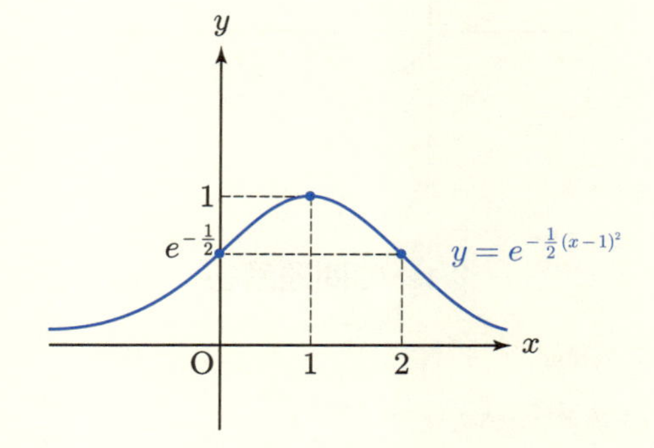
y
1
$e^{-\frac{1}{2}}$
$y=e^{-\frac{1}{2}(x-1)^2}$
O
1
2
x

(9)

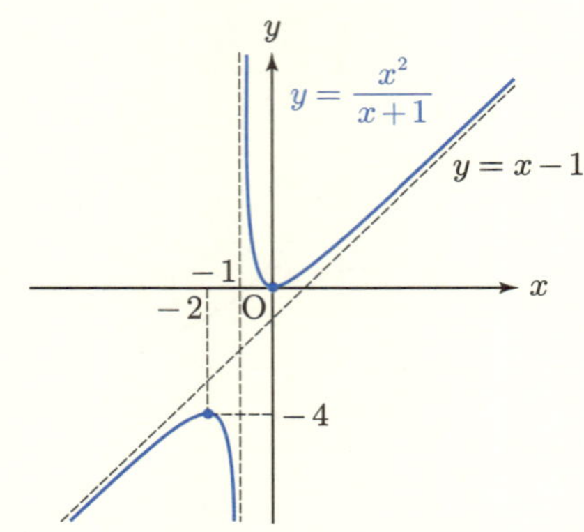

解 9.7 (1) $f'(x)=-\dfrac{5}{(x+2)^2}\sin\left(\dfrac{2x-1}{x+2}\right)$ (2) $f'(x)=-2\tan(2x)-3$

(3) $f'(x)=\dfrac{\cos x-\sin x}{e^x}$ (4) $f'(x)=\dfrac{1}{x\log x}$ (5) $f'(x)=-\dfrac{\cos x}{\sin^2 x}(1+2\sin^2 x)$

(6) $f'(x)=-\dfrac{3}{\sqrt{2}}\sin(\sqrt{2}x)\sqrt{\cos(\sqrt{2}x)}$

解 9.8 (1) $2(1-\log 2)$ (2) 0

(3)

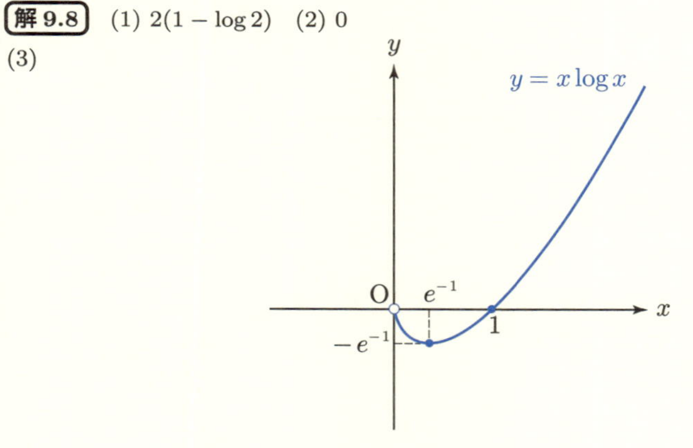

§10 の問題解答

解 10.1 ① 原始 ② 被積分

解 10.2 右端の点を選んだときの面積 $\displaystyle\sum_{k=1}^{n}\left(\frac{1}{n}\times\frac{k^2}{n^2}\right)=\frac{1}{n^3}\sum_{k=1}^{n}k^2=\frac{1}{n^3}\cdot\frac{1}{6}n(n+$

$1)(2n+1) = \frac{1}{6n^2}(n+1)(2n+1)$．**左端の点を選んだときの面積** $\sum_{k=1}^{n-1}\left(\frac{1}{n}\times\frac{k^2}{n^2}\right) = \frac{1}{n^3}\sum_{k=1}^{n-1}k^2 = \frac{1}{n^3}\cdot\frac{1}{6}(n-1)n(2(n-1)+1) = \frac{1}{6n^2}(n-1)(2n-1)$．よって，求める面積 S は，$\lim_{n\to\infty}\frac{1}{6n^2}(n-1)(2n-1) \leq S \leq \lim_{n\to\infty}\frac{1}{6n^2}(n+1)(2n+1)$ をみたす．$\lim_{n\to\infty}\frac{1}{6n^2}(n-1)(2n-1) = \frac{1}{3}$, $\lim_{n\to\infty}\frac{1}{6n^2}(n+1)(2n+1) = \frac{1}{3}$ だから，はさみうちの原理より，$S = \frac{1}{3}$.

解 10.3　最低で 1500 等分

§11 の問題解答

解 11.1　C を積分定数とする．(1) $\frac{1}{3}x^3 + x^2 + x + C$　(2) $x^4 + x^2 + C$　(3) $\frac{4}{3}x^3 - x + C$　(4) $\frac{1}{2}\log(2x+1) + C$　(5) $\frac{1}{3}\sqrt{(2x+1)^3} + C$　(6) $\sqrt{2x+1} + C$　(7) $2x + \log x + C$　(8) $\frac{1}{3}\sqrt{(2x)^3} + x + C$　(9) $\sqrt{2}x + 2\sqrt{x} + C$

解 11.2　(1) $\frac{11}{6}$　(2) 0　(3) $-\frac{4}{3}$　(4) $\frac{\sqrt{3}}{2} - 1$　(5) $\log 2$　(6) $1 + \log 2$　(7) 1

解 11.3　C を積分定数とする．(1) $-\frac{1}{4}\cos(2x) + C$　(2) $\frac{1}{2}\log(2x-1) + 2\log(x+1) + C$　(3) $-\log(x+1) + \log(x^2+x+1) + C$　(4) $\frac{1}{2}e^{2x+1} + C$　(5) $\frac{1}{2}e^{x^2} + C$　(6) $-x\cos x + \sin x + C$　(7) $\frac{1}{10}(x^2-1)\sqrt{(2x^2+3)^3} + C$

解 11.4　(1) $2\log 2 - 1$　(2) $\frac{\pi}{2}$　(3) $\frac{\pi}{2}$　(4) $1 - 2\log 2 + 3\log 3$　(5) $e - 2$　(6) $\frac{\pi}{4}$

解 11.5　C を積分定数とする．(1) $\log(\sqrt{x^2+2x+2} + x + 1) + C$
(2) $\frac{1}{2}(x+1)\sqrt{x^2+2x+2} + \frac{1}{2}\log(\sqrt{x^2+2x+2} + x + 1) + C$

解 11.6　$-\frac{1}{2}(1 - \log 3)$

§ 12 の問題解答

解 12.1　(1) (i) $(3,5)$ (ii) $(1,1)$

(iii)

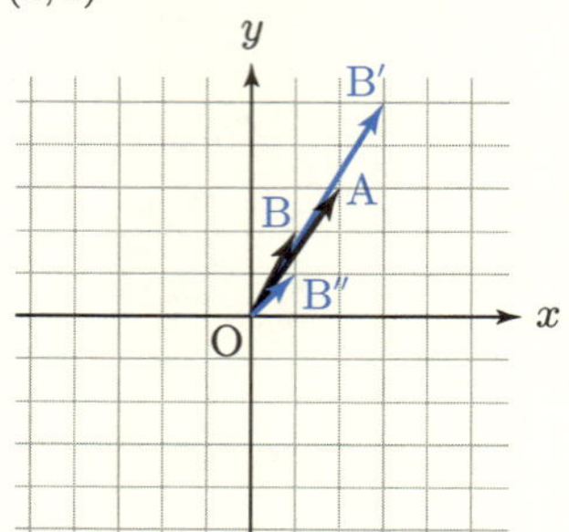

(2) (i) $(3,0)$ (ii) $(-5,4)$

(iii)

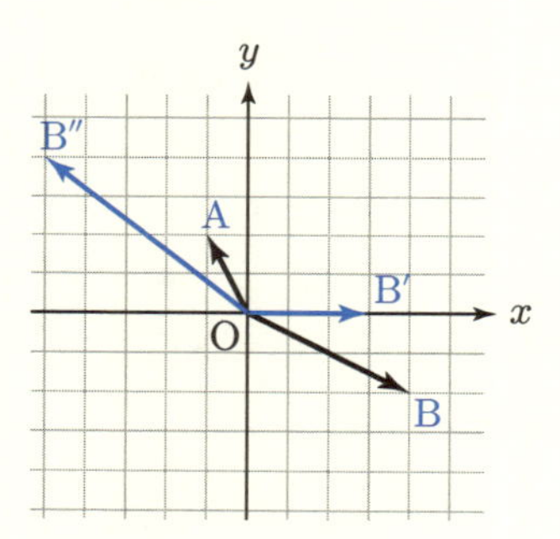

(3) (i) $(1,2)$ (ii) $(1,4)$

(iii)

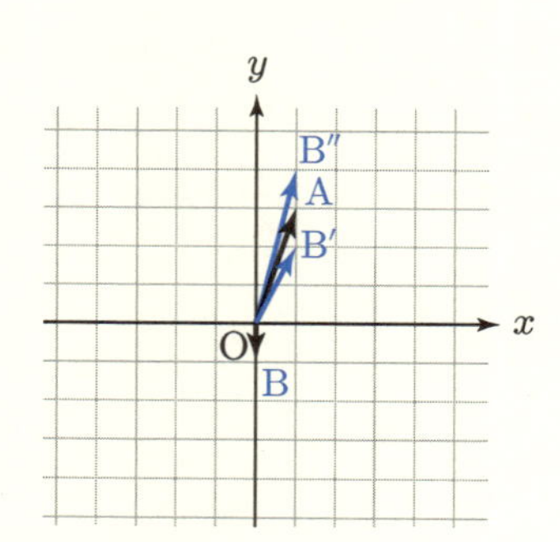

解 12.2　(1) $\sqrt{13}$　(2) $\sqrt{5}$　(3) $\sqrt{10}$

解 12.3　(1) 1　(2) -9　(3) 2

解 12.4 (1) $2\sqrt{5}$ (2) $3\sqrt{2}$ (3) $\sqrt{58}$ (4) 6

解 12.5 (1) $-\dfrac{4}{\sqrt{65}}$ (2) $-\dfrac{11}{\sqrt{221}}$ (3) $\dfrac{10}{14}=\dfrac{5}{7}$

§13 の問題解答

解 13.1 (1) $\begin{pmatrix} -3 & 4 \\ 4 & -2 \end{pmatrix}$ (2) $\begin{pmatrix} 6 & 8 \\ 5 & -4 \end{pmatrix}$ (3) $\begin{pmatrix} -10 & -1 \\ 2 & -1 \end{pmatrix}$ (4) $\begin{pmatrix} 0 & 0 \\ -14 & 0 \end{pmatrix}$

(5) $\begin{pmatrix} -4 & -16 \\ 1 & 4 \end{pmatrix}$ (6) $\begin{pmatrix} -2 & -5 \\ 8 & -1 \end{pmatrix}$ (7) $\begin{pmatrix} -1 & 10 \\ -4 & -2 \end{pmatrix}$ (8) $\begin{pmatrix} -9 & 0 \\ 3 & 0 \end{pmatrix}$

(9) $\begin{pmatrix} -8 & 4 \\ 2 & -1 \end{pmatrix}$ (10) $\begin{pmatrix} 4 & -40 \\ -1 & 10 \end{pmatrix}$ (11) $\begin{pmatrix} 3 & 0 \\ -33 & 0 \end{pmatrix}$ (12) $\begin{pmatrix} -9 & -36 \\ 3 & 12 \end{pmatrix}$

(13) $\begin{pmatrix} 224 & 0 \\ -112 & 0 \end{pmatrix}$ (14) $\begin{pmatrix} -120 & 36 \\ 30 & -9 \end{pmatrix}$ (15) $\begin{pmatrix} -7 & -7 \\ 8 & -2 \end{pmatrix}$

解 13.2 (1) -14 (2) 0 (3) -3 (4) 0 (5) 0 (6) 42 (7) 42 (8) 0 (9) 0 (10) 0 (11) 0 (12) 0 (13) 0 (14) 0 (15) 70

解 13.3 (1) $\begin{pmatrix} -7 & 1 & -9 \\ 17 & -2 & 32 \\ -11 & 5 & -24 \end{pmatrix}$ (2) $\begin{pmatrix} -4 & 15 & 10 \\ 21 & -28 & -5 \\ -8 & 9 & -1 \end{pmatrix}$ (3) $\begin{pmatrix} 19 & -11 & 10 \\ -12 & 18 & -12 \\ -1 & -6 & 1 \end{pmatrix}$

(4) $\begin{pmatrix} 10 & -1 & 23 \\ 4 & 5 & -6 \\ 8 & -5 & 23 \end{pmatrix}$ (5) $\begin{pmatrix} 2 & -3 & -5 \\ 19 & -11 & 22 \\ -2 & 3 & -13 \end{pmatrix}$ (6) $\begin{pmatrix} -15 & 23 & 10 \\ 8 & -9 & 1 \\ -19 & 17 & 2 \end{pmatrix}$

(7) $\begin{pmatrix} 7 & 0 & 2 \\ -22 & 23 & 8 \\ 20 & -12 & 1 \end{pmatrix}$ (8) $\begin{pmatrix} 5 & 2 & 10 \\ 0 & 8 & -23 \\ -4 & -5 & 6 \end{pmatrix}$ (9) $\begin{pmatrix} 21 & -14 & 17 \\ 1 & 6 & -1 \\ 7 & -8 & 13 \end{pmatrix}$

(10) $\begin{pmatrix} -45 & 35 & -32 \\ 130 & -115 & 87 \\ -87 & 88 & -67 \end{pmatrix}$ (11) $\begin{pmatrix} 19 & -11 & -32 \\ 46 & -34 & 114 \\ -25 & 20 & -43 \end{pmatrix}$ (12) $\begin{pmatrix} -61 & 115 & 42 \\ 33 & -31 & 7 \\ -79 & 123 & 34 \end{pmatrix}$

解 13.4 (1) -1 (2) 1 (3) -22 (4) -8

解 13.5 (1) $a=-\dfrac{2}{3}$ (2) $a=2$ (3) $a=0,3$

§14 の問題解答

解 14.1 (1) $\begin{pmatrix} 1 & 0 & 6 \\ 0 & 1 & 3 \\ 0 & 0 & 0 \end{pmatrix}$ 階数：2 (2) $\begin{pmatrix} 1 & 0 & -1 \\ 0 & 1 & -2 \\ 0 & 0 & 0 \end{pmatrix}$ 階数：2

(3) $\begin{pmatrix} 1 & 2 & 0 & \frac{1}{2} \\ 0 & 0 & 1 & \frac{1}{2} \\ 0 & 0 & 0 & 0 \end{pmatrix}$ 階数：2　(4) $\begin{pmatrix} 1 & 0 & 0 & 1 & 2 \\ 0 & 1 & 0 & 0 & 2 \\ 0 & 0 & 1 & 1 & 1 \end{pmatrix}$ 階数：3　(5) $\begin{pmatrix} 1 & 0 & \frac{3}{5} \\ 0 & 1 & -\frac{4}{5} \\ 0 & 0 & 0 \end{pmatrix}$ 階数：2　(6) $\begin{pmatrix} 1 & 0 & 0 & \frac{3}{4} \\ 0 & 1 & 0 & -\frac{1}{4} \\ 0 & 0 & 1 & \frac{13}{8} \\ 0 & 0 & 0 & 0 \end{pmatrix}$ 階数：3

解 14.2　(1) 拡大係数行列 $\left(\begin{array}{cc|c} 2 & 1 & 0 \\ -1 & 2 & 1 \end{array}\right)$ を簡約化すると，$\left(\begin{array}{cc|c} 2 & 1 & 0 \\ -1 & 2 & 1 \end{array}\right) \to \left(\begin{array}{cc|c} 1 & 0 & -\frac{1}{5} \\ 0 & 1 & \frac{2}{5} \end{array}\right)$ より，$x=-\dfrac{1}{5},\ y=\dfrac{2}{5}$.　(2) 拡大係数行列 $\left(\begin{array}{cc|c} 1 & 2 & 2 \\ 2 & -2 & 1 \end{array}\right)$ を簡約化すると，$\left(\begin{array}{cc|c} 1 & 2 & 2 \\ 2 & -2 & 1 \end{array}\right) \to \left(\begin{array}{cc|c} 1 & 0 & 1 \\ 0 & 1 & \frac{1}{2} \end{array}\right)$ より，$x=1,\ y=\dfrac{1}{2}$.　(3) 拡大係数行列 $\left(\begin{array}{cc|c} 3 & -1 & 0 \\ 1 & 1 & -4 \end{array}\right)$ を簡約化すると，$\left(\begin{array}{cc|c} 3 & -1 & 0 \\ 1 & 1 & -4 \end{array}\right) \to \left(\begin{array}{cc|c} 1 & 0 & -1 \\ 0 & 1 & -3 \end{array}\right)$ より，$x=-1,\ y=-3$.　(4) 拡大係数行列 $\left(\begin{array}{ccc|c} 1 & 1 & 1 & 3 \\ 2 & 2 & 3 & 7 \\ 2 & 1 & 5 & 9 \end{array}\right)$ を簡約化すると，$\left(\begin{array}{ccc|c} 1 & 1 & 1 & 3 \\ 2 & 2 & 3 & 7 \\ 2 & 1 & 5 & 9 \end{array}\right) \to \left(\begin{array}{ccc|c} 1 & 0 & 0 & 2 \\ 0 & 1 & 0 & 0 \\ 0 & 0 & 1 & 1 \end{array}\right)$ より，$x=2,\ y=0,\ z=1$.　(5) 拡大係数行列 $\left(\begin{array}{ccc|c} 2 & 5 & 4 & 1 \\ 1 & 4 & 3 & 0 \\ 1 & 3 & 2 & 0 \end{array}\right)$ を簡約化すると，$\left(\begin{array}{ccc|c} 2 & 5 & 4 & 1 \\ 1 & 4 & 3 & 0 \\ 1 & 3 & 2 & 0 \end{array}\right) \to \left(\begin{array}{ccc|c} 1 & 0 & 0 & 1 \\ 0 & 1 & 0 & -1 \\ 0 & 0 & 1 & 1 \end{array}\right)$ より，$x=1,\ y=-1,\ z=1$.　(6) 拡大係数行列 $\left(\begin{array}{ccc|c} -1 & 1 & 3 & 2 \\ 2 & -3 & 1 & -1 \\ 1 & 1 & -1 & 0 \end{array}\right)$ を簡約化すると，$\left(\begin{array}{ccc|c} -1 & 1 & 3 & 2 \\ 2 & -3 & 1 & -1 \\ 1 & 1 & -1 & 0 \end{array}\right) \to \left(\begin{array}{ccc|c} 1 & 0 & 0 & 0 \\ 0 & 1 & 0 & \frac{1}{2} \\ 0 & 0 & 1 & \frac{1}{2} \end{array}\right)$ より，$x=0,\ y=\dfrac{1}{2},\ z=\dfrac{1}{2}$

§15 の問題解答

解 15.1　(1) $\dfrac{1}{2}\begin{pmatrix} 4 & -2 \\ -5 & 3 \end{pmatrix}$　(2) $\dfrac{1}{14}\begin{pmatrix} 2 & 4 \\ 3 & -1 \end{pmatrix}$　(3) $-\dfrac{1}{3}\begin{pmatrix} -1 & 1 \\ 1 & 2 \end{pmatrix}$

解 15.2　(1) 逆行列をもたない．(2) $A=\begin{pmatrix} 2 & 5 & 4 \\ 1 & 4 & 3 \\ 1 & 3 & 2 \end{pmatrix}$ とおく．A は逆行列をもち，$A^{-1}=$

$\begin{pmatrix} 1 & -2 & 1 \\ -1 & 0 & 2 \\ 1 & 1 & -3 \end{pmatrix}$. (3) $A = \begin{pmatrix} 1 & -1 & -1 \\ -1 & 2 & 2 \\ 2 & 1 & 2 \end{pmatrix}$ とおく．A は逆行列をもち，$A^{-1} = \begin{pmatrix} 2 & 1 & 0 \\ 6 & 4 & -1 \\ -5 & -3 & 1 \end{pmatrix}$. (4) $A = \begin{pmatrix} 2 & -1 & 0 \\ -1 & 1 & 4 \\ 3 & 1 & -2 \end{pmatrix}$ とおく．A は逆行列をもち，$A^{-1} = \dfrac{1}{22}\begin{pmatrix} 6 & 2 & 4 \\ -10 & 4 & 8 \\ 4 & 5 & -1 \end{pmatrix}$. (5) 逆行列をもたない．(6) $A = \begin{pmatrix} 1 & 2 & 3 \\ -3 & -2 & -1 \\ 2 & 1 & -2 \end{pmatrix}$ とおく．A は逆行列をもち，$A^{-1} = \dfrac{1}{8}\begin{pmatrix} -5 & -7 & -4 \\ 8 & 8 & 8 \\ -1 & -3 & -4 \end{pmatrix}$.

解 15.3 (1) **逆行列** 係数行列の逆行列は，$\begin{pmatrix} 2 & 1 \\ -1 & 2 \end{pmatrix}^{-1} = \dfrac{1}{5}\begin{pmatrix} 2 & -1 \\ 1 & 2 \end{pmatrix}$ だから，これを連立 1 次方程式の両辺に左からかけると，$\begin{pmatrix} x \\ y \end{pmatrix} = \dfrac{1}{5}\begin{pmatrix} -1 \\ 2 \end{pmatrix}$. **クラメルの公式** $\begin{vmatrix} 2 & 1 \\ -1 & 2 \end{vmatrix} = 5$, $\begin{vmatrix} 0 & 1 \\ 1 & 2 \end{vmatrix} = -1$, $\begin{vmatrix} 2 & 0 \\ -1 & 1 \end{vmatrix} = 2$ だから，クラメルの公式より，$x = \dfrac{-1}{5} = -\dfrac{1}{5}$, $y = \dfrac{2}{5}$. (2) **逆行列** 係数行列の逆行列は，$\begin{pmatrix} 1 & 2 \\ 2 & -2 \end{pmatrix}^{-1} = \dfrac{1}{6}\begin{pmatrix} 2 & 2 \\ 2 & -1 \end{pmatrix}$ だから，これを連立 1 次方程式の両辺に左からかけると，$\begin{pmatrix} x \\ y \end{pmatrix} = \dfrac{1}{6}\begin{pmatrix} 6 \\ 3 \end{pmatrix} = \dfrac{1}{2}\begin{pmatrix} 2 \\ 1 \end{pmatrix}$. **クラメルの公式** $\begin{vmatrix} 1 & 2 \\ 2 & -2 \end{vmatrix} = -6$, $\begin{vmatrix} 2 & 2 \\ 1 & -2 \end{vmatrix} = -6$, $\begin{vmatrix} 1 & 2 \\ 2 & 1 \end{vmatrix} = -3$ だから，クラメルの公式より，$x = -\dfrac{-6}{-6} = 1$, $y = \dfrac{-3}{-6} = \dfrac{1}{2}$. (3) **逆行列** 係数行列の逆行列は，$\begin{pmatrix} 3 & -1 \\ 1 & 1 \end{pmatrix}^{-1} = \dfrac{1}{4}\begin{pmatrix} 1 & 1 \\ -1 & 3 \end{pmatrix}$ だから，これを連立 1 次方程式の両辺に左からかけると，$\begin{pmatrix} x \\ y \end{pmatrix} = \begin{pmatrix} 1 & 1 \\ -1 & 3 \end{pmatrix}\begin{pmatrix} 0 \\ -1 \end{pmatrix} = \begin{pmatrix} -1 \\ -3 \end{pmatrix}$. **クラメルの公式** $\begin{vmatrix} 3 & -1 \\ 1 & 1 \end{vmatrix} = 4$, $\begin{vmatrix} 0 & -1 \\ -4 & 1 \end{vmatrix} = -4$, $\begin{vmatrix} 3 & 0 \\ 1 & -4 \end{vmatrix} = -12$ だから，クラメルの公式より，$x = \dfrac{-4}{4} = -1$, $y = \dfrac{-12}{4} = -3$. (4) **逆行列** 係数行列の逆行列は，$\begin{pmatrix} 1 & 1 & 1 \\ 2 & 2 & 3 \\ 2 & 1 & 5 \end{pmatrix}^{-1} = \begin{pmatrix} 7 & -4 & 1 \\ -4 & 3 & -1 \\ -2 & 1 & 0 \end{pmatrix}$ だから，これを連立 1 次方程式の両辺に

左からかけると，$\begin{pmatrix} x \\ y \\ z \end{pmatrix} = \begin{pmatrix} 2 \\ 0 \\ 1 \end{pmatrix}$． **クラメルの公式** $\begin{vmatrix} 1 & 1 & 1 \\ 2 & 2 & 3 \\ 2 & 1 & 5 \end{vmatrix} = 1$, $\begin{vmatrix} 3 & 1 & 1 \\ 7 & 2 & 3 \\ 9 & 1 & 5 \end{vmatrix} = 2$, $\begin{vmatrix} 1 & 3 & 1 \\ 2 & 7 & 3 \\ 2 & 9 & 5 \end{vmatrix} = 0$, $\begin{vmatrix} 1 & 1 & 3 \\ 2 & 2 & 7 \\ 2 & 1 & 9 \end{vmatrix} = 1$ だから，クラメルの公式より，$x = \dfrac{2}{1} = 2$, $y = \dfrac{0}{1} = 0$, $z = \dfrac{1}{1} = 1$. (5) **逆行列** 係数行列の逆行列は，$\begin{pmatrix} 2 & 5 & 4 \\ 1 & 4 & 3 \\ 1 & 3 & 2 \end{pmatrix}^{-1} = \begin{pmatrix} 1 & -2 & 1 \\ -1 & 0 & 2 \\ 1 & 1 & -3 \end{pmatrix}$ だから，これを連立 1 次方程式の両辺に左からかけると，$\begin{pmatrix} x \\ y \\ z \end{pmatrix} = \begin{pmatrix} 1 \\ -1 \\ 1 \end{pmatrix}$． **クラメルの公式** $\begin{vmatrix} 2 & 5 & 4 \\ 1 & 4 & 3 \\ 1 & 3 & 2 \end{vmatrix} = -1$, $\begin{vmatrix} 1 & 5 & 4 \\ 0 & 4 & 3 \\ 0 & 3 & 2 \end{vmatrix} = -1$, $\begin{vmatrix} 2 & 1 & 4 \\ 1 & 0 & 3 \\ 1 & 0 & 2 \end{vmatrix} = 1$, $\begin{vmatrix} 2 & 5 & 1 \\ 1 & 4 & 0 \\ 1 & 3 & 0 \end{vmatrix} = -1$ だから，クラメルの公式より，$x = \dfrac{-1}{-1} = 1$, $y = \dfrac{1}{-1} = -1$, $z = \dfrac{-1}{-1} = 1$. (6) **逆行列** 係数行列の逆行列は，$\begin{pmatrix} -1 & 1 & 3 \\ 2 & -3 & 1 \\ 1 & 1 & -1 \end{pmatrix}^{-1} = \dfrac{1}{16}\begin{pmatrix} 2 & 4 & 10 \\ 3 & -2 & 7 \\ 5 & 2 & 1 \end{pmatrix}$ だから，これを連立 1 次方程式の両辺に左からかけると，$\begin{pmatrix} x \\ y \\ z \end{pmatrix} = \dfrac{1}{16}\begin{pmatrix} 0 \\ 8 \\ 8 \end{pmatrix} = \dfrac{1}{2}\begin{pmatrix} 0 \\ 1 \\ 1 \end{pmatrix}$． **クラメルの公式** $\begin{vmatrix} -1 & 1 & 3 \\ 2 & -3 & 1 \\ 1 & 1 & -1 \end{vmatrix} = 16$, $\begin{vmatrix} 2 & 1 & 3 \\ -1 & -3 & 1 \\ 0 & 1 & -1 \end{vmatrix} = 0$, $\begin{vmatrix} -1 & 2 & 3 \\ 2 & -1 & 1 \\ 1 & 0 & -1 \end{vmatrix} = 8$, $\begin{vmatrix} -1 & 1 & 2 \\ 2 & -3 & -1 \\ 1 & 1 & 0 \end{vmatrix} = 8$ だから，クラメルの公式より，$x = \dfrac{0}{16} = 0$, $y = \dfrac{8}{16} = \dfrac{1}{2}$, $z = \dfrac{8}{16} = \dfrac{1}{2}$.

解 15.4 まず，A は正則行列だから，定理 15.1 より，$|A| = ad - bc \neq 0$ がなりたつ．よって，$a = 0$ ならば，$b \neq 0$ かつ $c \neq 0$.

次に，逆行列を計算するため，行列 $\left(\begin{array}{cc|cc} a & b & 1 & 0 \\ c & d & 0 & 1 \end{array}\right)$ を簡約化する．

$a = 0$ のとき，$b \neq 0$ かつ $c \neq 0$ に注意すると，$\left(\begin{array}{cc|cc} 0 & b & 1 & 0 \\ c & d & 0 & 1 \end{array}\right) \to \left(\begin{array}{cc|cc} 1 & 0 & -\frac{d}{bc} & \frac{1}{c} \\ 0 & 1 & \frac{1}{b} & 0 \end{array}\right)$ だから，$A^{-1} = -\dfrac{1}{bc}\begin{pmatrix} d & -b \\ -c & 0 \end{pmatrix}$．これは，$\dfrac{1}{ad - bc}\begin{pmatrix} d & -b \\ -c & a \end{pmatrix}$ で $a = 0$ としたときと等

しい．

$a \neq 0$ のとき，$\left(\begin{array}{cc|cc} a & b & 1 & 0 \\ c & d & 0 & 1 \end{array}\right) \to \left(\begin{array}{cc|cc} 1 & 0 & \frac{d}{ad-bc} & -\frac{b}{ad-bc} \\ 0 & 1 & -\frac{c}{ad-bc} & \frac{a}{ad-bc} \end{array}\right)$ だから，

$A^{-1} = \dfrac{1}{ad-bc}\begin{pmatrix} d & -b \\ -c & a \end{pmatrix}$.

よって，a が 0 かどうかにかかわらず，$\begin{pmatrix} a & b \\ c & d \end{pmatrix}^{-1} = \dfrac{1}{ad-bc}\begin{pmatrix} d & -b \\ -c & a \end{pmatrix}$ である．

解 15.5　(1) AB は正則行列だから，$(AB)(AB)^{-1} = E$ がなりたつ．この両辺に左から A^{-1} をかけると，A が正則行列であることから，左辺は $A^{-1}AB(AB)^{-1} = EB(AB)^{-1} = B(AB)^{-1}$ となり，右辺は $A^{-1}E = A^{-1}$ となるため，$B(AB)^{-1} = A^{-1}$ がなりたつ．さらにこの両辺に左から B^{-1} をかけると，B が正則行列であることから，左辺は $B^{-1}B(AB)^{-1} = E(AB)^{-1} = (AB)^{-1}$ となるため，$(AB)^{-1} = B^{-1}A^{-1}$ がなりたつ．

(2) 仮定より，A と B は積について可換だから，$AB = BA$ がなりたつ．よって，(1) より，$B^{-1}A^{-1} = (AB)^{-1} = (BA)^{-1} = A^{-1}B^{-1}$ とできる．これは A^{-1} と B^{-1} が積について可換であることをいっている．

(3) 仮定より，A と B は積について可換だから，$AB = BA$ がなりたつ．よって，A が正則行列であることに注意すると，$A^{-1}B = A^{-1}BE = A^{-1}B(AA^{-1}) = A^{-1}(BA)A^{-1} = A^{-1}(AB)A^{-1} = (A^{-1}A)BA^{-1} = EBA^{-1} = BA^{-1}$ とできる．これは A^{-1} と B が積について可換であることをいっている．

§16 の問題解答

解 16.1　（解答例）**平均値** すべてのデータを用いる．外れ値の影響を受けやすい．常に 1 つだけ存在する．気温（平均気温）など，極端に大きい，あるいは，小さい値が出にくいものの代表値に適している．　**中央値** ほとんどのデータは直接反映されない．外れ値の影響を受けにくい．常に 1 つだけ存在する．年収の比較などで，どのあたりが多数なのかを知りたいときの代表値に適している．　**最頻値** 多くのデータは直接反映されない．外れ値の影響を受けにくい．複数存在する場合がある．事故の起こりやすい時間帯や，売れやすいサイズなど，一番多いのはどれかを知りたいときの代表値に適している．

解 16.2　(1)

階級（g）	階級値	度数（個）
70〜75	72.5	2
75〜80	77.5	3
80〜85	82.5	8
85〜90	87.5	8
90〜95	92.5	12
95〜100	97.5	5
100〜105	102.5	2
105〜110	107.5	7
110〜115	112.5	3
計		50

(2)

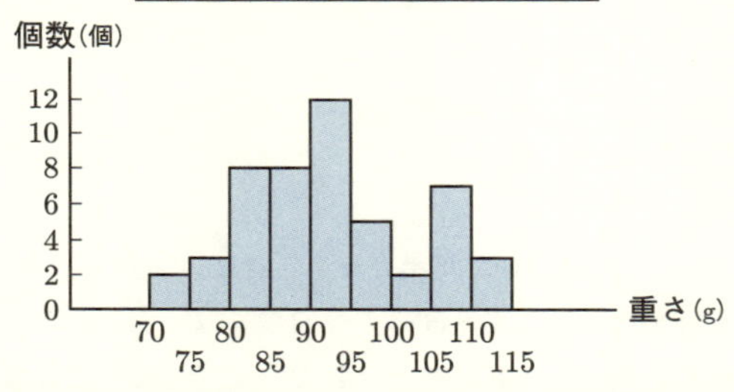

(3)

階級（g）	階級値	度数（個）	相対度数	累積度数	累積相対度数
70〜75	72.5	2	0.04	2	0.04
75〜80	77.5	3	0.06	5	0.10
80〜85	82.5	8	0.16	13	0.26
85〜90	87.5	8	0.16	21	0.42
90〜95	92.5	12	0.24	33	0.66
95〜100	97.5	5	0.10	38	0.76
100〜105	102.5	2	0.04	40	0.80
105〜110	107.5	7	0.14	47	0.94
110〜115	112.5	3	0.06	50	1.00
計		50	1.00		

(4) 92.6 (g)　(5) 92.5 (g)

解 16.3　$\displaystyle \frac{1}{n}\sum_{i=1}^{n}(x_i-\bar{x}) = \frac{1}{n}\sum_{i=1}^{n}x_i - \frac{1}{n}\sum_{i=1}^{n}\bar{x} = \bar{x} - \frac{\bar{x}}{n}\sum_{i=1}^{n}1 = \bar{x} - \frac{\bar{x}}{n}\cdot n = 0$

解 16.4　**幾何平均の例** 金利の変化の平均　**調和平均の例** 時速（平均時速）の平均

解 16.5　10 人の平均点が 70.2 点だから，10 人の合計点は 702 点である．一方，B さんと

Cさんを除く8人の合計点は544点だから，BさんとCさんの合計点は158点である．ここで，BさんとCさんは同じ評価であるが，ともに優の評価だとすると，2人で160点以上でなければならない．また，ともに可の評価だとすると，2人で118点以下でなければならない．したがって，2人の評価は良である．このとき，2人の合計点が158点になるには，2人とも79点でなければならない．以上より，BさんもCさんも79点であることがわかる．

§17の問題解答

解17.1 0.24

解17.2 (1) 0.54　(2) 0.71

解17.3 City 1とCity 2の気温の相関係数は，$r \fallingdotseq 0.44$.

（解答例）相関係数が0.44なので，弱い正の相関があると考える．

解17.4 コーシー・シュワルツの不等式で，$a_k = x_k - \bar{x}$, $b_k = y_k - \bar{y}$とおくと，$\left(\sum_{k=1}^{n}(x_k-\bar{x})(y_k-\bar{y})\right)^2 \leq \left(\sum_{k=1}^{n}(x_k-\bar{x})^2\right)\left(\sum_{k=1}^{n}(y_k-\bar{y})^2\right)$．この両辺に$\dfrac{1}{n^2}$をかけると，$\left(\dfrac{1}{n}\sum_{k=1}^{n}(x_k-\bar{x})(y_k-\bar{y})\right)^2 \leq \left(\dfrac{1}{n}\sum_{k=1}^{n}(x_k-\bar{x})^2\right)\left(\dfrac{1}{n}\sum_{k=1}^{n}(y_k-\bar{y})^2\right)$．よって，$s_{xy}^2 \leq s_x^2 s_y^2$がいえるから，$\left(\dfrac{s_{xy}}{s_x s_y}\right)^2 \leq 1$．したがって，$r^2 \leq 1$がいえるが，これは$-1 \leq r \leq 1$を意味する．

§18の問題解答

解18.1 $A = \{4, 8, 12\}$, $B = \{5, 10, 15, 20, 25, 30\}$だから，$A \cap B = \emptyset$．これは$A$と$B$が互いに排反であることをいっている．

解18.2 $\dfrac{12}{13}$

解18.3 (1) 8％　(2) $\dfrac{1}{3}$　(3) $\dfrac{1}{3}$

§19の問題解答

解19.1 $E[Y] = 10$, $\sigma(Y) = 6\sqrt{5}$

解19.2 $E[X] = 10$, $V(X) = 6$, $E[X^2] = 106$

解19.3 $\mu = E[X]$とおく．

離散的確率変数　$V(X) = \sum_{i=1}^{n}(x_i - \mu)^2 p_i = \sum_{i=1}^{n}((x_i)^2 - 2x_i\mu + \mu^2)p_i = \sum_{i=1}^{n}(x_i)^2 p_i - 2\mu\sum_{i=1}^{n} x_i p_i + \mu^2 \sum_{i=1}^{n} p_i = E[X^2] - 2\mu E[X] + \mu^2 \times 1 = E[X^2] - 2(E[X])^2 + (E[X])^2 = E[X^2] - (E[X])^2$.

連続的確率変数　$V(X) = \int_{-\infty}^{\infty}(x-\mu)^2 f(x)\,dx = \int_{-\infty}^{\infty}(x^2 - 2x\mu + \mu^2)f(x)\,dx = \int_{-\infty}^{\infty} x^2 f(x)\,dx - 2\mu\int_{-\infty}^{\infty} xf(x)\,dx + \mu^2\int_{-\infty}^{\infty} f(x)\,dx = E[X^2] - 2\mu E[X] + \mu^2 \times 1 = E[X^2] - 2(E[X])^2 + (E[X])^2 = E[X^2] - (E[X])^2$.

解 19.4　**期待値** 35 円　**標準偏差** 69 円（単位が「円」なので，整数になるように四捨五入した）

解 19.5　$f(x)$ が確率密度関数であるためには，$f(x) \geq 0$ かつ $\int_{-\infty}^{\infty} f(x)\,dx = 1$ であればよい．

(1) グラフを描けば $f(x) \geq 0$ はわかる．しかし，$\int_{-\infty}^{\infty} f(x)\,dx = \frac{3}{2} \neq 1$ だから，$f(x)$ は確率密度関数になり得ない．(2) $0 < x < 1$ で $f(x) < 0$ だから，$f(x)$ は確率密度関数にはなり得ない．(3) まず，$g(x) = -\frac{1}{9}x^3 + \frac{1}{3}x + \frac{7}{18}$ のグラフを描けば，$0 \leq x \leq 2$ で $g(x) > 0$ がわかるため，$f(x) \geq 0$ がわかる．次に，$\int_{-\infty}^{\infty} f(x)\,dx = 1$ である．したがって，$f(x)$ は確率密度関数になり得る．このとき，$E[X] = \frac{43}{45}$, $V(X) = \frac{551}{2025}$.

解 19.6　(1) $a = -1 + \sqrt{6}$　(2) $E[X] = \frac{-11 + 6\sqrt{6}}{3}$

解 19.7　(1) 0.31　(2) 0.93

解 19.8　(1) 12.9％　(2) 16.1％

解 19.9　(1) $\frac{7}{20}$　(2) $\frac{5}{99}$　(3) 870 円　(4) 分散 26095100（**注**：単位なし），標準偏差 5108 円　(5)（解答例）870 円より高い値段で売って，全部売れれば損をしないが，キリのよい金額で，1 本あたりの儲けもそこそこ出ることから，1 本 1000 円で売る．(6) 期待値が 300 円より小さくなれば，すなわち，はずれを 255 本以上にすれば，全部売れたときに損をしない．（解答例）しかし，全部売れるとは限らないため，少し余裕をもたせたい．当たりが 35 本に対し，はずれが多すぎても売れなくなるため，全部で 400 本として，はずれを 365 本とする．

解 19.10　(i) $E[X] = \sum_{k=1}^{n} \frac{n!}{(k-1)!(n-k)!} p^k (1-p)^{n-k} = \sum_{i=0}^{n-1} \frac{n!}{i!(n-(i+1))!} p^{i+1}(1-p)^{n-(i+1)} = np\sum_{i=0}^{n-1} {}_{n-1}C_i p^i (1-p)^{n-1-i}$．ここで，二項定理より，$\sum_{i=0}^{n-1} {}_{n-1}C_i p^i (1-p)^{n-1-i}$

$= (p + (1-p))^{n-1} = 1$ だから，$E[X] = np$.

(ii) $E[X^2] = E[X(X-1)] + E[X]$．$E[X(X-1)] = \sum_{k=2}^{n} \frac{n!}{(k-2)!(n-k)!} p^k (1-p)^{n-k} = \sum_{i=0}^{n-2} \frac{n!}{i!(n-(i+2))!} p^{i+2} (1-p)^{n-(i+2)} = n(n-1)p^2 \sum_{i=0}^{n-2} {}_{n-2}C_i p^i (1-p)^{n-2-i}$．ここで，二項定理より，$\sum_{i=0}^{n-2} {}_{n-2}C_i p^i (1-p)^{n-2-i} = (p + (1-p))^{n-2} = 1$ だから，$E[X] = n(n-1)p^2$．よって，$V(X) = E[X^2] - (E[X])^2 = n(n-1)p^2 + np - (np)^2 = np(1-p)$.

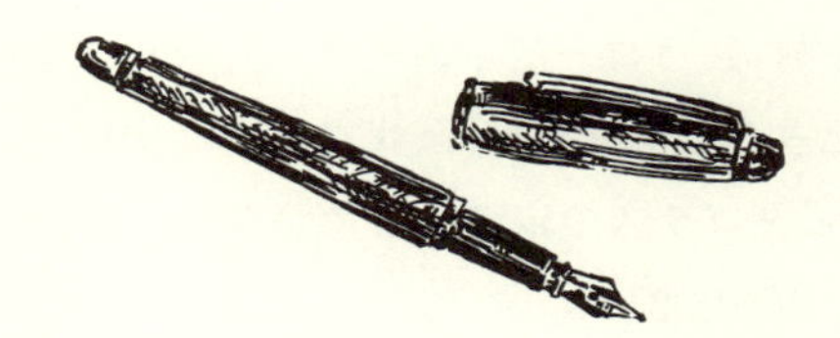

参考文献

「手を動かしてまなぶ」シリーズ

［藤岡 1］藤岡　敦，『手を動かしてまなぶ　線形代数』，裳華房（2015 年）

［藤岡 2］藤岡　敦，『手を動かしてまなぶ　微分積分』，裳華房（2019 年）

［藤岡 3］藤岡　敦，『手を動かしてまなぶ　集合と位相』，裳華房（2020 年）

［藤岡 4］藤岡　敦，『手を動かしてまなぶ　ε–δ 論法』，裳華房（2021 年）

［山根］山根英司（ひでし），『手を動かしてまなぶ　フーリエ解析・ラプラス変換』，裳華房（2022 年）

教科書・参考書

［中内］中内伸光（のぶみつ），『ろんりと集合』，日本評論社（2009 年）

［海老原］海老原 円（まどか），『テキスト理系の数学 3　線形代数』，数学書房（2010 年）

［本橋］本橋信義（のぶよし），『今度こそわかる論理　数理論理学はなぜわかりにくいのか』，講談社（2014 年）

［佐々木］佐々木浩宣（ひろのぶ），『ヘンテコ関数雑記帳　解析学へ誘う隠れた名優たち』，共立出版（2021 年）

読み物

［ハフ］ダレル・ハフ，『統計でウソをつく法　数式を使わない統計学入門』，講談社（1968 年）

［室中］室井和男・中村 滋（しげる）（コーディネーター），『シュメール人の数学　粘土板に刻まれた古の数学を読む』，共立出版（2017 年）

［森下］森下四郎，『ピタゴラスの定理 100 の証明法　幾何の散歩道』（新装版），プレアデス出版（2021 年）

索引

記号

か

き

く

け

こ

さ

し

す

せ

そ

た

ち

著者略歴

富川 祥宗（とみかわ よしむね）

1988年愛知県生まれ．2011年愛知教育大学教育学部卒業，2016年名古屋大学大学院多元数理科学研究科博士課程（後期課程）修了，博士（数理学）取得．名古屋大学非常勤講師，松山大学経済学部講師・准教授を経て，現在，東京電機大学理工学部准教授．専門は一般相対性理論，時空の幾何学．

手を動かしてまなぶ　**基礎数学**

2024年10月30日　第1版1刷発行
2025年 6 月20日　第1版2刷発行

検印省略

定価はカバーに表示してあります．

著作者　富川　祥宗
発行者　吉野和浩
発行所　東京都千代田区四番町8-1
電話　03-3262-9166（代）
郵便番号　102-0081
株式会社　裳華房
印刷所　三美印刷株式会社
製本所　牧製本印刷株式会社

一般社団法人
自然科学書協会会員

ISBN 978-4-7853-1604-4

標準正規分布表

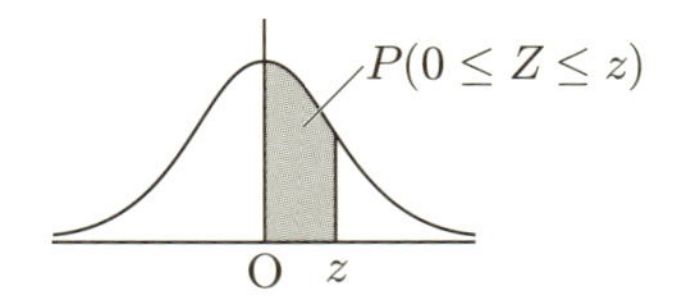

z	0.00	0.01	0.02	0.03	0.04	0.05	0.06	0.07	0.08	0.09
0.0	0.0000	0.0040	0.0080	0.0120	0.0160	0.0199	0.0239	0.0279	0.0319	0.0359
0.1	.0398	.0438	.0478	.0517	.0557	.0596	.0636	.0675	.0714	.0754
0.2	.0793	.0832	.0871	.0910	.0948	.0987	.1026	.1064	.1103	.1141
0.3	.1179	.1217	.1255	.1293	.1331	.1368	.1406	.1443	.1480	.1517
0.4	.1554	.1591	.1628	.1664	.1700	.1736	.1772	.1808	.1844	.1879
0.5	.1915	.1950	.1985	.2019	.2054	.2088	.2123	.2157	.2190	.2224
0.6	.2258	.2291	.2324	.2357	.2389	.2422	.2454	.2486	.2518	.2549
0.7	.2580	.2612	.2642	.2673	.2704	.2734	.2764	.2794	.2823	.2852
0.8	.2881	.2910	.2939	.2967	.2996	.3023	.3051	.3078	.3106	.3133
0.9	.3159	.3186	.3212	.3238	.3264	.3289	.3315	.3340	.3365	.3389
1.0	.3413	.3438	.3461	.3485	.3508	.3531	.3554	.3577	.3599	.3621
1.1	.3643	.3665	.3686	.3708	.3729	.3749	.3770	.3790	.3810	.3830
1.2	.3849	.3869	.3888	.3907	.3925	.3944	.3962	.3980	.3997	.4015
1.3	.4032	.4049	.4066	.4082	.4099	.4115	.4131	.4147	.4162	.4177
1.4	.4192	.4207	.4222	.4236	.4251	.4265	.4279	.4292	.4306	.4319
1.5	.4332	.4345	.4357	.4370	.4382	.4394	.4406	.4418	.4429	.4441
1.6	.4452	.4463	.4474	.4484	.4495	.4505	.4515	.4525	.4535	.4545
1.7	.4554	.4564	.4573	.4582	.4591	.4599	.4608	.4616	.4625	.4633
1.8	.4641	.4649	.4656	.4664	.4671	.4678	.4686	.4693	.4699	.4706
1.9	.4713	.4719	.4726	.4732	.4738	.4744	.4750	.4756	.4761	.4767
2.0	.4772	.4778	.4783	.4788	.4793	.4798	.4803	.4808	.4812	.4817
2.1	.4821	.4826	.4830	.4834	.4828	.4842	.4846	.4850	.4854	.4857
2.2	.4861	.4864	.4868	.4871	.4875	.4878	.4881	.4884	.4887	.4890
2.3	.4893	.4896	.4898	.4901	.4904	.4906	.4909	.4911	.4913	.4916
2.4	.4918	.4920	.4922	.4925	.4927	.4929	.4931	.4932	.4934	.4936
2.5	.4938	.4940	.4941	.4943	.4945	.4946	.4948	.4949	.4951	.4952
2.6	.4953	.4955	.4956	.4957	.4959	.4960	.4961	.4962	.4963	.4964
2.7	.4965	.4966	.4967	.4968	.4969	.4970	.4971	.4972	.4973	.4974
2.8	.4974	.4975	.4976	.4977	.4977	.4978	.4979	.4979	.4980	.4981
2.9	.4981	.4982	.4982	.4983	.4984	.4984	.4985	.4985	.4986	.4986
3.0	.4987	.4987	.4987	.4988	.4988	.4989	.4989	.4989	4990	.4990
3.1	.4990	.4991	.4991	.4991	.4992	.4992	.4992	.4992	.4993	.4993
3.2	.4993	.4993	.4994	.4994	.4994	.4994	.4994	.4995	.4995	.4995
3.3	.4995	.4995	.4995	.4996	.4996	.4996	.4996	.4996	4996	.4997
3.4	.4997	.4997	.4997	.4997	.4997	.4997	.4997	.4997	.4997	.4998
3.5	.49977	.49978	.49978	.49979	.49980	.49981	.49981	.49982	.49983	.49983
3.6	.49984	.49985	.49985	.49986	.49986	.49987	.49987	.49988	.49988	.49989
3.7	.49989	.49990	.49990	.49990	.49991	.49991	.49992	.49992	.49992	.49992
3.8	.49993	.49993	.49993	.49994	.49994	.49994	.49994	.49995	.49995	.49995
3.9	.49995	.49995	.49996	.49996	.49996	.49996	.49996	.49996	.49997	.49997